卓越工程技术人才培养特色教材

高等数学及其应用

（财经类）

主　编　戴中寅　卢殿臣

副主编　汪光先　杨松林　金　生　苏国荣

编委会　（按姓氏笔画为序）

卢殿臣　苏国荣　杨松林　汪光先

宋晓平　张有德　金　生　戴中寅

江苏大学出版社

JIANGSU UNIVERSITY PRESS

镇　江

图书在版编目(CIP)数据

高等数学及其应用:财经类/戴中寅,卢殿臣主编.—镇江:江苏大学出版社,2012.8(2024.8重印)
ISBN 978-7-81130-366-7

Ⅰ.①高… Ⅱ.①戴… ②卢… Ⅲ.①高等数学—高等学校—教材 Ⅳ.①O13

中国版本图书馆CIP数据核字(2012)第194483号

高等数学及其应用:财经类

主　　编/戴中寅　卢殿臣
责任编辑/吴昌兴　张小琴
出版发行/江苏大学出版社
地　　址/江苏省镇江市京口区学府路301号(邮编:212013)
电　　话/0511-84446464(传真)
网　　址/http://press.ujs.edu.cn
排　　版/镇江文苑制版印刷有限责任公司
印　　刷/广东虎彩云印刷有限公司
开　　本/718 mm×1 000 mm　1/16
印　　张/13.5
字　　数/255千字
版　　次/2012年8月第1版
印　　次/2024年8月第11次印刷
书　　号/ISBN 978-7-81130-366-7
定　　价/40.00元

江苏省卓越工程技术人才培养特色教材建设

指导委员会

序

深化高等工程教育改革、提高工程技术人才培养质量，是增强自主创新能力、促进经济转型升级、全面提升地区竞争力的迫切要求。近年来，江苏高等工程教育飞速发展，全省46所普通本科院校中开设工学专业的学校有45所，工学专业在校生约占全省普通本科院校在校生总数的40%，为“十一五”末江苏成功跻身全国第一工业大省做出了积极贡献。

“十二五”时期是江苏加快经济转型升级、发展创新型经济、全面建设更高水平小康社会的关键阶段。教育部“卓越工程师教育培养计划”启动实施以来，江苏认真贯彻教育部文件精神，结合地方高等教育实际，着力优化高等工程教育体系，深化高等工程教学改革，努力培养造就一大批创新能力强、适应江苏社会经济发展需要的卓越工程技术后备人才。

教材建设是人才培养的基础工作和重要抓手。培养高素质的工程技术人才，需要遵循工程技术教育规律，建设一套理念先进、针对性强、富有特色的优秀教材。随着知识社会和信息时代的到来，知识综合、学科交叉趋势增强，教学的开放性与多样性更加突出，加之图书出版行业体制机制也发生了深刻变化，迫切需要教育行政部门、高等学校、行业企业、出版部门和社会各界通力合作，协同作战，在新一轮高等工程教育改革发展中抢占制高点。

2010年以来,江苏大学出版社积极开展市场分析和行业调研,先后多次组织全省相关高校专家、企业代表就应用型本科人才培养和教材建设工作进行深入研讨。经各方充分协商,拟定了"江苏省卓越工程技术人才培养特色教材"开发建设的实施意见,明确了教材开发总体思路,确立了编写原则:

一是注重定位准确,科学区分。教材应符合相应高等工程教育的办学定位和人才培养目标,恰当把握与研究型工程人才、设计型工程人才及技能型工程人才的区分度,增强教材的针对性。

二是注重理念先进,贴近业界。吸收先进的学术研究与技术成果,适应经济转型升级需求,适应社会用人单位管理、技术革新的需要,具有较强的领先性。

三是注重三位一体,能力为重。紧扣人才培养的知识、能力、素质要求,着力培养学生的工程职业道德和人文科学素养、创新意识和工程实践能力、国际视野和沟通协作能力。

四是注重应用为本,强化实践。充分体现用人单位对教学内容、教学实践设计、工艺流程的要求以及对人才综合素质的要求,着力解决以往教材中应用性缺失、实践环节薄弱、与用人单位要求脱节等问题,将学生创新教育、创业实践与社会需求充分衔接起来。

五是注重紧扣主线,整体优化。把培养学生工程技术能力作为主线,系统考虑、整体构建教材体系和特色,包括合理设置课件、习题库、实践课题以及在教学、实践环节中合理设置基础、拓展、复合应用之间的比例结构等。

该套教材组建了阵容强大的编写专家及审稿专家队伍,汇集了国家教学指导委员会委员、学科带头人、教学一线名师、人力资源专家、大型企业高级工程师等。编写和审稿队伍主要由长期从事教育教学改革实践工作的资深教师、对工程技术人才培养研究颇有建树的教育管理专家组成。在编写、审定教材时，他们紧扣指导思想和编写原则，深入探讨、科学创新、严谨细致、字斟句酌，倾注了大量的心血，为教材质量提供了重要保障。

该套教材在课程设置上基本涵盖了卓越工程技术人才培养所涉及的有关专业的公共基础课、专业公共课、专业课、专业特色课等；在编写出版上采取突出重点、以点带面、有序推进的策略，成熟一本出版一本。希望大家在教材的编写和使用过程中，积极提出意见和建议，集思广益，不断改进，以期经过不懈努力，形成一套参与度与认可度高、覆盖面广、特色鲜明、有强大生命力的优秀教材。

江苏省教育厅副厅长 丁晓昌

2012年8月

前 言

数学是生产经济和科学研究的重要工具.高等数学及其应用课程对于高校学生而言无疑是非常重要的基础课程.高等数学课程是高校教学的“第一课”,为刚刚步入高等教育殿堂的财经类学生提供一本有针对性的内容适度的教材,这正是我们编写这本《高等数学及其应用》的初衷.

本书以介绍微积分的内容为主,以独立院校财经类的本科学生为授课对象,兼顾部分更高层次同专业本科学生.针对读者群体的特点,本书根据“以应用为目的,以必需和够用为尺度”的编写原则,从概念与理论、方法与技巧、实践与应用三个方面着想,对内容做出较为合理的安排,力求使学生的逻辑思维能力和数学应用能力都能得到发展,以期达到提高学生综合数学素质的目的,为后续课程的学习打好基础.

在本书的编写中,为使全书条理清晰,定义、定理的叙述严密,在建构引入新概念时,尽量使用通俗的语言.本书不拘泥于定理的严格证明,而是更注重介绍理论的系统性、完整性及其应用价值,体现编者把本书写成一本“易教易学的独立院校财经类高等数学教材”的初衷.

本书共分为六章,前五章内容介绍微积分,包括一元函数微积分和多元函数微积分,第六章介绍微分方程和差分方程.每章的各节附有习题供学生练习,每章均另外配备了一定数量的总习题,可供学有余力或将来准备报考硕士研究生的学生练习,书后附有参考答案.考虑到财经类学生以文科生居多,书后以附录形式增加了对高中阶段数学知识补充和强化的内容.本书授课学时约为 96 学时.

本书在编写过程中得到了苏州大学数学科学学院的多位老师的大力支持,他们提出很多宝贵意见和建议,使本书内容增色不少;苏州大学文正学院提供了很多帮助,使本书顺利出版,在此一并致谢!最后,衷心感谢江苏大学出版社为本书面世所做的工作.

由于编者水平有限,书中仍有很多不尽如人意的地方,敬请读者批评指正.

编　者

2012 年 8 月

目 录

第一章　函数与极限

函数是微积分研究的对象，极限理论是微积分的基础理论，也是微积分的重要工具，微积分中的大多数概念都建立在极限概念基础之上. 本章介绍极限理论、函数及其连续性.

第一节　函　　数

一、函数的概念

1. 常量与变量

在日常生活、生产活动和经济活动中，人们经常会遇到各种各样的量，例如，温度、浓度、产量、成本、面积等. 宇宙间一切事物都在不断地变化，变化是绝对的，不变是相对的. 在观察事物的过程中，我们称变化着的量为变量，相对不变的量为常量. 例如，一段时间内银行资金的运作过程中，借贷资金的数额不断变化着，是变量；而利率相对不变，则是常量.

一个量是变量还是常量，并不是固定不变的. 在一定的条件下，常量和变量可以互相转化.

2. 函数的定义

例 1　某种机器的销售单价为每台 5 万元，销售总收入 R(万元)与销售量 x(台)的关系是

$$R=5x,$$

x 在正整数内任取一个具体数值，根据上面的对应关系，就得到一个确定的 R 值与之对应.

定义 1　设 D 是一个非空实数集，如果对于变量 x 在 D 中的每一个取值，变量 y 按照一定的法则，总有唯一确定的数值与之对应，则称 y 是 x 的**函数**，记作 $y=f(x)$.

这里，x 为**自变量**，y 为**因变量**或函数. f 是函数符号，它表示 x 与 y 的对应法则. 集合 D 称为函数的**定义域**，所有相应于 x 的 y 值所组成的集合则称为函数的**值域**.

注　函数的概念中涉及 5 个因素：① 自变量；② 定义域；③ 因变量；④ 对应法则；⑤ 值域. 在这 5 个因素中最重要的是定义域和因变量关于自变量的对应法

则,这两者称为函数的两个要素.只有定义域与对应法则都相同的两个函数才是相同的函数.

例 2 设 $f(x)=\frac{1}{x}\sin\frac{1}{x}\ (x\neq 0)$,求 $f\left(\frac{2}{\pi}\right)$,$f(x+1)$.

解 $f\left(\frac{2}{\pi}\right)=\frac{\pi}{2}\sin\frac{\pi}{2}=\frac{\pi}{2}$;

当 $x\neq -1$ 时,$f(x+1)=\frac{1}{x+1}\sin\frac{1}{x+1}$.

例 3 设 $f(x+1)=x^2-3x$,求 $f(x)$.

解 令 $x+1=t$,则 $x=t-1$,

$$f(t)=(t-1)^2-3(t-1)=t^2-5t+4,$$

所以

$$f(x)=x^2-5x+4.$$

例 4 求函数 $f(x)=\sqrt{x^2-x-6}+\arcsin\frac{2x-1}{7}$ 的定义域.

解 函数 $y=\sqrt{x^2-x-6}$ 的定义域为 $x^2-x-6\geqslant 0$,

解得

$$x\geqslant 3 \text{ 或 } x\leqslant -2;$$

而函数 $y=\arcsin\frac{2x-1}{7}$ 的定义域是 $\left|\frac{2x-1}{7}\right|\leqslant 1$,

解得

$$-3\leqslant x\leqslant 4.$$

于是,所求函数的定义域是这两个函数定义域的公共部分:$-3\leqslant x\leqslant -2$ 和 $3\leqslant x\leqslant 4$.

例 5 下列各对函数是否为同一函数?

(1) $f(x)=x, g(x)=\sqrt{x^2}$; (2) $f(x)=\sin^2 x+\cos^2 x, g(x)=1$;

(3) $y=f(x), u=f(t)$.

解 (1) 不是.因为对应法则不同,事实上 $g(x)=|x|$.

(2) 是.因为定义域与对应法则都相同.

(3) 是.因为对应法则相同,函数的定义域也相同.

由例 5 可知,一个函数由定义域与对应法则完全确定,与用什么字母表示无关.

3. 函数的表示法

函数的表示方法有很多,最常见的有表格法、图像法及公式法(公式法又称解析法).

表格法:把自变量的一系列数值与对应的函数值列成表来表示它们的对应关系.

图像法:用一条平面曲线表示自变量与函数的对应关系,它是函数关系的几何表示.

解析法:用数学式子表示自变量与函数的对应关系.例如,邮电局规定邮包重量不超过 50 g 支付邮资 0.8 元,超过部分按 0.4 元/g 支付邮资.若邮包重量不超过 5 000 g,则邮资与邮包重量的关系可由解析表达式表示为

$$y=\begin{cases}0.8, & 0<x\leqslant 50,\\ 0.8+0.4(x-50), & 50<x\leqslant 5\,000.\end{cases}$$

该函数的定义域为(0, 5 000],但它在定义域内不同的区间上是用不同的解析式表示的,这样的函数称为**分段函数**.分段函数也表示一个函数.

例 6　作出分段函数 $f(x)=\begin{cases}0, & -1<x\leqslant 0,\\ x^2, & 0<x\leqslant 1,\\ 3-x, & 1<x\leqslant 2\end{cases}$ 的图像,并求函数的定义域及 $f\left(\dfrac{1}{2}\right)$, $f\left(\dfrac{3}{2}\right)$.

解　先作出分段函数的图像,见图 1-1.

函数 $f(x)$ 的定义域为 $(-1, 2]$.

因为 $\dfrac{1}{2}\in(0, 1]$,所以 $f\left(\dfrac{1}{2}\right)=\left(\dfrac{1}{2}\right)^2=\dfrac{1}{4}$;

又 $\dfrac{3}{2}\in(1, 2]$,所以 $f\left(\dfrac{3}{2}\right)=3-\dfrac{3}{2}=\dfrac{3}{2}$.

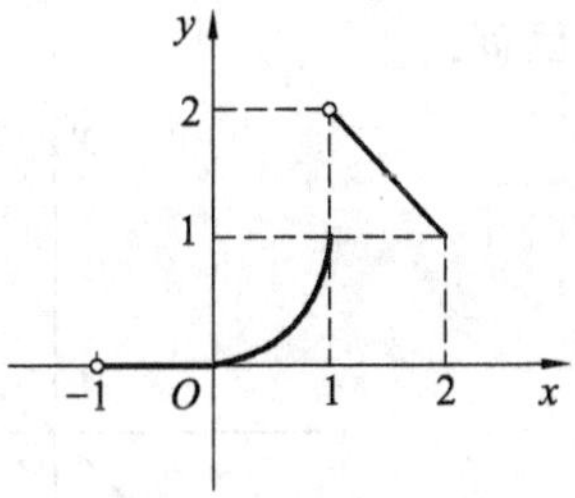

图 1-1

二、函数的几种特性

1. 函数的有界性

定义 2　设函数 $y=f(x)$ 在集合 D 上有定义,如果存在正数 M,对于一切 $x\in D$,都有 $|f(x)|\leqslant M$,则称**函数 $f(x)$ 在 D 上是有界的**.否则称函数 $f(x)$ 在 D 上是无界的.

函数 $y=f(x)$ 在区间 (a,b) 内有界的几何意义是:曲线 $y=f(x)$ 的图像在区间 (a,b) 内被限制在 $y=-M$ 和 $y=M$ 两条直线之间.

注　(1) 如果一个函数在某区间内有界,那么正数 M 的取法不是唯一的.

例如,$y=\sin x$ 在 $(-\infty,+\infty)$ 内是有界的,$|\sin x|\leqslant 1=M$,我们也可以取 $M=2$.

(2) 有界性与区间有关.例如,$y=\dfrac{1}{x}$ 在区间 $(1,2)$ 内有界,但在区间 $(0,1)$ 内无界.

2. 函数的奇偶性

定义 3　设函数 $y=f(x)$ 在集合 D 上有定义,如果对任意的 $x\in D$,有 $f(-x)=f(x)$,则称 $f(x)$ 为**偶函数**;若有 $f(-x)=-f(x)$,则称 $f(x)$ 为**奇函数**.

例如,$y=\cos x$, $y=x^2$ 是偶函数;$y=\sin x$, $y=x^3$ 是奇函数;$y=\sin x+\cos x$

是非奇非偶函数.

例 7 判断函数 $f(x)=x+\sin x$ 的奇偶性.

解 函数 $f(x)=x+\sin x$ 的定义域是$(-\infty,+\infty)$,且有

$$f(-x)=-x+\sin(-x)=-(x+\sin x)=-f(x),$$

所以,$f(x)$是奇函数.

偶函数的图像关于 y 轴对称;奇函数的图像关于原点对称.

3. 函数的单调性

定义 4 设函数 $y=f(x)$ 在区间(a,b)内有定义,如果对于任意的 $x_1, x_2\in(a,b)$,当 $x_1<x_2$ 时,若有 $f(x_1)<f(x_2)$,则称函数 $f(x)$ 在(a,b)内**单调增加**(如图 1-2 所示);若有 $f(x_1)>f(x_2)$,则称函数 $f(x)$ 在(a,b)内**单调减少**(如图 1-3 所示).

单调增加或单调减少的函数,统称为**单调函数**.相应的区间称为函数的**单调区间**.

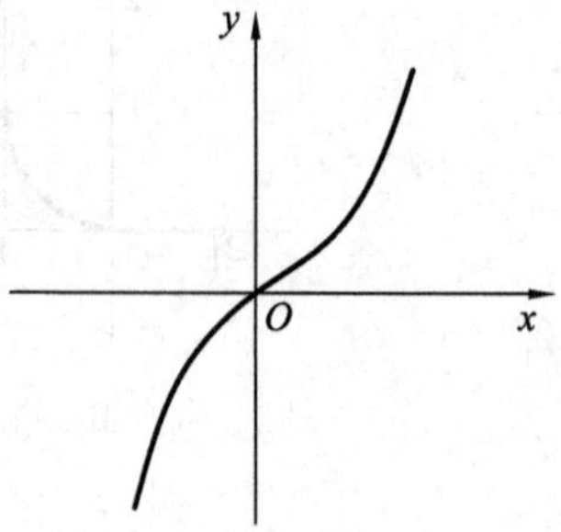

图 1-2

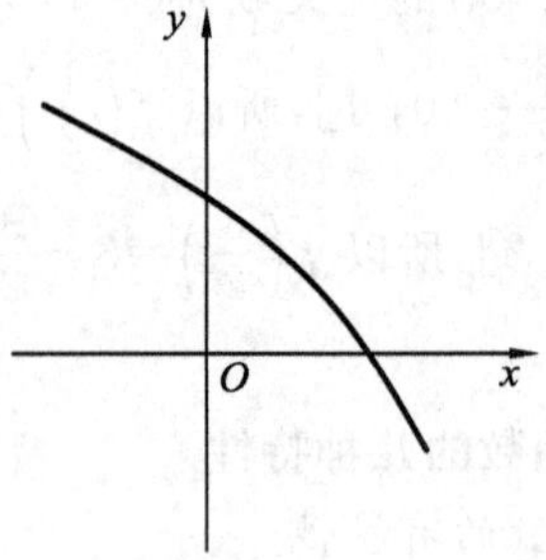

图 1-3

例 8 证明函数 $f(x)=5x-2$ 在区间$(-\infty,+\infty)$内是单调增加的.

证 任取 $x_1, x_2\in(-\infty,+\infty)$,且 $x_1<x_2$,

则
$$f(x_1)-f(x_2)=(5x_1-2)-(5x_2-2)=5(x_1-x_2)<0,$$
即
$$f(x_1)<f(x_2),$$
所以,$f(x)=5x-2$ 在区间$(-\infty,+\infty)$内是单调增加的.

4. 函数的周期性

定义 5 对于函数 $y=f(x)$,如果存在常数 a,使得 $f(x)=f(x+a)$ 恒成立,则称此函数为**周期函数**.而满足该关系式的最小正常数 a 常称为函数的**周期**.

例如,$y=\sin x$ 是周期函数,周期为 2π; $y=\tan x$ 的周期为 π.

三、反函数

设某种商品的单价为 P,销售量为 x,则收入 y 是 x 的函数 $y=Px$,这时 x 是自变量,y 是 x 的函数.若已知收入 y,反过来求销售量 x,则有 $x=\frac{y}{P}$,这时 y 是自

变量，x 变成 y 的函数了.

定义 6　设 $y=f(x)$ 是定义在 D 上的函数，值域为 W. 如果对于任意的 $y(y\in W)$，通过关系式 $y=f(x)$，都有唯一确定的 $x(x\in D)$ 与之对应，则称这样确定的函数 $x=\varphi(y)$ 为函数 $y=f(x)$ 的**反函数**，原来的函数 $y=f(x)$ 称为**直接函数**.

事实上，$y=f(x)$ 与 $x=\varphi(y)$ 互为反函数.

习惯上用 x 表示自变量，用 y 表示函数，因此，往往把反函数 $x=\varphi(y)$ 改写成 $y=\varphi(x)$，记作 $y=f^{-1}(x)$.

函数 $y=f(x)$ 与其反函数 $y=f^{-1}(x)$ 的图像关于直线 $y=x$ 对称.

例 9　求函数 $y=2x+1$ 的反函数.

解　由 $y=2x+1$，得 $x=\dfrac{y-1}{2}$，交换 x 和 y，得 $y=\dfrac{x-1}{2}$.

所以 $y=2x+1$ 的反函数为 $y=\dfrac{x-1}{2}$.

可以验证，单调函数一定存在反函数.

例 10　讨论函数 $y=\sin x, x\in D=\left[-\dfrac{\pi}{2},\dfrac{\pi}{2}\right]$ 的反函数.

解　由于定义域改变，所以它不是通常所指的正弦函数；函数在定义域内是单调增加的，它的值域是 $[-1,1]$，所以一定存在反函数. 记此反函数为 $y=\arcsin x$，则它的定义域为 $[-1,1]$，值域为 $\left[-\dfrac{\pi}{2},\dfrac{\pi}{2}\right]$.

类似地，可以定义其他的反三角函数 $\arccos x$，$\arctan x$，$\operatorname{arccot} x$.

四、基本初等函数

基本初等函数包括常值函数、幂函数、指数函数、对数函数、三角函数和反三角函数.

1. 常值函数 $y=C$

常值函数的定义域为 $(-\infty,+\infty)$，无论 x 取何值，都有 $y=C$，所以它的图像是与 x 轴平行或重合的直线.

2. 幂函数 $y=x^{\mu}$（μ 为实数）

幂函数当 μ 取不同值时，其定义域不尽相同，需分 $\mu>0$ 和 $\mu<0$ 两种情况讨论. 这里只讨论 $x\geqslant 0$ 的情形，$x<0$ 时的图像可根据函数的奇偶性来确定.

当 $\mu>0$ 时，函数的图像通过原点 $(0,0)$ 和 $(1,1)$，在 $(0,+\infty)$ 内单调增加且无界；

当 $\mu<0$ 时，函数的图像不过原点，但仍通过点 $(1,1)$，在 $(0,+\infty)$ 内单调减少且无界，曲线以 x 轴和 y 轴为渐近线.

3. 指数函数 $y=a^x(a>0,\ a\neq1,a$ 为常数)

指数函数的定义域为$(-\infty,+\infty)$,值域为$(0,+\infty)$,它的图像在 x 轴上方,且通过点$(0,1)$.

当 $a>1$ 时,函数单调增加且无界,x 轴的负半轴是曲线的渐近线;当 $0<a<1$ 时,函数单调减少且无界,x 轴的正半轴是它的渐近线.

4. 对数函数 $y=\log_a x(a>0,\ a\neq1,a$ 为常数)

对数函数的定义域为$(0,+\infty)$,图像全部在 y 轴右方,值域为$(-\infty,+\infty)$,曲线通过点$(1,0)$.

当 $a>1$ 时,函数单调增加且无界,y 轴的负半轴是它的渐近线;当 $0<a<1$ 时,函数单调减少且无界,y 轴的正半轴是它的渐近线.

5. 三角函数

三角函数包括:$y=\sin x,y=\cos x,y=\tan x,y=\cot x,y=\sec x,y=\csc x$.

$y=\sin x$ 与 $y=\cos x$ 的定义域均为$(-\infty,+\infty)$,值域均为$[-1,1]$,以 2π 为周期,是有界函数,且 $y=\sin x$ 为奇函数,$y=\cos x$ 为偶函数.

$y=\tan x$ 的定义域为 $x\neq k\pi+\frac{\pi}{2}\ (k=0,\pm1,\pm2,\cdots)$,值域为$(-\infty,+\infty)$,且为奇函数,并以 π 为周期,在$\left(k\pi-\frac{\pi}{2},k\pi+\frac{\pi}{2}\right)$内单调增加,直线 $x=k\pi+\frac{\pi}{2}$ $(k=0,\pm1,\pm2,\cdots)$为其渐近线.

$y=\cot x$ 的定义域为 $x\neq k\pi\ (k=0,\pm1,\pm2,\cdots)$,值域为$(-\infty,+\infty)$,且为奇函数,并以 π 为周期,在$(k\pi,(k+1)\pi)$内单调减少,直线 $x=k\pi\ (k=0,\pm1,\pm2,\cdots)$为其渐近线.

6. 反三角函数

对于值域中的任何 y 值,三角函数的自变量 x 均有无穷多个值与之对应,因此在整个定义域上所有三角函数都不存在反函数.只有限制 x 的取值范围后,才能考虑其反函数.

反三角函数包括:$y=\arcsin x,y=\arccos x,y=\arctan x,y=\operatorname{arccot} x$.

反正弦函数 $y=\arcsin x$ 的定义域是$[-1,1]$,值域是$\left[-\frac{\pi}{2},\frac{\pi}{2}\right]$,为单调增加的奇函数.

反余弦函数 $y=\arccos x$ 的定义域是$[-1,1]$,值域是$[0,\pi]$,为单调减少的非奇非偶函数.

反正切函数 $y=\arctan x$ 的定义域是$(-\infty,+\infty)$,值域是$\left(-\frac{\pi}{2},\frac{\pi}{2}\right)$,为单调增加的奇函数.

反余切函数 $y=\operatorname{arccot} x$ 的定义域是$(-\infty,+\infty)$,值域$(0,\pi)$,为单调减少的

非奇非偶函数.

五、复合函数与初等函数

1. 复合函数

定义 7　设函数 $y=f(u)$ 的定义域为 D_f，函数 $u=\varphi(x)$ 的值域为 W_φ，若 W_φ 与 D_f 的交集不等于空集，则 $y=f(u)$ 与 $u=\varphi(x)$ 可以复合成函数 $y=f[\varphi(x)]$，称 y 为 x 的**复合函数**.其中，x 是自变量，u 是中间变量，此函数的定义域为 $\{x|x\in D_g,\varphi(x)\in D_f\}$.

注　(1) 只有当 $W_\varphi\cap D_f\neq\varnothing$ 时，两个函数才可以构成一个复合函数.例如，$y=\ln u$ 与 $u=x-\sqrt{x^2+1}$ 就不能构成复合函数，因为 $u=x-\sqrt{x^2+1}$ 的值域 $W_\varphi=\{u|u<0\}$ 与 $y=\ln u$ 的定义域 $D_f=\{u|u>0\}$ 的交集为空集.

(2) 复合函数还可以由两个以上的函数复合而成，即中间变量可以有多个.

例 11　分析下列复合函数的构成：

(1) $y=\sqrt{\cot\dfrac{x}{2}}$；　　(2) $y=\mathrm{e}^{\sin\sqrt{x^2+1}}$.

解　(1) $y=\sqrt{u}$，$u=\cot v$，$v=\dfrac{x}{2}$；(2) $y=\mathrm{e}^u$，$u=\sin v$，$v=\sqrt{t}$，$t=x^2+1$.

例 12　设 $f(x)=x^2$，$g(x)=2^x$，求 $f[g(x)]$，$g[f(x)]$.

解　$f[g(x)]=[g(x)]^2=(2^x)^2=4^x$，$g[f(x)]=2^{f(x)}=2^{x^2}$.

2. 初等函数

由基本初等函数经过有限次的四则运算及有限次的复合步骤所构成，并且可用一个解析式表示的函数称为**初等函数**.

例如，$y=\sqrt[3]{x^2+1}$，$y=(1+\sin x)^2$，$y=\arccos\sqrt{1-x}$ 等都是初等函数.分段函数一般不是初等函数，但 $y=\sqrt{x^2}=|x|=\begin{cases}x, & x\geqslant 0,\\ -x, & x<0\end{cases}$ 仍是初等函数.

习题 1-1

1. 求下列函数的定义域：

(1) $y=\sqrt{-x^2+5x-6}$；　　(2) $y=\dfrac{1}{\sqrt{x^2-2x+1}}+\ln x$；

(3) $y=\dfrac{1}{\sin 2x}$；　　(4) $y=\sqrt{\ln\dfrac{x^2-9x}{10}}$.

2. 设 $f(x+1)=2x^2$，求 $f(x-1)$，$f[f(x)]$.

3. 下列函数是否相同？为什么？

(1) $f(x)=|x|, g(x)=\sqrt{x^2}$； (2) $f(x)=\dfrac{x^2-1}{x-1}, g(x)=x+1$；

(3) $f(x)=\sin x, g(t)=\sin t$.

4. 下列函数可以看成由哪些简单函数复合而成？

(1) $y=\sqrt{2x^2+1}$； (2) $y=\mathrm{e}^{2x+5}$；

(3) $y=\ln\sqrt{1+\sin x}$； (4) $y=2^{x^2}\mathrm{e}^{x^2}$.

5. 判断下列函数在定义域内的有界性和奇偶性：

(1) $y=\sqrt{2x^2+1}$； (2) $y=\sin x+\cos x$；

(3) $y=\dfrac{x^2}{2+x^2}$； (4) $y=x\sin x^2$；

(5) $y=\cos\dfrac{1}{x}$； (6) $y=\begin{cases}1-\sin x, & x<0,\\ 1, & x=0,\\ 1+\sin x, & x>0.\end{cases}$

6. 求下列函数的反函数：

(1) $y=\sqrt{3x+1}$； (2) $y=\mathrm{e}^{2x+5}$；

(3) $y=2^x\mathrm{e}^x+1$； (4) $y=\arcsin x$.

第二节 极　　限

一、数列的极限

1. 数列的概念

自变量为正整数的函数 $y_n=f(n)$ $(n=1, 2, 3, \cdots)$，其函数值按自变量 n 由小到大排列成的一列数

$$y_1, y_2, y_3, \cdots, y_n, \cdots$$

称为**数列**，简记为$\{y_n\}$，其中 y_n 称为**数列**$\{y_n\}$**的通项**或**一般项**. 由于一个数列$\{y_n\}$完全由其一般项 y_n 所确定，故也把数列$\{y_n\}$简称为数列 y_n. 例如，

(1) $y_n=\dfrac{1}{2^n}$: $\dfrac{1}{2}, \dfrac{1}{4}, \dfrac{1}{8}, \dfrac{1}{16}, \cdots$； (2) $y_n=1+\dfrac{1}{n}$: $2, \dfrac{3}{2}, \dfrac{4}{3}, \dfrac{5}{4}, \cdots$；

(3) $y_n=(-1)^{n+1}$: $1, -1, 1, -1, \cdots$； (4) $y_n=2n$: $2, 4, 6, 8, \cdots$.

2. 数列的极限

当 n 无限增大时，数列(1)的一般项 $y_n=\dfrac{1}{2^n}$ 无限接近于 0；数列(2)的一般项 $y_n=1+\dfrac{1}{n}$ 无限接近于 1；数列(3)的一般项 $y_n=(-1)^{n+1}$ 不是 1，就是 -1，不接近

于任何确定的常数；数列(4)的一般项 $y_n=2n$ 无限增大，也不接近于任何确定的常数.

通过观察可以看出，数列的一般项 y_n 的变化趋势不是无限接近于某个确定的常数，就是不接近于任何确定的常数，于是产生了数列极限的概念.

定义1 对于数列$\{y_n\}$，如果当 n 无限变大时，y_n 无限接近(或趋于)一个常数 A，则称**当 n 趋于无穷大时，数列$\{y_n\}$以 A 为极限**，也称**数列$\{y_n\}$收敛于 A**，记作

$$\lim_{n\to\infty} y_n=A \text{ 或 } y_n\to A(n\to\infty).$$

如果数列$\{y_n\}$没有极限，就称数列$\{y_n\}$**发散**.

数列(1)的一般项 $y_n=\frac{1}{2^n}$无限接近于 0，0 是数列(1)的极限，即$\lim\limits_{n\to\infty} y_n=0$，也称数列$\left\{\frac{1}{2^n}\right\}$收敛于 0；数列(2)的一般项 $y_n=1+\frac{1}{n}$无限接近于 1，1 是数列(2)的极限，即$\lim\limits_{n\to\infty} y_n=1$，也称数列$\left\{1+\frac{1}{n}\right\}$收敛于 1；数列(3)、数列(4)均为发散数列.

3. 级数

数列的另一个基本问题是求和. 例如，对于自然数数列，

$$1+2+\cdots+n=\frac{n(n+1)}{2}$$

是前 n 项之和. 一个数列有无穷多项，级数就是研究无穷多项之和的理论.

定义2 无穷项和式 $\sum\limits_{n=1}^{\infty} a_n=a_1+a_2+\cdots+a_n+\cdots$ 称为**级数**. 其中 a_n 称为**一般项**，$S_n=\sum\limits_{i=1}^{n} a_i$，$n=1,2,3,\cdots$ 称为它的**部分和数列**.

如果部分和数列收敛，即

$$\lim_{n\to\infty} S_n=S,$$

则称该**级数收敛**，并称 S 为它的和，即

$$\sum_{n=1}^{\infty} a_n=\lim_{n\to\infty}\sum_{i=1}^{n} a_i=S.$$

由于部分和是有限项之和，所以对于任何一个级数，部分和数列$\{S_n\}$总是存在的. 如果部分和数列$\{S_n\}$发散，我们称该**级数发散**(或不收敛). 发散级数是没有和的.

例1 讨论级数 $\sum\limits_{n=0}^{\infty} q^n$ 的敛散性，并求其收敛时的和.

解 当 $q\neq 1$ 时，部分和数列 $S_n=\sum\limits_{i=0}^{n-1} q^i=\frac{1-q^n}{1-q}$.

当$|q|<1$ 时，$\lim\limits_{n\to\infty} S_n=\lim\limits_{n\to\infty}\frac{1-q^n}{1-q}=\frac{1}{1-q}$；

当$|q|>1$时,$\lim\limits_{n\to\infty} S_n=\lim\limits_{n\to\infty}\frac{1-q^n}{1-q}=\infty$;

当$q=1$时,$\lim\limits_{n\to\infty} S_n=\lim\limits_{n\to\infty} n=\infty$;

当$q=-1$时,$S_n=\begin{cases}1, & n\text{为奇数},\\ 0, & n\text{为偶数},\end{cases}$故此级数发散.

所以,当$|q|<1$时,级数$\sum\limits_{n=0}^{\infty}q^n$收敛,且和为$S=\frac{1}{1-q}$;当$|q|\geqslant 1$时,级数$\sum\limits_{n=0}^{\infty}q^n$发散.

级数$\sum\limits_{n=0}^{\infty}q^n$是一个公比为$q$的无穷项等比数列之和,称为**等比级数**.

注 可以证明:$|q|<1$时,$\lim\limits_{n\to\infty} q^n=0$,此结论以后可直接运用.

例 2 证明:级数$\sum\limits_{n=1}^{\infty}\frac{1}{2^n}$收敛,并求其和.

解 这是公比$q=\frac{1}{2}$的等比级数,于是,由本节例 1 知

$$\sum_{n=1}^{\infty}\frac{1}{2^n}=\frac{1}{2}\sum_{n=0}^{\infty}\frac{1}{2^n}=\frac{1}{2}\cdot\frac{1}{1-\frac{1}{2}}=1.$$

即所给级数收敛,且和为 1.

注 考察一个级数,除了它的一般项外,还要看清它的起始项. 如本例中从$n=1$开始求和,这与例 1 不同. 所以,需先改变成例 1 的形式,再求和.

部分和是有限项之和,提取公因式当然没问题. 我们自然会问,对于级数(无穷多项之和),哪些算术运算律仍然成立? 下面不加证明地介绍一些级数的运算性质.

性质 1 对于任意正整数k,级数$\sum\limits_{n=0}^{\infty}a_n$与$\sum\limits_{n=k}^{\infty}a_n$同时收敛或发散.

注 起始下标不同并不影响敛散性,但是它们的和一般是不同的.

性质 2 设级数$\sum\limits_{n=1}^{\infty}a_n$收敛,$C$为常数,则$\sum\limits_{n=1}^{\infty}Ca_n$也收敛,且有$\sum\limits_{n=1}^{\infty}Ca_n=C\sum\limits_{n=1}^{\infty}a_n$.

于是,算术中的分配律,对于收敛级数也成立.

例 3 求级数$\sum\limits_{n=2}^{\infty}\frac{1}{n^2-1}$的和.

解 一般项为$\frac{1}{n^2-1}=\frac{1}{(n-1)(n+1)}=\frac{1}{2}\left(\frac{1}{n-1}-\frac{1}{n+1}\right)$,部分和为

$$S_n=\frac{1}{2}\sum_{i=2}^{n+1}\left(\frac{1}{i-1}-\frac{1}{i+1}\right)=\frac{1}{2}\left(1+\frac{1}{2}-\frac{1}{n+1}-\frac{1}{n+2}\right)$$
$$=\frac{1}{2}\left(\frac{3}{2}-\frac{1}{n+1}-\frac{1}{n+2}\right).$$

因为$\lim\limits_{n\to\infty}S_n=\dfrac{3}{4}$，所以$\sum\limits_{n=2}^{\infty}\dfrac{1}{n^2-1}$收敛，且和为$\dfrac{3}{4}$.

性质 3　设级数$\sum\limits_{n=1}^{\infty}a_n$，$\sum\limits_{n=1}^{\infty}b_n$均收敛，则$\sum\limits_{n=1}^{\infty}(a_n\pm b_n)$也收敛，且有

$$\sum_{n=1}^{\infty}(a_n\pm b_n)=\sum_{n=1}^{\infty}a_n\pm\sum_{n=1}^{\infty}b_n.$$

这是改变运算顺序的性质. 尤其需要注意的是，对于级数而言，加法交换律一般不成立. 因此，在一个级数中，不能随意改变各个加项的顺序.

例 4　设级数$\sum\limits_{n=1}^{\infty}a_n$收敛，$\sum\limits_{n=1}^{\infty}c_n$发散，证明：$\sum\limits_{n=1}^{\infty}(a_n+c_n)$发散.

证　设$\sum\limits_{n=1}^{\infty}(a_n+c_n)$收敛，因为$\sum\limits_{n=1}^{\infty}a_n$收敛，所以

$$\sum_{n=1}^{\infty}c_n=\sum_{n=1}^{\infty}[(a_n+c_n)-a_n]=\sum_{n=1}^{\infty}(a_n+c_n)-\sum_{n=1}^{\infty}a_n$$

收敛，这与题设矛盾. 所以$\sum\limits_{n=1}^{\infty}(a_n+c_n)$发散.

性质 4　设级数$\sum\limits_{n=1}^{\infty}a_n$收敛，则任意加括号后的级数也收敛且和不变.

例如$\sum\limits_{n=1}^{\infty}a_n=a_1+a_2+a_3+a_4+\cdots+a_{2n-1}+a_{2n}+\cdots$，加括号如下：

$$\sum_{n=1}^{\infty}a_n=(a_1+a_2)+(a_3+a_4)+\cdots+(a_{2n-1}+a_{2n})+\cdots,$$

这是一个新的级数$\sum\limits_{n=1}^{\infty}b_n$，$b_n=a_{2n-1}+a_{2n}$，$n=1,2,\cdots$，根据性质 4，$\sum\limits_{n=1}^{\infty}b_n=\sum\limits_{n=1}^{\infty}a_n$.

算术中的加法结合律，对于收敛级数仍成立.

性质 5　设级数$\sum\limits_{n=1}^{\infty}a_n$收敛，则$\lim\limits_{n\to\infty}a_n=0$.

性质 5 指出了级数收敛的必要条件，可用于说明一个级数不收敛. 例如，对于级数$\sum\limits_{n=1}^{\infty}\cos\dfrac{1}{n}$，由于$\lim\limits_{n\to\infty}\cos\dfrac{1}{n}=1\neq0$，所以级数$\sum\limits_{n=1}^{\infty}\cos\dfrac{1}{n}$发散.

如果级数$\sum\limits_{n=1}^{\infty}a_n$的一般项$a_n\geqslant0$，$n=1,2,\cdots$，此级数称为**正项级数**.

性质 6　设级数 $\sum_{n=1}^{\infty} a_n$，$\sum_{n=1}^{\infty} b_n$ 均为正项级数，且 $\sum_{n=1}^{\infty} a_n$ 收敛，若 $b_n \leqslant a_n, n=1, 2, \cdots$，则级数 $\sum_{n=1}^{\infty} b_n$ 收敛.

性质 6 称为正项级数的**比较审敛法**. 如果我们已知一些收敛的正项级数，就可以用来判别其他一些正项级数的收敛性.

例 5　判别级数 $\sum_{n=1}^{\infty} \sin \frac{1}{n^2}$ 的敛散性.

解　因为 $\sin \frac{1}{n^2} \leqslant \frac{1}{n^2} \leqslant \frac{1}{n^2-1}$，由性质 6 及例 3 可知该级数收敛.

从本例中还可以看到 $\sum_{n=1}^{\infty} \frac{1}{n^2}$ 也是收敛的.

为了方便使用性质 6，除了例 1 的等比级数，我们再给出一个常用的级数——**p 级数** $\sum_{n=1}^{\infty} \frac{1}{n^p}$. 当 $p>1$ 时，p 级数收敛；当 $p \leqslant 1$ 时，p 级数发散.

二、函数的极限

数列的极限只是一种特殊的函数(即整标函数)的极限. 下面讨论定义在实数集上的函数 $y=f(x)$ 的极限.

1. $x \to \infty$ 时函数的极限

例如，函数 $y=1+\frac{1}{x}$，当 $|x|$ 无限增大时，y 无限接近于 1. 与数列极限相似，当 $x \to \infty$ 时，$y=1+\frac{1}{x}$ 以 1 为极限(如图 1-4 所示).

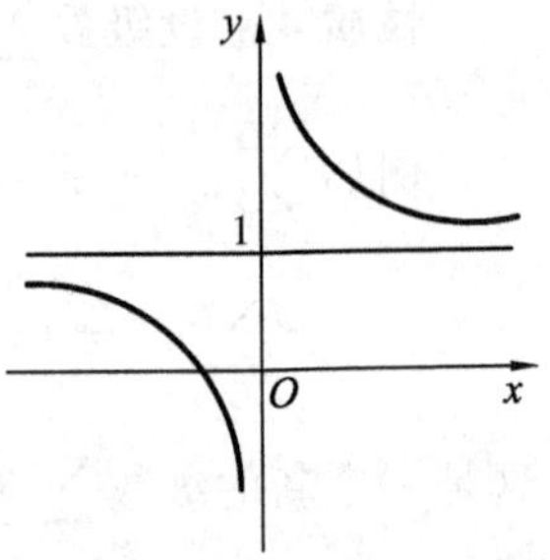

图 1-4

定义 3　如果当 $|x|$ 无限增大时，函数 $f(x)$ 无限接近一个常数 A，则称**当 $x \to \infty$ 时，函数 $f(x)$ 以 A 为极限**. 记作 $\lim_{x \to \infty} f(x)=A$ 或 $f(x) \to A\ (x \to \infty)$.

如果从某一时刻起，x 只能取正值或负值且趋于无穷大，则有下面的定义.

定义 3′　如果当 $x>0$ 且 x 无限增大时，函数 $f(x)$ 趋于一个常数 A，则称当 $x \to +\infty$ 时，函数 $f(x)$ 以 A 为极限. 记作 $\lim_{x \to +\infty} f(x)=A$ 或 $f(x) \to A\ (x \to +\infty)$.

定义 3″　如果当 $x<0$ 且 $|x|$ 无限增大时，函数 $f(x)$ 趋于一个常数 A，则称当 $x \to -\infty$ 时，函数 $f(x)$ 以 A 为极限. 记作 $\lim_{x \to -\infty} f(x)=A$ 或 $f(x) \to A\ (x \to -\infty)$.

例 6　求 $\lim_{x \to \infty}\left(1-\frac{1}{x^2}\right)$.

解　当 $x\to\infty$ 时，$\frac{1}{x^2}\to 0$，即

$$\lim_{x\to\infty}\left(1-\frac{1}{x^2}\right)=1.$$

例 7　求 $\lim\limits_{x\to-\infty} 2^x$.

解　当 $x\to-\infty$ 时，$2^x\to 0$，即

$$\lim_{x\to-\infty} 2^x=0.$$

2. $x\to x_0$ 时函数的极限

考察函数 $f(x)=2x+1$，当 x 分别从左侧和右侧趋于 0.5 时的变化趋势见表 1-1.

表 1-1

x	0	0.1	0.3	0.4	0.49	…	0.5	…	0.51	0.6	0.9	1
$f(x)$	1	1.2	1.6	1.8	1.98	…	2	…	2.02	2.2	2.8	3

由上表不难看出，当 x 无限接近于 0.5 时，$f(x)$ 趋于常数 2. 我们称 $x\to 0.5$ 时，函数 $f(x)$ 的极限为 2.

定义 4　设函数 $y=f(x)$ 在点 x_0 的某个邻域(点 x_0 除外)内有定义，如果当 x 趋于 x_0 时，函数 $f(x)$ 趋于一个常数 A，则称**当 x 趋于 x_0 时，$f(x)$ 以 A 为极限**. 记作 $\lim\limits_{x\to x_0} f(x)=A$ 或 $f(x)\to A(x\to x_0)$.

根据定义易得结论：$\lim\limits_{x\to x_0} x=x_0$ 及 $\lim\limits_{x\to x_0} C=C$.

3. 左极限、右极限

定义 5　设函数 $y=f(x)$ 在点 x_0 右(左)侧的某个邻域(点 x_0 除外)内有定义，如果当 $x>x_0(x<x_0)$ 趋于 x_0 时，函数 $f(x)$ 趋于一个常数 A，则称**当 x 趋于 x_0 时，$f(x)$ 的右(左)极限为 A**. 记作

$$\lim_{x\to x_0^{+(-)}} f(x)=A \text{ 或 } f(x)\to A\ (x\to x_0^{+(-)}).$$

由定义 4 及定义 5 可得到如下定理.

定理　$\lim\limits_{x\to x_0} f(x)=A$ 的充分必要条件是 $\lim\limits_{x\to x_0^-} f(x)=\lim\limits_{x\to x_0^+} f(x)=A$.

例 8　设 $f(x)=\begin{cases}0, & x<0,\\ x, & x\geqslant 0,\end{cases}$ 则当 $x\to 0$ 时，$f(x)$ 的极限是否存在?

解　因为 $\lim\limits_{x\to 0^-} f(x)=\lim\limits_{x\to 0^-} 0=0$，$\lim\limits_{x\to 0^+} f(x)=\lim\limits_{x\to 0^+} x=0$，所以，由定理知，$\lim\limits_{x\to 0} f(x)=0$.

例 9　设 $f(x)=\begin{cases}-1, & x<0,\\ x, & x\geqslant 0,\end{cases}$ 则当 $x\to 0$ 时，$f(x)$ 的极限是否存在?

解 $\lim\limits_{x\to 0^-} f(x)=\lim\limits_{x\to 0^-}(-1)=-1$；$\lim\limits_{x\to 0^+} f(x)=\lim\limits_{x\to 0^+} x=0$，左右极限存在但不相等，根据定理知，当 $x\to 0$ 时，$f(x)$ 的极限不存在.

习题 1-2

1. 写出下列数列的一般项：

(1) $1,-\frac{1}{2},\frac{1}{4},-\frac{1}{8},\frac{1}{16},\cdots$； (2) $3,2,\frac{5}{3},\frac{3}{2},\frac{7}{5},\cdots$；

(3) $1,-1,3,1,-1,6,1,-1,9,\cdots$.

2. 写出下列级数的一般项：

(1) $1+\frac{1}{3}+\frac{1}{5}+\frac{1}{7}+\cdots$； (2) $\frac{1}{2}+\frac{1}{4}+\frac{1}{8}+\frac{1}{16}+\cdots$；

(3) $\frac{1}{2}+\frac{2}{5}+\frac{3}{10}+\frac{4}{17}+\cdots$； (4) $\frac{a^2}{3}-\frac{a^3}{5}+\frac{a^4}{7}-\frac{a^5}{9}+\cdots$.

3. 设级数 $\sum\limits_{n=1}^{\infty} x_n$ 的部分和为 $S_n=\frac{3n}{2n+1}$，求 x_1 和 x_2.

4. 判定下列级数的敛散性，若收敛，求其和：

(1) $\sum\limits_{n=1}^{\infty}(\sqrt{n+1}-\sqrt{n})$；

(2) $\frac{1}{2}+\frac{1}{3}+\frac{1}{4}+\frac{1}{9}+\cdots+\frac{1}{2^n}+\frac{1}{3^n}+\cdots$；

(3) $\sum\limits_{n=1}^{\infty}\frac{n+1}{n}$；

(4) $1+3+5+7+\cdots$；

(5) $\sum\limits_{n=1}^{\infty}\frac{1}{(2n-1)(2n+1)}$.

5. 求下列函数的极限：

(1) $\lim\limits_{x\to 0}(2-x^2)$； (2) $\lim\limits_{x\to\infty}\left(\frac{1}{x^2+1}+3\right)$；

(3) $\lim\limits_{x\to 2}(2-x^2)$.

6. 讨论下列函数在给定点处的极限是否存在？若存在，求其极限值：

(1) $f(x)=\begin{cases}1-\sqrt{1-x}, & x<1,\\ 2-x, & x>1\end{cases}$ 在 $x=1$ 处；

(2) $f(x)=\frac{|x|}{x}$ 在 $x=0$ 处.

第三节　无穷小量与无穷大量

一、无穷小量与无穷大量的概念及性质

1. 无穷小量

定义 1　若函数 $y=f(x)$ 在自变量 x 的某个变化过程中以零为极限，则称在该变化过程中，$f(x)$ 为**无穷小量**，简称**无穷小**. 常用希腊字母 α，β，γ 来表示无穷小量.

例如，当 $x\to 0$ 时，x^2 是无穷小量；当 $x\to 1$ 时，$x-1$ 是无穷小量；当 $n\to+\infty$ 时，$\left(\frac{1}{2}\right)^n$ 是无穷小量；当 $x\to 0^+$ 时，$e^{-\frac{1}{x}}$ 为无穷小量.

注　(1) 无穷小量是一个以 0 为极限的变量，常量中除 0 以外，再小的数都不是无穷小量；

(2) 无穷小量与自变量的变化过程密切相关，不能笼统地说某个变量是无穷小量，必须指出它的变化过程. 例如，当 $x\to 0$ 时，$2x$ 是无穷小量；而当 $x\to 1$ 时，$2x$ 不是无穷小量.

无穷小量具有如下性质：

性质 1　有限个无穷小量的代数和仍然是无穷小量；

性质 2　有界变量与无穷小量的乘积是无穷小量；

性质 3　常数与无穷小量的乘积仍是无穷小量；

性质 4　有限个无穷小量的乘积仍是无穷小量.

注　两个无穷小量的商不一定是无穷小量.

例 1　求 $\lim\limits_{x\to 0} x\sin\frac{1}{x}$.

解　因为 $\left|\sin\frac{1}{x}\right|\leqslant 1$，当 $x\to 0$ 时，x 是无穷小量，则 $\lim\limits_{x\to 0} x\sin\frac{1}{x}=0$.

若 $\lim\limits_{x\to x_0} f(x)=A$，则 $f(x)-A$ 无限接近于零，即 $x\to x_0$ 时，$f(x)-A$ 为无穷小量.

定理 1(极限与无穷小量之间的关系)　$\lim\limits_{x\to x_0} f(x)=A$ 的充分必要条件是 $f(x)=A+\alpha(x)$，其中 $\alpha(x)$ 是 $x\to x_0$ 时的无穷小量.

定理 1 中自变量的变化过程换成 $x\to x_0^+$，$x\to x_0^-$，$x\to+\infty$，$x\to-\infty$ 后仍然成立.

2. 无穷大量

定义 2　在自变量 x 的某个变化过程中，若相应函数值的绝对值 $|f(x)|$ 无限增大，则称 $f(x)$ 为该自变量变化过程中的**无穷大量**，简称**无穷大**，记作 $\lim f(x)=\infty$.

如果相应的函数值 $f(x)$($-f(x)$)无限增大,则称 $f(x)$ 为该自变量变化过程中的正(负)无穷大,记作 $\lim f(x)=+\infty(-\infty)$. 例如,$\frac{1}{x}$是 $x\to 0^-$ 时的负无穷大量,x^2 是 $x\to\infty$时的正无穷大量,即 $\lim\limits_{x\to 0^-}\frac{1}{x}=-\infty$,$\lim\limits_{x\to\infty}x^2=+\infty$.

无穷大量是极限不存在的一种特殊情形,这里虽借用极限的记号,但并不表示极限存在.

注 (1) 无穷大量是变量,一个不论多大的常数都不能作为无穷大量;

(2) 无穷大量与自变量的变化过程有关. 例如,当 $x\to\infty$时,x^2 是无穷大量,而当 $x\to 0$ 时,x^2 是无穷小量;

(3) 无穷大量必无界,但反之不真. 例如,$f(x)=x\cos x$,当 $x\to\infty$时是无界的,但不是无穷大.

无穷大量具有如下性质:

性质 1 有限个无穷大量的乘积仍然是无穷大量;

性质 2 不为零的常数与无穷大量的乘积仍是无穷大量;

性质 3 有界变量与无穷大量之和为无穷大量.

注 两个无穷大量的商不一定是无穷大,两个无穷大量的和或差也不一定是无穷大量. 但是,两个正无穷大之和仍为正无穷大,两个负无穷大之和仍为负无穷大.

例如,$\lim\limits_{x\to 1}\left(\frac{1}{x^3}\ln x\right)=0$,$\lim\limits_{x\to 1}\left(2\cdot\frac{1}{x^2-1}\right)=\infty$,$\lim\limits_{x\to+\infty}(e^x+x)=+\infty$.

二、无穷小量与无穷大量的关系

定理 2 在自变量的同一变化过程中,无穷大量的倒数是无穷小量,恒不为零的无穷小量的倒数为无穷大量.

例如,当 $x\to 0$ 时,x 为无穷小,$\frac{1}{x}$为无穷大,即有$\lim\limits_{x\to 0}\frac{1}{x}=\infty$;当 $x\to\infty$时,x 为无穷大,$\frac{1}{x}$为无穷小,即有$\lim\limits_{x\to\infty}\frac{1}{x}=0$.

习题 1-3

1. 观察下列变量判定当 $x\to$? 时它们为无穷小:

(1) $y=\ln\sqrt{1+x^2}$; (2) $y=\frac{x-1}{x^3+3}$;

(3) $y=e^{2-x}$.

2. 观察下列变量判定当 $x\to$? 时它们为无穷大：

(1) $y=\dfrac{x-1}{x^3+1}$；　　(2) $y=\ln|1-x|$；

(3) $y=\dfrac{2}{\sqrt{4-x}}$.

3. 求下列极限：

(1) $\lim\limits_{x\to\infty}\dfrac{\cos x}{x}$；　　(2) $\lim\limits_{x\to 1}\dfrac{x}{x^2-1}$；

(3) $\lim\limits_{x\to+\infty} e^{3-x}$.

第四节　极限的性质与运算法则

一、极限的性质

以下性质只对 $x\to x_0$ 时的情形加以叙述，其他变化过程的极限也有类似的结果.

性质 1(唯一性)　若 $\lim\limits_{x\to x_0} f(x)=A$，$\lim\limits_{x\to x_0} f(x)=B$，则 $A=B$.

性质 2(局部有界性)　若 $\lim\limits_{x\to x_0} f(x)=A$，则函数 $f(x)$ 在 x_0 的某一去心邻域内有界.

性质 3(保号性)　若 $\lim\limits_{x\to x_0} f(x)=A$，且 $A>0$(或 $A<0$)，则在 x_0 的某去心邻域内恒有 $f(x)>0$(或 $f(x)<0$).

推论　若 $\lim\limits_{x\to x_0} f(x)=A$，且在 x_0 的某去心邻域内恒有 $f(x)\geqslant 0$ 或($f(x)\leqslant 0$)，则 $A\geqslant 0$ (或 $A\leqslant 0$).

二、极限的四则运算法则

定理　在自变量的同一变化过程中，设 $\lim f(x)$ 及 $\lim g(x)$ 都存在，则有下列运算法则：

(1) $\lim[f(x)\pm g(x)]=\lim f(x)\pm\lim g(x)$；

(2) $\lim[f(x)\cdot g(x)]=\lim f(x)\cdot\lim g(x)$；

(3) $\lim\dfrac{f(x)}{g(x)}=\dfrac{\lim f(x)}{\lim g(x)}$ $(\lim g(x)\neq 0)$.

这里只证明法则(2)，其他法则证法类似.

证　设 $\lim f(x)=A$，$\lim g(x)=B$，由第三节定理 1 知

$$f(x)=A+\alpha,\ g(x)=B+\beta\ \ (\alpha,\beta \text{ 都是无穷小量}),$$

于是
$$f(x)\cdot g(x)=(A+\alpha)(B+\beta)=AB+(A\beta+B\alpha+\alpha\beta),$$

由无穷小量的性质知 $A\beta+B\alpha+\alpha\beta$ 仍为无穷小量,再由第三节定理 1 的充分性可得

$$\lim[f(x)\cdot g(x)]=AB=\lim f(x)\cdot\lim g(x).$$

上述的运算法则不难推广到有限多个函数的代数和及乘积的情况.

推论 设 $\lim f(x)$ 存在,C 为常数,n 为正整数,则有

(1) $\lim[Cf(x)]=C\lim f(x)$;

(2) $\lim[f(x)]^n=[\lim f(x)]^n$.

注 在使用这些法则时要求每个参与极限运算的函数的极限必须存在,并且作为分母的函数的极限不能为零.

例 1 求 $\lim\limits_{x\to 0}\dfrac{2x^2+x-4}{3x^2+2}$.

解 $\lim\limits_{x\to 0}\dfrac{2x^2+x-4}{3x^2+2}=\dfrac{\lim\limits_{x\to 0}(2x^2+x-4)}{\lim\limits_{x\to 0}(3x^2+2)}=\dfrac{-4}{2}=-2.$

例 2 求 $\lim\limits_{x\to 1}\dfrac{x+2}{x^2-5x+4}$.

解 因为 $\lim\limits_{x\to 1}(x^2-5x+4)=0$,故不能直接使用运算法则.

$\lim\limits_{x\to 1}\dfrac{x^2-5x+4}{x+2}=0$,即 $\dfrac{x^2-5x+4}{x+2}$ 是 $x\to 1$ 时的无穷小量,由无穷小量与无穷大量的关系知,$\lim\limits_{x\to 1}\dfrac{x+2}{x^2-5x+4}=\infty$.

例 3 求 $\lim\limits_{x\to 4}\dfrac{x^2-7x+12}{x^2-5x+4}$.

解 当 $x=4$ 时,分子分母都为 0,所以,$x\neq 4$ 时可以约去公因式 $(x-4)$.

$$\lim_{x\to 4}\frac{x^2-7x+12}{x^2-5x+4}=\lim_{x\to 4}\frac{(x-3)(x-4)}{(x-1)(x-4)}=\lim_{x\to 4}\frac{x-3}{x-1}=\frac{1}{3}.$$

对于 $x\to\infty$ 时函数的极限,可用分子、分母同除以它们的最高次幂,然后再求极限.

例 4 求 $\lim\limits_{x\to\infty}\dfrac{2x^2+x-2}{x^2-7x+3}$.

解 $\lim\limits_{x\to\infty}\dfrac{2x^2+x-2}{x^2-7x+3}=\lim\limits_{x\to\infty}\dfrac{2+\dfrac{1}{x}-\dfrac{2}{x^2}}{1-\dfrac{7}{x}+\dfrac{3}{x^2}}=\dfrac{2}{1}=2.$

例 5 求 $\lim\limits_{x\to\infty}\dfrac{x^3-2x+3}{x^2-6}$.

解 因为 $\lim\limits_{x\to\infty}\dfrac{x^2-6}{x^3-2x+3}=\lim\limits_{x\to\infty}\dfrac{\dfrac{1}{x}-\dfrac{6}{x^3}}{1-\dfrac{2}{x^2}+\dfrac{3}{x^3}}=0$,所以 $\lim\limits_{x\to\infty}\dfrac{x^3-2x+3}{x^2-6}=\infty$.

一般地，

$$\lim_{x\to\infty}\frac{a_0x^n+a_1x^{n-1}+\cdots+a_n}{b_0x^m+b_1x^{m-1}+\cdots+b_m}=\begin{cases}\infty, & m<n,\\ \dfrac{a_0}{b_0}, & m=n,\\ 0, & m>n.\end{cases}$$

例 6 求$\lim\limits_{x\to 0}\dfrac{\sqrt{4+x}-2}{x}$的极限.

解 当 $x\to 0$ 时，分子、分母的极限均为 0，不能直接用极限运算法则，可以先有理化，再求极限.

$$\lim_{x\to 0}\frac{\sqrt{4+x}-2}{x}=\lim_{x\to 0}\frac{(\sqrt{4+x}-2)(\sqrt{4+x}+2)}{x(\sqrt{4+x}+2)}$$

$$=\lim_{x\to 0}\frac{1}{\sqrt{4+x}+2}=\frac{1}{4}.$$

例 7 已知 $f(x)=\begin{cases}x+2, & x<0,\\ x^2+2, & 0\leqslant x<1,\\ 2-x, & x\geqslant 1,\end{cases}$ 求$\lim\limits_{x\to 0}f(x)$，$\lim\limits_{x\to 1}f(x)$.

解 $\lim\limits_{x\to 0^-}f(x)=\lim\limits_{x\to 0^-}(x+2)=2$，$\lim\limits_{x\to 0^+}f(x)=\lim\limits_{x\to 0^+}(x^2+2)=2$，所以$\lim\limits_{x\to 0}f(x)=2$.

因为 $\lim\limits_{x\to 1^-}f(x)=\lim\limits_{x\to 1^-}(x^2+2)=3$，$\lim\limits_{x\to 1^+}f(x)=\lim\limits_{x\to 1^+}(2-x)=1\neq 3$，所以 $\lim\limits_{x\to 1}f(x)$不存在.

习题 1-4

求下列极限：

(1) $\lim\limits_{x\to 0}(2-\cos x)$；　　(2) $\lim\limits_{x\to 0}\dfrac{2x^2+3x}{x^3-5x}$；

(3) $\lim\limits_{x\to 2}\dfrac{x^2+2x-6}{2x+1}$；　　(4) $\lim\limits_{x\to\infty}\dfrac{2x^2+3x}{x^3-5x+1}$；

(5) $\lim\limits_{x\to\infty}\dfrac{2x^2-3x+2}{x^2-5x+1}$；　　(6) $\lim\limits_{x\to\infty}\dfrac{2x^4+3x}{x^3-5x+1}$；

(7) $\lim\limits_{x\to 0}\dfrac{2-\sqrt{4+x}}{x}$；　　(8) $\lim\limits_{x\to 1}\dfrac{1-x^2}{x^2+x-2}$；

(9) $\lim\limits_{x\to -1}\left(1-\dfrac{1}{x^2+1}\right)$；　　(10) $\lim\limits_{x\to +\infty}(\sqrt{x+1}-\sqrt{x})$.

第五节　两个重要极限

一、极限存在性定理

定理 1(夹逼定理)　假设在 x_0 的某去心邻域内 $g(x)\leqslant f(x)\leqslant h(x)$ 成立，且 $\lim\limits_{x\to x_0} g(x)=\lim\limits_{x\to x_0} h(x)=C$,则有 $\lim\limits_{x\to x_0} f(x)=C$.

注　(1) 对于其他的自变量变化过程,也有类似的结论;

(2) 数列也有类似的夹逼定理.

定理 2　单调有界数列必有极限.

这两个定理不作详细证明.

二、两个重要极限

1. $\lim\limits_{x\to 0}\dfrac{\sin x}{x}=1$

这个极限是两个无穷小量之比,初等的方法不能求出极限值. 根据复合函数的极限法则,如果 α 是某变化过程中的无穷小,则在此过程中有 $\lim\dfrac{\sin\alpha}{\alpha}=1$.

由此,我们可以求出其他一些无穷小之比的极限.

例 1　求 $\lim\limits_{x\to 0}\dfrac{1-\cos x}{x^2}$.

解　$\lim\limits_{x\to 0}\dfrac{1-\cos x}{x^2}=\lim\limits_{x\to 0}\dfrac{2\sin^2\dfrac{x}{2}}{x^2}=\dfrac{1}{2}\lim\limits_{x\to 0}\left(\dfrac{\sin\dfrac{x}{2}}{\dfrac{x}{2}}\right)^2=\dfrac{1}{2}$.

由本例可知,$\lim\limits_{x\to 0}\dfrac{1-\cos x}{\dfrac{1}{2}x^2}=1$,并且 $1-\cos x$ 是 $x\to 0$ 时的无穷小,所以 $\lim\limits_{x\to 0}\cos x=1$.

例 2　求 $\lim\limits_{x\to 0}\dfrac{\tan x}{x}$.

解　$\lim\limits_{x\to 0}\dfrac{\tan x}{x}=\lim\limits_{x\to 0}\dfrac{\sin x}{x}\cdot\dfrac{1}{\cos x}=\lim\limits_{x\to 0}\dfrac{\sin x}{x}\cdot\lim\limits_{x\to 0}\dfrac{1}{\cos x}=\lim\limits_{x\to 0}\dfrac{\sin x}{x}=1$.

定义　设 α,β 是同一变化过程中的两个无穷小量,如果 $\lim\dfrac{\beta}{\alpha}=1$,则称 β 与 α 是等价无穷小量,记作 $\alpha\sim\beta$.

定理 3(等价无穷小量代换定理)　在同一变化过程中,如果 $\alpha\sim\alpha'$,$\beta\sim\beta'$,且 $\lim\dfrac{\beta'}{\alpha'}$存在,则 $\lim\dfrac{\beta}{\alpha}=\lim\dfrac{\beta'}{\alpha'}$.

此处给出一个粗略的证明，

$$\lim\frac{\beta}{\alpha}=\lim\frac{\beta}{\alpha}\frac{\beta'}{\beta'}\frac{\alpha'}{\alpha'}=\lim\frac{\beta'}{\alpha'}\lim\frac{\alpha'}{\alpha}\lim\frac{\beta}{\beta'}=\lim\frac{\beta'}{\alpha'}.$$

等价无穷小量代换定理表明：求两个无穷小量商的极限时，分子、分母可分别用它们的等价无穷小量代替.

例 3　求$\lim\limits_{x\to 0}\frac{\sin 3x}{\sin 4x}$.

解　因为 $x\to 0$ 时，$\sin 3x\sim 3x$，$\sin 4x\sim 4x$，所以，

$$\lim_{x\to 0}\frac{\sin 3x}{\sin 4x}=\lim_{x\to 0}\frac{3x}{4x}=\frac{3}{4}.$$

等价无穷小的替换经常会被误用，从证明过程可以看出，一个合理的替换必定可以通过在分子、分母中插入一些等价因式实现. 如本例中，

$$\lim_{x\to 0}\frac{\sin 3x}{\sin 4x}=\lim_{x\to 0}\left(\frac{\sin 3x}{3x}\cdot\frac{4x}{\sin 4x}\cdot\frac{3x}{4x}\right)=\frac{3}{4}\lim_{x\to 0}\frac{\sin 3x}{3x}\cdot\lim_{x\to 0}\frac{\sin 4x}{4x}=\frac{3}{4}.$$

由上面的例子可得以下常用等价无穷小量：

$\sin x\sim x$（当 $x\to 0$ 时）；$1-\cos x\sim\frac{x^2}{2}$（当 $x\to 0$ 时）；$\tan x\sim x$（当 $x\to 0$ 时）.

等价无穷小十分有用，在后面的学习中，应不断积累各种等价无穷小.

例 4　求$\lim\limits_{x\to 0}\frac{\sin 3x}{\tan 5x}$.

解　当 $x\to 0$ 时，$\sin 3x\sim 3x$，$\tan 5x\sim 5x$，故

$$\lim_{x\to 0}\frac{\sin 3x}{\tan 5x}=\lim_{x\to 0}\frac{3x}{5x}=\frac{3}{5}.$$

注　只有当分子或分母为函数的乘积时，各个乘积项才可以分别用它们的等价无穷小量代换. 而对于和或差中的函数，一般不能分别用等价无穷小量代换. 例如，

$$\lim_{x\to 0}\frac{\tan x-\sin x}{\sin^3 x}=\lim_{x\to 0}\frac{x-x}{x^3}=\lim_{x\to 0}0=0$$

是不正确的. 正确做法如下：

$$\lim_{x\to 0}\frac{\tan x-\sin x}{\sin^3 x}=\lim_{x\to 0}\frac{1-\cos x}{\cos x\cdot\sin^2 x}=\lim_{x\to 0}\frac{\frac{x^2}{2}}{\cos x\cdot x^2}$$

$$=\frac{1}{2}\lim_{x\to 0}\frac{1}{\cos x}=\frac{1}{2}.$$

2. $\lim\limits_{x\to\infty}\left(1+\frac{1}{x}\right)^x=\mathrm{e}$ 或 $\lim\limits_{x\to 0}(1+x)^{\frac{1}{x}}=\mathrm{e}$

进一步地，如果 α 是某变化过程的无穷小，则在此过程中有

$$\lim(1+\alpha)^{\frac{1}{\alpha}}=\mathrm{e}.$$

例 5 求下列函数的极限:

(1) $\lim\limits_{x\to\infty}\left(1+\dfrac{3}{x}\right)^{x}$; (2) $\lim\limits_{x\to\infty}\left(\dfrac{x-2}{x}\right)^{x}$; (3) $\lim\limits_{x\to\infty}\left(\dfrac{2-x}{3-x}\right)^{x}$.

解 (1) 令$\dfrac{x}{3}=u$,则 $x=3u$,故

$$\lim_{x\to\infty}\left(1+\frac{3}{x}\right)^{x}=\lim_{u\to\infty}\left(1+\frac{1}{u}\right)^{3u}=\lim_{u\to\infty}\left[\left(1+\frac{1}{u}\right)^{u}\right]^{3}=e^{3};$$

(2) $\lim\limits_{x\to\infty}\left(\dfrac{x-2}{x}\right)^{x}=\lim\limits_{x\to\infty}\left[\left(1+\dfrac{-2}{x}\right)^{\frac{x}{-2}}\right]^{-2}=e^{-2}$;

(3) 令$\dfrac{2-x}{3-x}=1+\dfrac{1}{u}$,则 $x=u+3$,且当 $x\to\infty$时,$u\to\infty$,所以

$$\lim_{x\to\infty}\left(\frac{2-x}{3-x}\right)^{x}=\lim_{u\to\infty}\left(1+\frac{1}{u}\right)^{u+3}=\lim_{u\to\infty}\left(1+\frac{1}{u}\right)^{u}\cdot\lim_{u\to\infty}\left(1+\frac{1}{u}\right)^{3}=e.$$

习题 1-5

求下列极限:

(1) $\lim\limits_{x\to 0}\dfrac{2x}{\sin 3x}$; (2) $\lim\limits_{x\to 0}\dfrac{\tan 3x}{x}$;

(3) $\lim\limits_{x\to 0}(1+x)^{-\frac{1}{x}}$; (4) $\lim\limits_{n\to\infty}\left(1+\dfrac{1}{n}\right)^{3n}$;

(5) $\lim\limits_{x\to\infty}\left(\dfrac{x}{1+x}\right)^{x}$; (6) $\lim\limits_{x\to 0}\dfrac{x}{x+2\sin x}$;

(7) $\lim\limits_{x\to 0}\dfrac{\sin^{2}3x}{x^{2}}$; (8) $\lim\limits_{x\to 0}\dfrac{x-\sin x}{2x+\sin x}$;

(9) $\lim\limits_{x\to 0}x\cot x$; (10) $\lim\limits_{x\to 0}(1+\tan x)^{\cot x}$;

(11) $\lim\limits_{x\to\infty}\dfrac{\sin x}{x}$; (12) $\lim\limits_{x\to\infty}x\sin\dfrac{1}{x}$.

第六节 函数的连续性

一、连续函数的概念

首先引入一个常用的概念和记号.

设变量 u 从一个初值 u_1 变化到终值 u_2,终值与初值之差 u_2-u_1 叫做变量 u 的增量,记作 Δu,即 $\Delta u=u_2-u_1$.

注 Δu 可正、可负,它是一个完整的记号,不能将其看作是 Δ 与变量 u 的乘积.

设函数 $y=f(x)$在点 x_0 的某个邻域内有定义(见图 1-5),当自变量 x 由 x_0

变到 $x_0+\Delta x$ 时，函数 y 相应地由 $f(x_0)$ 变到 $f(x_0+\Delta x)$，因此函数相应的增量为 $\Delta y=f(x_0+x)-f(x_0)$.

直观地说，如果一个函数是连续变化的，它的图形应是一条不间断的曲线(见图 1-5). 如果函数在某点是不连续的，那么曲线的图形在某处断开了(见图 1-6).

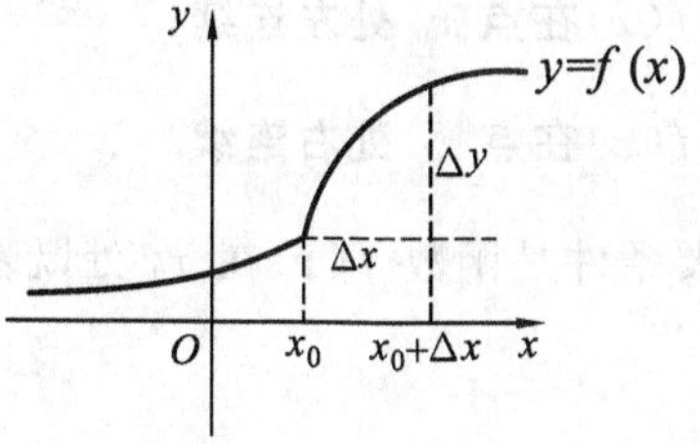

图 1-5

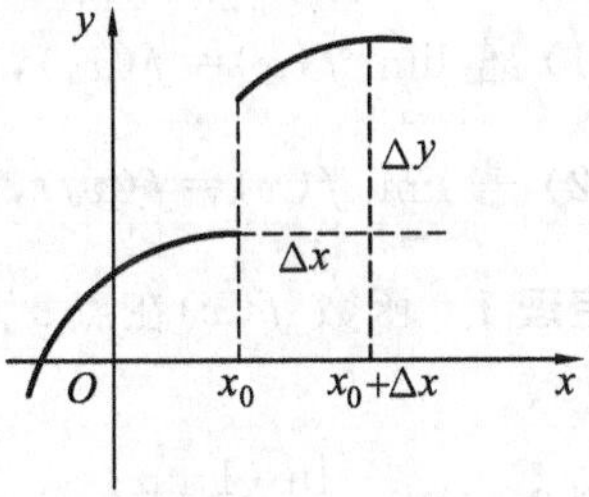

图 1-6

对比两个图像发现：图 1-5 中函数的图像是一条连续的曲线，它在点 x_0 处连续. 当自变量 x 在点 x_0 处取得极其微小的改变量 Δx 时，函数的相应改变量 Δy 也极其微小，且当 $\Delta x\to 0$ 时，Δy 也趋于 0. 而对于图 1-6 中的函数，当自变量在点 x_0 处取得微小改变量 $\Delta x(\Delta x>0)$时，对应的函数发生了显著的变化，显然，当 $\Delta x\to 0$ 时，Δy 不可能趋近于 0.

定义 1　设函数 $y=f(x)$在点 x_0 的某个邻域内有定义，如果当自变量的增量 Δx 趋于零时，对应的函数增量 Δy 也趋于零，即

$$\lim_{\Delta x\to 0}\Delta y=0 \text{ 或} \lim_{\Delta x\to 0}[f(x_0+\Delta x)-f(x_0)]=0,$$

则称**函数** $y=f(x)$**在点** x_0 **处连续**.

例 1　用定义证明 $y=x^2+1$ 在点 x_0 处连续.

证　当自变量 x 在 x_0 处取得改变量 Δx 时，

$$\Delta y=f(x_0+\Delta x)-f(x_0)=(x_0+\Delta x)^2+1-(x_0^2+1)=2x_0\Delta x+(\Delta x)^2,$$

因为 $\lim\limits_{\Delta x\to 0}\Delta y=\lim\limits_{\Delta x\to 0}[2x_0\Delta x+(\Delta x)^2]=2x_0\lim\limits_{\Delta x\to 0}\Delta x+\lim\limits_{\Delta x\to 0}(\Delta x)^2=0$，由定义 1 可知，$y-x^2+1$ 在点 x_0 处连续.

在定义 1 中，令 $x=x_0+\Delta x$，即 $\Delta x=x-x_0$，则当 $\Delta x\to 0$ 时，$x\to x_0$. 于是 $\lim\limits_{\Delta xW\to 0}\Delta y=0$ 可改写为 $\lim\limits_{x\to x_0}[f(x)-f(x_0)]=0$，即 $\lim\limits_{x\to x_0}f(x)=f(x_0)$. 于是有连续函数的等价定义.

定义 2　设函数 $y=f(x)$在点 x_0 的某个邻域内有定义，若 $\lim\limits_{x\to x_0}f(x)=f(x_0)$，则称**函数** $y=f(x)$**在点** x_0 **处连续**.

由定义 2 可看出，函数 $f(x)$在点 x_0 处连续，必须同时满足以下 3 个条件：

(1) 函数 $f(x)$在点 x_0 的某个邻域内有定义；

(2) $\lim\limits_{x\to x_0}f(x)$存在；

(3) $\lim\limits_{x \to x_0} f(x)=f(x_0)$.

从条件(3)知,若函数连续,则极限符号与函数符号可以相互交换,即

$$\lim_{x \to x_0} f(x)=f(x_0)=f(\lim_{x \to x_0} x).$$

相应于左、右极限的概念,我们有如下左连续和右连续的概念:

(1) 若 $\lim\limits_{x \to x_0^-} f(x)=f(x_0)$,则称**函数** $y=f(x)$ **在点** x_0 **处左连续**;

(2) 若 $\lim\limits_{x \to x_0^+} f(x)=f(x_0)$,则称**函数** $y=f(x)$ **在点** x_0 **处右连续**.

定理 1 函数 $f(x)$ 在点 x_0 处连续的充要条件是函数 $f(x)$ 在 x_0 处既左连续又右连续.

例 2 求 $\lim\limits_{x \to 0} \dfrac{\ln(1+x)}{x}$.

解 因为 $\lim\limits_{x \to 0}(1+x)^{\frac{1}{x}}=\mathrm{e}$,且 $y=\ln u$ 在点 $u=\mathrm{e}$ 处连续,则

$$\lim_{x \to 0}\frac{\ln(1+x)}{x}=\lim_{x \to 0}\ln(1+x)^{\frac{1}{x}}=\ln[\lim_{x \to 0}(1+x)^{\frac{1}{x}}]=\ln \mathrm{e}=1.$$

定义 3 如果函数 $y=f(x)$ 在 (a,b) 内每一点都连续,则称**函数** $f(x)$ **在区间** (a,b) **内连续**;若函数 $y=f(x)$ 在 (a,b) 内连续,并且在 $x=a$ 处右连续,在 $x=b$ 处左连续,则称**函数** $f(x)$ **在闭区间** $[a,b]$ **上连续**.

二、初等函数的连续性

定理 2 如果函数 $f(x)$ 与 $g(x)$ 在点 x_0 处连续,则 $f(x)\pm g(x)$,$f(x)\cdot g(x)$,$\dfrac{f(x)}{g(x)}(g(x_0)\neq 0)$ 均在点 x_0 处连续.

下面只证明和(差)的情况,类似地可以证明积与商的情况.

证 因为 $f(x)$ 与 $g(x)$ 在点 x_0 处连续,所以

$$\lim_{x \to x_0} f(x)=f(x_0),\ \lim_{x \to x_0} g(x)=g(x_0),$$

$$\lim_{x \to x_0}[f(x)\pm g(x)]=\lim_{x \to x_0} f(x)\pm \lim_{x \to x_0} g(x)=f(x_0)\pm g(x_0),$$

于是,$f(x)\pm g(x)$ 在 x_0 处连续.

定理 2 可以推广到有限多个函数的和(差)及乘积的情形.

推论 1 如果函数 $f(x)$ 在点 x_0 处连续,C 是常数,则函数 $Cf(x)$ 也在点 x_0 处连续.

推论 2 如果函数 $f(x)$ 在点 x_0 处连续,则函数 $[f(x)]^n$ (n 为正整数)也在点 x_0 处连续.

定理 3 设函数 $u=\varphi(x)$ 在点 x_0 处连续,$y=f(u)$ 在点 u_0 处连续,且 $u_0=\varphi(x_0)$,则复合函数 $y=f[\varphi(x)]$ 在点 x_0 处连续.

可以证明，初等函数在其定义区间内都是连续的，所以初等函数的连续区间就是它的定义区间. 分段函数的连续性，除按上述结论考虑每一段函数的连续性外，还必须讨论分界点处的连续性.

例 3　求下列极限：

(1) $\lim\limits_{x\to 2}\sqrt{7-x^2}$；　　(2) $\lim\limits_{x\to\frac{\pi}{2}}[\ln(\sin x)]$.

解　(1) 因为 $\sqrt{7-x^2}$ 是初等函数，定义域为 $[-\sqrt{7},\sqrt{7}]$，而 $2\in[-\sqrt{7},\sqrt{7}]$，所以

$$\lim_{x\to 2}\sqrt{7-x^2}=\sqrt{7-2^2}=\sqrt{3}.$$

(2) 因为 $\ln(\sin x)$ 在 $x=\frac{\pi}{2}$ 处连续，所以

$$\lim_{x\to\frac{\pi}{2}}[\ln(\sin x)]=\ln\left(\sin\frac{\pi}{2}\right)=\ln 1=0.$$

三、函数的间断点

定义 4　如果函数 $y=f(x)$ 在点 x_0 处不连续，则称 x_0 是 $f(x)$ 的**间断点**.

例 4　设 $f(x)=\begin{cases}x^2, & x\leqslant 1,\\ x+1, & x>1,\end{cases}$ 讨论 $f(x)$ 在 $x=1$ 处的连续性.

解　因为 $f(1)=1$，$\lim\limits_{x\to 1^-}f(x)=\lim\limits_{x\to 1^-}x^2=1$，$\lim\limits_{x\to 1^+}f(x)=\lim\limits_{x\to 1^+}(x+1)=2\neq 1$，则 $\lim\limits_{x\to 1}f(x)$ 不存在，所以 $x=1$ 是间断点.

例 5　讨论函数 $f(x)=\dfrac{x^2-1}{x+1}$ 在 $x=-1$ 处的连续性.

解　因为函数 $f(x)=\dfrac{x^2-1}{x+1}$ 在 $x=-1$ 处没有定义，所以 $x=-1$ 是间断点.

四、闭区间上连续函数的性质

定理 4(最值定理)　如果函数 $f(x)$ 在闭区间 $[a,b]$ 上连续，则函数 $f(x)$ 在 $[a,b]$ 上一定有最大值和最小值.

注　如果函数 $f(x)$ 不在闭区间上连续，而在开区间内连续，或函数 $f(x)$ 在闭区间 $[a,b]$ 上有间断点，则定理 4 的结论不一定成立. 例如，函数 $y=x^2$ 在开区间 $(0,2)$ 内连续，但在 $(0,2)$ 内没有最值. 又如函数

$$f(x)=\begin{cases}-x, & -1\leqslant x<0,\\ 1, & x=0,\\ x, & 0<x\leqslant 1\end{cases}$$

在 $[-1,1]$ 上有间断点 $x=0$，在闭区间 $[-1,1]$ 上没有最值.

推论 如果函数 $f(x)$ 在闭区间 $[a, b]$ 上连续，则 $f(x)$ 在 $[a, b]$ 上一定有界.

定理 5(介值定理) 若 $f(x)$ 在 $[a, b]$ 上连续，m 与 M 分别为 $f(x)$ 在 $[a, b]$ 上的最小值与最大值，则对于介于 m 与 M 之间的任意实数 C，至少存在一点 $\xi \in (a, b)$，使得 $f(\xi)=C$.

推论(根的存在性定理) 若 $f(x)$ 在 $[a, b]$ 上连续，且 $f(a)$ 与 $f(b)$ 异号，则至少存在一点 $\xi \in (a, b)$，使得 $f(\xi)=0$.

例 6 证明方程 $x^3-6x+2=0$ 在区间 $(2, 3)$ 内至少有一个实根.

证 设 $f(x)=x^3-6x+2$，因为 $f(2)=-2<0$，$f(3)=11>0$，根据根的存在定理，至少存在一点 $\xi \in (2, 3)$，使得 $f(\xi)=0$. 即方程 $x^3-6x+2=0$ 在区间 $(2, 3)$ 内至少有一个实根.

习题 1-6

1. 求下列函数的连续区间：

(1) $y=\dfrac{x^2+1}{x^2-x}$；　(2) $y=\sin x+x^2$；

(3) $y=\ln(x^2-4)$；　(4) $y=\dfrac{1}{\sqrt{x^2-3x+2}}$.

2. 求下列极限：

(1) $\lim\limits_{x \to 2} \dfrac{1+x^2}{1-x}$；　(2) $\lim\limits_{x \to \pi} \dfrac{\tan 3x}{x}$；

(3) $\lim\limits_{x \to 0} \ln(1+\mathrm{e}^x)$；　(4) $\lim\limits_{x \to 0} \dfrac{\ln\sqrt{1+8x}}{x+2}$.

3. 求下列函数的间断点：

(1) $y=\dfrac{1-x^2}{1-x}$；　(2) $y=\dfrac{x}{|x|}$；

(3) $y=x\sin\dfrac{1}{x}$；　(4) $y=\begin{cases} x^2, & x>1, \\ \mathrm{e}^x, & x \leqslant 1. \end{cases}$

4. 证明方程 $x^5+2x-2=0$ 至少有一个正根.

5. 设 $f(x)=\mathrm{e}^x-2$，证明：在区间 $(0,3)$ 内有一点 ξ，使得 $f(\xi)=\xi$.

第七节　应　　用

一、常用经济学函数

1. 需求函数

销售商品时，应密切注意市场的需求情况. 一种商品的市场需求量 Q 除与单

价 P 有关外，还涉及到其他因素（消费者人数、收入以及其他同类商品的单价等），若这些因素固定不变，则需求量 Q 为单价 P 的一元函数，称为**需求函数**，记作

$$Q=Q(P).$$

一般来说，需求函数为单调减少函数.

根据市场统计资料，常见的需求函数有以下几种类型：

(1) 线性需求函数　$Q=a-bP(a>0,\ b>0)$；

(2) 二次需求函数　$Q=a-bP-cP^2(a>0,\ b>0,\ c>0)$；

(3) 指数需求函数　$Q=ae^{-bP}(a>0,\ b>0)$.

需求函数 $Q=Q(P)$ 的反函数就是**价格函数**，记作

$$P=P(Q),$$

此式也反映了商品的需求与价格的关系.

2. 供给函数

通常情况下，商品的市场供给量 S 也受商品价格 P 的制约，价格上涨将刺激生产者向市场供给更多的商品，使得供给量增加；反之，价格下跌将使供给量减少.如果忽略其他因素，当供给量只与价格有关时，供给量 S 为价格 P 的一元函数，称为**供给函数**，记作

$$S=S(P).$$

一般来说，供给函数为价格 P 的单调增加函数.

常见的供给函数有线性函数、二次函数、幂函数、指数函数等.其中，线性供给函数为

$$S=-c+dP\ (c>0,\ d>0).$$

使某种商品的市场需求量与供给量相等的价格 P_0 称为**均衡价格**.当市场价格 P 高于均衡价格 P_0 时，供给量将增加而需求量相应地减少，这时产生的“供大于求”的现象必然使价格 P 下降；当市场价格 P 低于均衡价格 P_0 时，供给量将减少而需求量将增加，这时会产生“物资短缺”的现象，从而又使得价格 P 上升.市场价格的调节就是这样来实现的.

例 1　当某种洗衣机每台售价为 500 元时，每月可销售 2 000 台；每台售价降为 450 元时，则每月可增销 400 台，试求洗衣机的线性需求函数.

解　设洗衣机的线性需求函数为

$$Q=a-bP,$$

由题意得

$$\begin{cases}2\,000=a-500b,\\ 2\,400=a-450b,\end{cases}$$

解得

$$a=6\,000,\ b=8.$$

所求供给函数为 $Q=6\,000-8P$.

例 2 已知某商品的需求函数和供给函数分别为

$$Q=14.5-1.5P,\ S=-7.5+4P,$$

求该商品的均衡价格.

解 由供需均衡条件得

$$14.5-1.5P=-7.5+4P,$$

解得

$$P=4,$$

即均衡价格为

$$P_0=4.$$

3. 成本函数、收益函数及利润函数

生产某种产品的总成本由固定成本与变动成本两部分组成. 固定成本与产量无关,如厂房、设备折旧费、保险费、企业管理费等属于固定成本;而变动成本如原材料费、燃料费、动力费、提成奖金等一般随产量的增加而增加,它是产量的函数. 设产量为 Q,固定成本为 C_0,变动成本为 $C_1(Q)$,则总成本 C 是产量 Q 的函数,即

$$C(Q)=C_0+C_1(Q).$$

当 $Q=0$ 时,总成本就是固定成本,即

$$C(0)=C_0.$$

在讨论总成本的基础上,还要进一步讨论均摊在单位产量上的成本,这种成本称为平均成本,记作

$$\overline{C}(Q)=\frac{C(Q)}{Q}=\frac{C_0+C_1(Q)}{Q}.$$

如果商品的销售单价为 P,销售量为 Q,则总收益函数为

$$R(Q)=PQ.$$

若 P 为常数,则 R 为 Q 的正比例函数. 若考虑产品销售时的附加费用、折扣等因素,这时作为平均值的单价 P 受产量 Q 变化的影响,不再为常量,记作 $P=P(Q)$,则有

$$R(Q)=QP(Q).$$

产品销售后得到的总利润 $L(Q)$ 等于总收入 $R(Q)$ 减去总成本 $C(Q)$,即

$$L(Q)=R(Q)-C(Q).$$

例 3 已知某产品的总成本函数为 $C(Q)=3\,000+\frac{Q^2}{2}$,求生产 100 个产品时的总成本和平均成本.

解 依题意,产量为 100 个产品时的总成本为

$$C=3\,000+\frac{100^2}{2}=8\,000,$$

平均成本为

$$\overline{C}(Q)=\frac{8\,000}{100}=80.$$

二、其他应用

1. 连续复利

所谓复利计息，就是将第一期的利息与本金之和作为第二期的本金，然后反复计息. 设本金为 A_0，年利率为 r，一年后的本利和为

$$A_1=A_0+A_0r=A_0(1+r).$$

把 A_1 作为本金存入，第二年末的本利和为

$$A_2=A_1+A_1r=A_1(1+r)=A_0(1+r)^2.$$

照此计算，利滚利，得到 t 年后的本利和为

$$A_t=A_0(1+r)^t.$$

若把一年平均分为 n 期结算，年利率仍为 r，于是每期利率为 $\frac{r}{n}$，得一年后的本利和为

$$A_1=A_0\left(1+\frac{r}{n}\right)^n,$$

t 年后的本利和为

$$A_t=A_0\left(1+\frac{r}{n}\right)^{nt}.$$

若采取瞬时结算法，即随时生息随时结算（即连续复利），也就是当 $n\to\infty$ 时，得 t 年后的本利和为

$$A_t=\lim_{n\to\infty}A_0\left(1+\frac{r}{n}\right)^{nt}=A_0\lim_{n\to\infty}\left[\left(1+\frac{r}{n}\right)^{\frac{n}{r}}\right]^{rt}=A_0\mathrm{e}^{rt}.$$

2. 个人所得税

现行个人所得税的起征点为每月 3 500 元，征税方法的 1～3 级税率情况见表 1-2.

表 1-2

税级	月应纳税额 x(元)	税率(%)	速算扣除数(元)
1	$x\leqslant 1\,500$	3	0
2	$1\,500<x\leqslant 4\,500$	10	105
3	$4\,500<x\leqslant 9\,000$	20	a

注 (1)"月应纳税额"为个人每月收入中超出起征点以上部分的金额；

(2)"速算扣除数"是为了快捷简便计算个人所得税而设定的一个数.

例如，按现行个人所得税法的规定，某人的月应纳税额为 3 600 元，他应缴税款可以用下面两种方法之一来计算.

方法一：按 1～2 级超额累进税率计算，即 $1\,500\times3\%+2\,100\times10\%=255$(元)；

方法二:用“月应纳税额×适用税率－速算扣除数”计算,即 $3\ 600\times10\%-105=255$(元).

1～3 级的个人所得税 T 与月收入 x 之间的函数模型为

$$T(x)=\begin{cases}0, & 0\leqslant x\leqslant 3\ 500,\\ (x-3\ 500)\times3\%, & 3\ 500<x\leqslant 5\ 000,\\ 1\ 500\times3\%+(x-5\ 000)\times10\%, & 5\ 000<x\leqslant 8\ 000,\\ 1\ 500\times3\%+3\ 000\times10\%+(x-8\ 000)\times20\%, & 8\ 000<x\leqslant 12\ 500.\end{cases}$$

即
$$T(x)=\begin{cases}0, & 0\leqslant x\leqslant 3\ 500,\\ 0.03x-105, & 3\ 500<x\leqslant 5\ 000,\\ 0.1x-455, & 5\ 000<x\leqslant 8\ 000,\\ 0.2x-1\ 255, & 8\ 000<x\leqslant 12\ 500.\end{cases}$$

第 3 级的速算扣除数 a 应满足:

$$1\ 500\times3\%+3\ 000\times10\%+(x-4\ 500)\times20\%=x\times20\%-a,$$

解得
$$a=555.$$

总习题一

1. 求函数 $y=\sqrt{3-x}+\arctan\dfrac{1}{x}$ 的定义域.

2. 设 $f(x)=\begin{cases}1-2x^2, & x<-1,\\ x^3, & x\geqslant -1,\end{cases}$ 求 $f(x)$ 的反函数 $g(x)$ 的表达式.

3. 求下列极限:

(1) $\lim\limits_{x\to0}\dfrac{\sqrt{1+7x^2}-\sqrt{1-4x^2}}{x^2}$;　　(2) $\lim\limits_{x\to\infty}\dfrac{(4x^2-3)^3(3x-2)^4}{(6x^2+7)^5}$;

(3) $\lim\limits_{x\to0}\dfrac{x^2\sin\dfrac{1}{x}}{\sin x}$;　　(4) $\lim\limits_{x\to\infty}\left(\dfrac{x-2}{x}\right)^{3x}$.

4. 设 $f(x)=\begin{cases}3x+b, & 0\leqslant x<1,\\ a, & x=1,\\ x-b, & 1<x\leqslant 2,\end{cases}$ 试确定 a,b 之值,使 $f(x)$ 在 $x=1$ 处连续.

5. 判定下列级数的敛散性:

(1) $1+\dfrac{3}{4}+\dfrac{2}{3}+\cdots+\dfrac{n+1}{2n}+\cdots$;　　(2) $-\dfrac{8}{9}+\dfrac{8^2}{9^2}-\dfrac{8^3}{9^3}+\cdots+(-1)^n\dfrac{8^n}{9^n}+\cdots$.

6. 证明方程 $x\cdot3^x=1$ 至少有一个正根.

第二章　一元函数微分法

本章主要考察微积分的基本概念——导数和微分. 在极限概念的基础上,引入导数和微分的概念,建立其计算方法,并介绍经济学中十分有用的两个概念:边际和弹性.

第一节　函数的导数

一、导数的概念

1. 变化率问题举例

引例 1　变速直线运动的瞬时速度

设一质点按某种规律做变速直线运动,质点运动的路程 S 与时间 t 的关系 $S=S(t)$,现讨论质点在 t_0 时刻的瞬时速度.

基本思路:虽然整体说来速度是变化的,但当 Δt 很小时,从时刻 t_0 到 $t_0+\Delta t$ 这一段时间内,速度的变化很小,可以近似地看成做匀速直线运动,因而这段时间内的平均速度就可以作为 t_0 时刻的瞬时速度的近似值.

显然,Δt 越小,上述的平均速度就越接近 t_0 时刻的瞬时速度. 于是,令 $\Delta t\to 0$,平均速度的极限值即为质点在 t_0 时刻的瞬时速度. 具体步骤如下:

(1) 求质点从 t_0 到 $t_0+\Delta t$ 这一段时间内的平均速度

$$\bar{v}=\frac{\Delta S}{\Delta t}=\frac{S(t_0+\Delta t)-S(t_0)}{\Delta t};$$

(2) 求极限

$$v|_{t=t_0}=\lim_{\Delta t\to 0}\frac{\Delta S}{\Delta t}=\lim_{\Delta t\to 0}\frac{S(t_0+\Delta t)-S(t_0)}{\Delta t}.$$

引例 2　切线问题

设函数 $y=f(x)$ 的图像如图 2-1 所示,$M_0(x_0,y_0)$是其上的一点,求曲线在点 M_0 处切线的斜率 k.

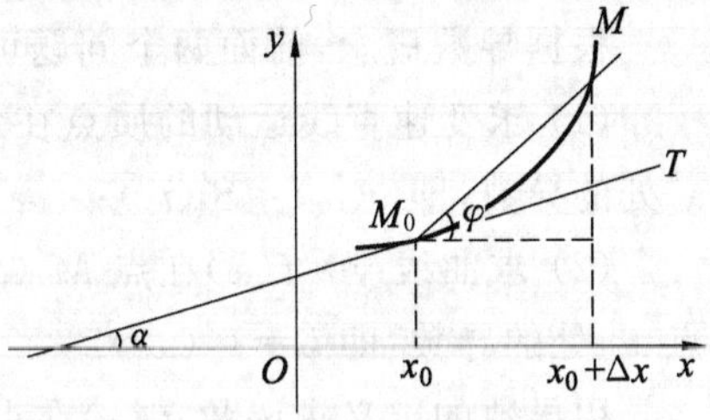

图 2-1

在 M_0 点附近取一动点 $M(x_0+\Delta x, y_0+\Delta y)$,作割线 M_0M,设其倾角为 φ,则割线 M_0M 的斜率为

$$\tan\varphi=\frac{\Delta y}{\Delta x}=\frac{f(x_0+\Delta x)-f(x_0)}{\Delta x}.$$

易见，当 $\Delta x\to 0$ 时，点 M 沿曲线 $y=f(x)$ 趋近于 M_0，割线 M_0M 趋近于极限位置 M_0T(切线). 设切线 M_0T 的倾斜角为 α，则当 $\Delta x\to 0$ 时，$\tan\varphi$ 的极限为 $\tan\alpha$，于是

$$\tan\alpha=\lim_{\Delta x\to 0}\tan\varphi=\lim_{\Delta x\to 0}\frac{\Delta y}{\Delta x}.$$

上面两个例子的实际意义完全不同，但从抽象的数学关系来看，其实质是相同的，都是函数的改变量与自变量的改变量之比在自变量增量趋于零时的极限，这种特定的极限被称为函数的导数.

2. 导数的定义

定义 1　设函数 $y=f(x)$ 在点 x_0 的某个邻域内有定义，当自变量在点 x_0 处取得改变量 $\Delta x(\Delta x\neq 0)$ 时，函数 $y=f(x)$ 取得相应的改变量 $\Delta y=f(x_0+\Delta x)-f(x)$，如果 $\Delta x\to 0$ 时，$\lim\limits_{\Delta x\to 0}\frac{\Delta y}{\Delta x}=\lim\limits_{\Delta x\to 0}\frac{f(x_0+\Delta x)-f(x_0)}{\Delta x}$ 存在，则称**函数 $f(x)$ 在点 x_0 处可导**，并称此极限为**函数 $y=f(x)$ 在点 x_0 处的导数**，记作

$$f'(x_0),\ y'|_{x=x_0},\ \left.\frac{\mathrm{d}y}{\mathrm{d}x}\right|_{x=x_0} \text{或} \left.\frac{\mathrm{d}f}{\mathrm{d}x}\right|_{x=x_0},$$

即

$$f'(x_0)=\lim_{\Delta x\to 0}\frac{f(x_0+\Delta x)-f(x_0)}{\Delta x}.$$

如果 $\lim\limits_{\Delta x\to 0}\frac{\Delta y}{\Delta x}$ 不存在，则称函数 $f(x)$ 在点 x_0 处不可导. 如果该极限为无穷大，从几何意义上看，函数的图形有一条垂直切线，所以称函数 $f(x)$ 在点 x_0 处的导数为无穷大.

注　函数 $f(x)$ 在点 x_0 处有无穷大导数，是不可导的一种特殊情形.

若令 $x_0+\Delta x=x$，则当 $\Delta x\to 0$ 时，有 $x\to x_0$，于是，函数 $f(x)$ 在点 x_0 处的导数也可表示为

$$f'(x_0)=\lim_{x\to x_0}\frac{f(x)-f(x_0)}{x-x_0}.$$

根据导数概念，前面两个问题可以重新表述如下：

(1) 求变速直线运动的质点在 t_0 时刻的瞬时速度，即求路程函数 $S=S(t)$ 在 t_0 处的导数，即 $v(t_0)=S'(t_0)$；

(2) 求曲线 $y=f(x)$ 在点 $M_0(x_0,y_0)$ 处的切线的斜率，即求函数 $y=f(x)$ 在点 x_0 处的导数，即 $k=f'(x_0)$.

用导数的定义求函数 $f(x)$ 在点 x_0 处导数的步骤如下：

(1) 求出函数的改变量 $\Delta y=f(x_0+\Delta x)-f(x_0)$；

(2) 求比值$\dfrac{\Delta y}{\Delta x}=\dfrac{f(x_0+\Delta x)-f(x_0)}{\Delta x}$；

(3) 求极限$\lim\limits_{\Delta x\to 0}\dfrac{\Delta y}{\Delta x}=\lim\limits_{\Delta x\to 0}\dfrac{f(x_0+\Delta x)-f(x_0)}{\Delta x}$.

例 1　求函数 $y=\dfrac{1}{x}$ 在 $x=1$ 处的导数.

解

$$\Delta y=\frac{1}{1+\Delta x}-1=\frac{-\Delta x}{1+\Delta x},$$

$$\frac{\Delta y}{\Delta x}=\frac{-1}{1+\Delta x},$$

$$y'\Big|_{x=1}=\lim_{\Delta x\to 0}\frac{\Delta y}{\Delta x}=\lim_{\Delta x\to 0}\frac{-1}{1+\Delta x}=-1.$$

定义 2　若函数 $y=f(x)$ 在区间 (a, b) 内任一点都可导，则称**函数在区间** (a, b) **内可导**.

若函数 $y=f(x)$ 在区间 (a, b) 内可导，则对于区间 (a, b) 内的每一个 x 值，都有一个导数值 $f'(x)$ 与之对应，所以 $f'(x)$ 也是 x 的函数，称为**函数** $f(x)$ **的导函数**，简称**导数**. 记作

$$f'(x), y', \frac{\mathrm{d}y}{\mathrm{d}x}\text{或}\frac{\mathrm{d}f}{\mathrm{d}x},$$

即

$$f'(x)=\lim_{\Delta x\to 0}\frac{f(x+\Delta x)-f(x)}{\Delta x}.$$

函数 $y=f(x)$ 在点 x_0 处的导数 $f'(x_0)$，也就是导函数 $f'(x)$ 在 $x=x_0$ 处的函数值，即

$$f'(x_0)=f'(x)\Big|_{x=x_0}.$$

定义 3　如果 $\lim\limits_{\Delta x\to 0^-}\dfrac{f(x_0+\Delta x)-f(x_0)}{\Delta x}$ 存在，则称此极限为函数 $y=f(x)$ 在点 x_0 处的**左导数**，记作 $f'_-(x_0)$，如果 $\lim\limits_{\Delta x\to 0^+}\dfrac{f(x_0+\Delta x)-f(x_0)}{\Delta x}$ 存在，则称此极限为函数 $y=f(x)$ 在点 x_0 处的**右导数**，记作 $f'_+(x_0)$.

根据函数极限与函数左、右极限的关系可知，函数在点 x_0 处可导的充要条件是当且仅当函数在点 x_0 处的左、右导数存在且相等.

根据导数的定义，可以求出部分基本初等函数的导数.

例 2　求函数 $f(x)=C$ (C 为常数)的导数.

解　$y'=\lim\limits_{\Delta x\to 0}\dfrac{\Delta y}{\Delta x}=\lim\limits_{\Delta x\to 0}\dfrac{C-C}{\Delta x}=0$，即

$$(C)'=0.$$

例 3　求 $y=x^n$ (n 为正整数)的导数.

解 由二项式定理得

$$\Delta y=(x+\Delta x)^n-x^n=nx^{n-1}\Delta x+\frac{n(n-1)}{2}x^{n-2}(\Delta x)^2+\cdots+(\Delta x)^n,$$

$$\frac{\Delta y}{\Delta x}=nx^{n-1}+\frac{n(n-1)}{2}x^{n-2}\Delta x+\cdots+(\Delta x)^{n-1},$$

$$y'=\lim_{\Delta x\to 0}\frac{\Delta y}{\Delta x}=nx^{n-1},$$

即

$$(x^n)'=nx^{n-1}.$$

注 对于一般的幂函数 $y=x^\mu$(μ 为任意实数),上面的公式也成立,即

$$(x^\mu)'=\mu x^{\mu-1}.$$

例 4 求函数 $y=\sin x$ 的导数.

解 $\Delta y=\sin(x+\Delta x)-\sin x=2\cos\left(x+\frac{\Delta x}{2}\right)\sin\frac{\Delta x}{2}$,

$$y'=\lim_{\Delta x\to 0}\frac{\Delta y}{\Delta x}=\lim_{\Delta x\to 0}\cos\left(x+\frac{\Delta x}{2}\right)\cdot\lim_{\Delta x\to 0}\frac{\sin\frac{\Delta x}{2}}{\frac{\Delta x}{2}}=\cos x,$$

即

$$(\sin x)'=\cos x.$$

同理可得

$$(\cos x)'=-\sin x.$$

例 5 求对数函数 $y=\log_a x$($a>0$, $a\neq 1$)的导数.

解 $\Delta y=\log_a(x+\Delta x)-\log_a x=\log_a\left(1+\frac{\Delta x}{x}\right)$,

$$y'=\lim_{\Delta x\to 0}\frac{\Delta y}{\Delta x}=\lim_{\Delta x\to 0}\left[\frac{1}{x}\log_a\left(1+\frac{\Delta x}{x}\right)^{\frac{x}{\Delta x}}\right]=\frac{1}{x}\log_a \mathrm{e}=\frac{1}{x\ln a},$$

即

$$(\log_a x)'=\frac{1}{x\ln a}.$$

特别地,当 $a=\mathrm{e}$ 时有

$$(\ln x)'=\frac{1}{x}.$$

例 6 设生产函数为 $y=\sqrt{x}$,求当投入量 x 分别为 9 个单位和 16 个单位时,总产量 y 的变化率.

解 总产量 y 的变化率即生产函数 $y=\sqrt{x}$在 x 处的导数

$$y'=(\sqrt{x})'=\frac{1}{2\sqrt{x}},$$

于是,

$$y'\Big|_{x=9}=\frac{1}{2\sqrt{9}}=\frac{1}{6},\ y'\Big|_{x=16}=\frac{1}{2\sqrt{16}}=\frac{1}{8}.$$

3. 导数的几何意义

已知函数 $y=f(x)$在点 x_0 处的导数 $f'(x_0)$在几何上表示曲线$y=f(x)$在点$(x_0,f(x_0))$处的切线斜率，即导数的几何意义. 于是，曲线 $y=f(x)$在点 $M_0(x_0,y_0)$处的切线方程为

$$y-y_0=f'(x_0)\ (x-x_0).$$

曲线 $y=f(x)$在点 $M_0(x_0,y_0)$处的法线方程为

$$y-y_0=-\frac{1}{f'(x_0)}\ (x-x_0)\ (f'(x_0)\neq 0).$$

例 7　求曲线 $y=\dfrac{1}{\sqrt{x}}$在点(1,1)处的切线方程和法线方程.

解　$y'=\left(\dfrac{1}{\sqrt{x}}\right)'=-\dfrac{1}{2}x^{-\frac{3}{2}}$，$k=y'\Big|_{x=1}=-\dfrac{1}{2}$.

切线方程为 $y-1=-\dfrac{1}{2}(x-1)$，即 $x+2y-3=0$.

法线方程为 $y-1=2(x-1)$，即 $2x-y-1=0$.

4. 函数可导性与连续性的关系

定理 1　如果函数 $y=f(x)$在点 x_0 处可导，则 $f(x)$在点 x_0 处必连续.

证　因为函数 $y=f(x)$在点 x_0 处可导，所以

$$\lim_{\Delta x\to 0}\frac{\Delta y}{\Delta x}=f'(x_0),$$

于是，

$$\lim_{\Delta x\to 0}\Delta y=\lim_{\Delta x\to 0}\frac{\Delta y}{\Delta x}\cdot\Delta x=\lim_{\Delta x\to 0}\frac{\Delta y}{\Delta x}\cdot\lim_{\Delta x\to 0}\Delta x=0,$$

即函数 $y=f(x)$在点 x_0 处连续.

这个定理的逆命题不一定成立. 例如，函数 $y=|x|$在 $x=0$ 处连续，但不可导.

因为
$$f'_+(0)=\lim_{\Delta x\to 0^+}\frac{\Delta y}{\Delta x}=\lim_{\Delta x\to 0^+}\frac{|\Delta x|}{\Delta x}=\lim_{\Delta x\to 0^+}\frac{\Delta x}{\Delta x}=1,$$

$$f'_-(0)=\lim_{\Delta x\to 0^-}\frac{\Delta y}{\Delta x}=\lim_{\Delta x\to 0^-}\frac{|\Delta x|}{\Delta x}=-\lim_{\Delta x\to 0^-}\frac{\Delta x}{\Delta x}=-1,$$

所以 $f'_+(0)\neq f'_-(0)$，从而 $f'(0)$不存在.

二、高阶导数

如果函数 $y'=f'(x)$仍是 x 的可导函数，则称 $y'=f'(x)$的导数为 $y=f(x)$的**二阶导数**，记作 y''，$f''(x)$或$\dfrac{\mathrm{d}^2y}{\mathrm{d}x^2}$.

类似地，定义 $y=f(x)$的二阶导数 $f''(x)$的导数为 $f(x)$**三阶导数**，记为

$$y''',f'''(x)\text{或}\frac{d^3y}{dx^3}.$$

一般地,函数 $y=f(x)$ 的 $n-1$ 阶导数的导数称为 $f(x)$ 的 n **阶导数**,记为

$$y^{(n)},f^{(n)}(x)\text{或}\frac{d^ny}{dx^n}.$$

二阶及二阶以上的导数统称为**高阶导数**.

例 8 求函数 $y=e^x\cos x$ 的二阶及三阶导数.

解
$$y'=e^x\cos x+e^x(-\sin x)=e^x(\cos x-\sin x),$$
$$y''=e^x(\cos x-\sin x)+e^x(-\sin x-\cos x)=-2e^x\sin x,$$
$$y'''=-2e^x\sin x-2e^x\cos x=-2e^x(\cos x+\sin x).$$

例 9 求 $y=\ln(1+x)$ 的 n 阶导数.

解 $y'=\frac{1}{1+x},y''=-\frac{1}{(1+x)^2},y'''=\frac{1\times2}{(1+x)^3},y^{(4)}=-\frac{1\times2\times3}{(1+x)^4},$

依此类推,可得

$$y^{(n)}=(-1)^{n-1}\frac{(n-1)!}{(1+x)^n},n=1,2,\cdots.$$

例 10 求 $y=\sin x$ 的 n 阶导数.

解 $y'=\cos x,y''=-\sin x,y'''=-\cos x,y^{(4)}=\sin x.$

一般地,有

$$(\sin x)^{(n)}=\sin\left(x+\frac{n\pi}{2}\right),n=1,2,\cdots.$$

同理可得,

$$(\cos x)^{(n)}=\cos\left(x+\frac{n\pi}{2}\right),n=1,2,\cdots.$$

习题 2-1

1. $f'(x)$ 与 $f'(x_0)$ 有什么不同? $f'(x_0)$ 与 $[f(x_0)]'$ 有什么不同?

2. 设 $f'(x_0)=\lim\limits_{\Delta x\to0}\frac{f(x_0+\Delta x)-f(x_0)}{\Delta x}=A$ 存在,求 $\lim\limits_{\Delta x\to0}\frac{f(x_0-\Delta x)-f(x_0)}{\Delta x}$.

3. 根据导数的定义求下列函数的导数:

(1) $y=4-2x^2$; (2) $y=\frac{a}{x^2}$ (a 为常数); (3) $y=a\sqrt[3]{x^2}$ (a 为常数).

4. 自变量 x 取哪些值时,抛物线 $y=x^2$ 与 $y=x^3$ 的切线平行?

5. 函数 $f(x)=\begin{cases}x^2+1, & 0\leqslant x<1,\\ 3x-1, & x\geqslant1\end{cases}$ 在 $x=1$ 处是否可导? 为什么?

6. 函数 $y=|\sin x|$ 在 $x=0$ 处是否可导? 为什么?

第二节　求导法则

根据导数的定义,第一节中已经求出一些函数的导数.但是,对于一些较为复杂的函数的求导,直接依照定义来求是相当困难的.为此,需要建立一些求导的法则,讨论一些求导的方法,以便简化求导过程.

一、函数的和、差、积、商的求导法则

定理 1　如果 $u=u(x)$,$v=v(x)$都是 x 的可导函数,则有如下求导法则:

(1) $(u\pm v)'=u'\pm v'$;

(2) $(uv)'=u'v+uv'$;

(3) $\left(\dfrac{u}{v}\right)'=\dfrac{u'v-uv'}{v^2}$,$v\neq 0$.

证　只证明(3).

给 x 以改变量 Δx,函数 u,v 取得相应的改变量 Δu,Δv,于是函数 y 取得改变量

$$\Delta y=\frac{u+\Delta u}{v+\Delta v}-\frac{u}{v}=\frac{v\Delta u-u\Delta v}{v(v+\Delta v)},$$

$$\frac{\Delta y}{\Delta x}=\frac{v\dfrac{\Delta u}{\Delta x}-u\dfrac{\Delta v}{\Delta x}}{v(v+\Delta v)}.$$

由于函数 v 在 x 处可导,所以在 x 处连续,因而有 $\lim\limits_{\Delta x\to 0}\Delta v=0$.于是

$$y'=\lim_{\Delta x\to 0}\frac{\Delta y}{\Delta x}=\frac{v\lim\limits_{\Delta x\to 0}\dfrac{\Delta u}{\Delta x}-u\lim\limits_{\Delta x\to 0}\dfrac{\Delta v}{\Delta x}}{v^2+v\lim\limits_{\Delta x\to 0}\Delta v}=\frac{u'v-uv'}{v^2}$$

即

$$\left(\frac{u}{v}\right)'=\frac{u'v-uv'}{v^2}.$$

推论 1　$(u_1\pm u_2\pm\cdots\pm u_n)'=u'_1\pm u'_2\pm\cdots\pm u'_n$.

推论 2　$(Cv)'=Cv'$,其中 C 为常数.

推论 3　$(u_1u_2u_3\cdots u_n)'=u_1'u_2u_3\cdots u_n+u_1u_2'u_3\cdots u_n+\cdots+u_1u_2u_3\cdots u_n'$.

例 1　设 $y=\sin x+\ln x-3$,求 y'.

解　$y'=(\sin x)'+(\ln x)'-(3)'=\cos x+\dfrac{1}{x}$.

例 2　设 $f(x)=x^2\cos x$,求 $f'(x)$.

解　$f'(x)=(x^2\cos x)'=(x^2)'\cos x+x^2(\cos x)'=2x\cos x-x^2\sin x$.

例 3 设 $y=\tan x$,求 y'.

解 $y'=(\tan x)'=\left(\dfrac{\sin x}{\cos x}\right)'=\dfrac{(\sin x)'\cos x-\sin x(\cos x)'}{\cos^2 x}$

$$=\frac{\cos^2 x+\sin^2 x}{\cos^2 x}=\frac{1}{\cos^2 x}=\sec^2 x,$$

即
$$(\tan x)'=\sec^2 x.$$

同样可得

$$(\cot x)'=-\csc^2 x;(\sec x)'=\sec x\tan x;(\csc x)'=-\csc x\cot x.$$

例 4 设 $f(x)=\dfrac{x\sin x}{1+x}$,求 $f'(x)$.

解 $f'(x)=\dfrac{(\sin x+x\cos x)(1+x)-x\sin x}{(1+x)^2}=\dfrac{\sin x+x\cos x+x^2\cos x}{(1+x)^2}$.

例 5 试求经过原点且与曲线 $y=\dfrac{x+9}{x+5}$ 相切的直线方程.

解 设所求直线方程为 $y=kx$,直线与曲线的切点为 (x_0,y_0).

由导数的几何意义知,

$$k=y'|_{x=x_0}=\frac{-4}{(x_0+5)^2},$$

所以
$$y=\frac{-4}{(x_0+5)^2}x,$$

又切点是曲线和切线的公共点,从而

$$\frac{-4}{(x_0+5)^2}x_0=\frac{x_0+9}{x_0+5},$$

解方程得

$$x_0=-15 \text{ 或 } x_0=-3.$$

所求直线方程为

$$x+25y=0 \text{ 或 } x+y=0.$$

二、复合函数的求导法则

定理 2 如果函数 $u=\varphi(x)$ 在点 x 处可导,而函数 $y=f(u)$ 在对应的点 u 处可导,那么复合函数 $y=f[\varphi(x)]$ 也在点 x 处可导,且有

$$\frac{\mathrm{d}y}{\mathrm{d}x}=\frac{\mathrm{d}y}{\mathrm{d}u}\cdot\frac{\mathrm{d}u}{\mathrm{d}x}=f'(u)\cdot\varphi'(x).$$

定理 2 可以推广到有限次函数的复合. 如:设函数 $y=f(u)$, $u=\varphi(v)$, $v=\psi(x)$ 均可导,则复合函数 $y=f\{\varphi[\psi(x)]\}$ 的导数为

$$\frac{\mathrm{d}y}{\mathrm{d}x}=\frac{\mathrm{d}y}{\mathrm{d}u}\cdot\frac{\mathrm{d}u}{\mathrm{d}v}\cdot\frac{\mathrm{d}v}{\mathrm{d}x}=f'(u)\cdot\varphi'(v)\cdot\psi'(x).$$

例 6　求函数 $y=\tan x^3$ 的导数.

解　设 $y=\tan u,\ u=x^3$,则

$$y'=y'_u\cdot u'_x=\sec^2 u\cdot 3x^2=3x^2\sec^2 x^3.$$

对于复合函数的求导,在运用公式熟练之后,计算时就不必写出中间变量了.

例 7　求 $y=2\sin^4 3x$ 的导数.

解
$$\begin{aligned}y'&=2\cdot 4\sin^3 3x\cdot(\sin 3x)'=8\sin^3 3x\cdot\cos 3x\cdot(3x)'\\&=8\sin^3 3x\cdot\cos 3x\cdot 3=24\sin^3 3x\cos 3x.\end{aligned}$$

例 8　求 $y=\ln(x+\sqrt{x^2+a^2})$ 的导数.

解
$$\begin{aligned}y'&=\frac{1}{x+\sqrt{x^2+a^2}}\cdot(x+\sqrt{x^2+a^2})'\\&=\frac{1}{x+\sqrt{x^2+a^2}}\cdot\left(1+\frac{1}{2\sqrt{x^2+a^2}}\cdot 2x\right)=\frac{1}{\sqrt{x^2+a^2}}.\end{aligned}$$

复合函数的求导法则也称为**链式法则**,在导数计算中极其重要,读者务必熟练掌握.

三、隐函数的求导法

对于函数 $y=f(x)$,其变量 y 直接用 x 的表达式表示,这样的函数称为**显函数**,它们的求导可以直接根据求导公式和求导法则进行.但常常也会遇到由方程 $F(x,y)=0$ 所确定的两个变量 x,y 之间的函数关系,这样的函数称为**隐函数**.例如,由方程 $x+y^3-1=0$ 以及 $e^y-xy=0$ 确定的函数均为隐函数.

有些隐函数可化成显函数,例如,由方程 $x+y^3-1=0$ 解出 $y=\sqrt[3]{1-x}$,则隐函数化成了显函数,但有些隐函数不易化成显函数.

由方程 $F(x,y)=0$ 所确定的隐函数 $y=f(x)$ 的求导方法如下:

方程 $F(x,y)=0$ 两边逐项对自变量 x 求导,在求导过程中,把 y 看成 x 的函数,可得到包含 x,y,y' 的一个方程 $\varphi(x,y,y')=0$,从中解出 y',即得隐函数的导数.

例 9　求由方程 $y=x\ln y$ 确定的隐函数的导数 y'.

解　方程两边对 x 求导,得 $y'=\ln y+x\dfrac{1}{y}\cdot y'$,

解出
$$y'=\frac{y\ln y}{y-x}.$$

例 10　求 $y=\arcsin x(-1<x<1)$ 的导数.

解　由 $y=\arcsin x$ 得 $x=\sin y$.

两边对 x 求导,得

$$1=\cos y\cdot y',$$

解得
$$y'=\frac{1}{\cos y}.$$
由于$-\frac{\pi}{2}<x<\frac{\pi}{2}$,所以
$$\cos y=\sqrt{1-\sin^2 y}=\sqrt{1-x^2},$$
即
$$(\arcsin x)'=\frac{1}{\sqrt{1-x^2}}(-1<x<1).$$

类似地,有
$$(\arccos x)'=-\frac{1}{\sqrt{1-x^2}}(-1<x<1);$$
$$(\arctan x)'=\frac{1}{1+x^2};$$
$$(\operatorname{arccot} x)'=-\frac{1}{1+x^2}.$$

例 11 求由方程$\frac{1}{3}y^3+y-x-\frac{1}{5}x^5=0$所确定的曲线在点(0,0)处的切线方程.

解 方程两边对x求导,得
$$y^2\cdot y'+y'-1-x^4=0,$$
解得
$$y'=\frac{1+x^4}{1+y^2}.$$

将(0,0)代入,得曲线在点(0,0)处的切线斜率为
$$y'\Big|_{(0,0)}=1.$$

从而所求的切线方程为
$$y=x.$$

例 12 求幂函数$y=x^\mu$($x>0$,μ是任意实数)的导数.

解 等式两边取自然对数,得$\ln y=\mu\ln x$.

上式两边对x求导,得
$$\frac{1}{y}\cdot y'=\frac{\mu}{x},$$
于是
$$y'=y\cdot\frac{\mu}{x}=\mu x^{\mu-1},$$
即
$$(x^\mu)'=\mu x^{\mu-1}.$$

例 12 中,两边先取自然对数,然后应用隐函数求导法的求导方法称为**对数求导法**. 此方法适用于幂指函数的求导,更适用于仅通过乘、除、开方所构成的比较复杂的函数的求导.

例 13　求函数 $y=(x-1)\cdot\sqrt[3]{(3x+1)^2(x-2)}$的导数.

解　两边取自然对数,得

$$\ln y=\ln(x-1)+\frac{2}{3}\ln(3x+1)+\frac{1}{3}\ln(x-2).$$

两边对 x 求导,得

$$\frac{1}{y}y'=\frac{1}{x-1}+\frac{2}{3}\cdot\frac{3}{3x+1}+\frac{1}{3}\cdot\frac{1}{x-2},$$

于是

$$\begin{aligned}y'&=y\left[\frac{1}{x-1}+\frac{2}{3x+1}+\frac{1}{3(x-2)}\right]\\&=(x-1)\cdot\sqrt[3]{(3x+1)^2(x-2)}\left[\frac{1}{x-1}+\frac{2}{3x+1}+\frac{1}{3(x-2)}\right].\end{aligned}$$

最后,我们把基本初等函数导数公式列成下表,称为基本导数公式表:

(1) $(C)'=0$ (C 为常数);　　(2) $(x^\alpha)'=\alpha x^{\alpha-1}(\alpha\in\mathbf{R})$;

(3) $(a^x)'=a^x\ln a\ (a>0,a\neq1)$;　　(4) $(\mathrm{e}^x)'=\mathrm{e}^x$;

(5) $(\log_a x)'=\frac{1}{x\ln a}\ (a>0,a\neq1)$;　　(6) $(\ln x)'=\frac{1}{x}$;

(7) $(\sin x)'=\cos x$;　　(8) $(\cos x)'=-\sin x$;

(9) $(\tan x)'=\frac{1}{\cos^2 x}=\sec^2 x$;　　(10) $(\cot x)'=-\frac{1}{\sin^2 x}=-\csc^2 x$;

(11) $(\sec x)'=\sec x\cdot\tan x$;　　(12) $(\csc x)'=-\csc x\cdot\cot x$;

(13) $(\arcsin x)'=\frac{1}{\sqrt{1-x^2}}\ (-1<x<1)$;

(14) $(\arccos x)'=-\frac{1}{\sqrt{1-x^2}}\ (-1<x<1)$;

(15) $(\arctan x)'=\frac{1}{1+x^2}$;　　(16) $(\operatorname{arccot} x)'=-\frac{1}{1+x^2}$.

习题 2-2

1. 求下列各函数的导数(a,b 为常数):

(1) $y=x^{a+b}$;　　(2) $y=2\sqrt{x}-\frac{1}{x}+4\sqrt{8}$;

(3) $y=\frac{1-x^3}{\sqrt{x}}$;　　(4) $y=(1+ax^b)(1+bx^a)$.

2. 求下列各函数的导数(a,b,c,n 为常数):

(1) $y=x^n\log_a x$;　　(2) $y=\log_a\sqrt{x}$;

(3) $y=\frac{a}{b+cx^{a}}$；　　(4) $y=\frac{1-\ln x}{1+\ln x}$.

3. 求下列函数的导数：

(1) $y=x\sin x+\cos x$；　　(2) $y=\tan x-x\tan x$；

(3) $y=\frac{5\sin x}{1+\cos x}$；　　(4) $y=x\sin x\cdot\ln x$，

4. 求下列函数的导数(a,n为常数)：

(1) $y=(1+x)(1+x^2)^2$；　　(2) $y=(2+3x^2)\sqrt{1+5x^2}$；

(3) $y=\frac{x}{\sqrt{1-x^2}}$；　　(4) $y=\log_a(1+x^2)$；

(5) $y=\ln\sqrt{x}+\sqrt{\ln x}$；　　(6) $y=\sin^a x$；

(7) $y=\sin x^a$；　　(8) $y=\cos^3\frac{x}{2}$；

(9) $y=\ln\ln x$；　　(10) $y=\sec^2\frac{x}{a}+\csc^2\frac{x}{a}$.

5. 求下列各函数的导数(a为常数)：

(1) $y=e^{4x}$；　　(2) $y=e^{e^{-x}}$；

(3) $y=e^{-\frac{1}{x}}$；　　(4) $y=\sin(e^{x^2+x^{-2}})$；

(5) $y=e^{\tan\frac{1}{x}}$；　　(6) $y=e^{e\ln x}$；

(7) $y=\arcsin\frac{x}{2}$；　　(8) $y=\arctan\frac{2x}{1-x^2}$；

(9) $y=\frac{\arccos x}{\sqrt{1-x^2}}$；　　(10) $y=e^{\arctan\sqrt{x}}$.

6. 求下列隐函数的导数(a,b为常数)：

(1) $x^2+y^2-xy=1$；　　(2) $y=x+\ln y$.

7. 求椭圆$\frac{x^2}{a^2}+\frac{y^2}{b^2}=1$在点$M(x_1,y_1)$处的切线方程.

8. 利用对数求导法求下列函数的导数：

(1) $y=x\sqrt{\frac{1-x}{1+x}}$；　　(2) $y=\frac{x^2}{1-x}\sqrt[3]{\frac{3-x}{(3+x)^2}}$.

9. 验证函数$y=e^x\sin x$满足关系式$y''-2y'+2y=0$.

10. 求下列各函数的二阶导数：

(1) $y=\ln(1+x^2)$；　　(2) $y=xe^{x^2}$；

(3) $y=\sin x\ln x$；　　(4) $y=\tan x$.

第三节　函数的微分

一、微分的概念

引例　已知正方形的面积 A 是边长为 x 的函数 $A=x^2$，若边长由 x_0 变化到 $x_0+\Delta x$，问正方形的面积改变了多少？当 $|\Delta x|$ 很微小时，正方形的面积改变的近似值是多少？

当边长由 x_0 变化到 $x_0+\Delta x$ 时，面积 A 相应的改变量为 $\Delta A=(x_0+\Delta x)^2-x_0^2=2x_0\Delta x+(\Delta x)^2$. 如图 2-2，阴影部分就表示 ΔA. 可以把 ΔA 分成两部分，第一部分 $2x_0\Delta x$ 是 Δx 的线性函数（图 2-2 中单线阴影部分），第二部分 $(\Delta x)^2$（图 2-2 中双线阴影部分），当 $\Delta x\to 0$ 时，$(\Delta x)^2$ 是比 Δx 高阶的无穷小量，因此当 $|\Delta x|$ 很小时，我们用 $2x_0\Delta x$ 近似地表示 ΔA，即 $\Delta A\approx 2x_0\Delta x$，而将 $(\Delta x)^2$ 忽略. 这样，$2x_0\Delta x$ 称为 ΔA 的线性主部. 因为 $A'\Big|_{x=x_0}=2x_0$，$\Delta A=\left(A'\Big|_{x=x_0}\right)\Delta x+(\Delta x)^2$，从而

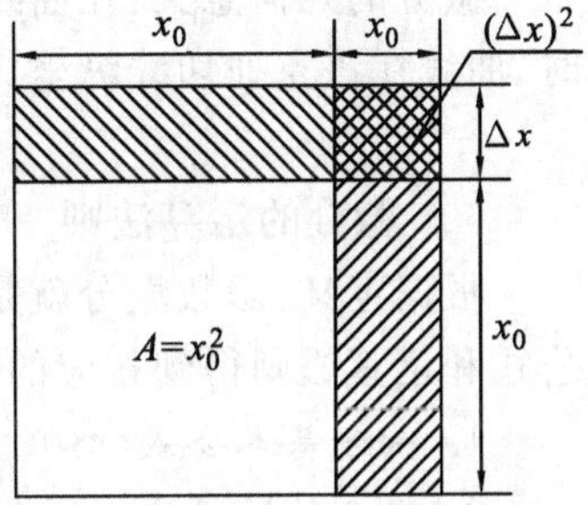

图 2-2

$\Delta A\approx\left(A'\Big|_{x=x_0}\right)\Delta x$（$|\Delta x|$ 很小时）.

上述结论对于一般的函数都成立.

设函数 $y=f(x)$ 在点 x_0 处可导，则 $f'(x_0)=\lim\limits_{\Delta x\to 0}\dfrac{\Delta y}{\Delta x}$，根据函数极限与无穷小量的关系得

$$\frac{\Delta y}{\Delta x}=f'(x_0)+\alpha\left(\lim_{\Delta x\to 0}\alpha=0\right),$$

于是

$$\Delta y=f'(x_0)\Delta x+\alpha\Delta x.$$

当 $f'(x_0)\neq 0$ 时，函数的改变量表示成两部分之和，一部分是关于 Δx 的线性函数，通常把它叫做 Δy 的线性主部；另一部分 $\alpha\Delta x$ 当 $\Delta x\to 0$ 时，是比 Δx 高阶的无穷小量，所以当 $|\Delta x|$ 很小时，有 $\Delta y\approx f'(x_0)\Delta x$.

定义　设函数 $y=f(x)$ 在点 x_0 处可导，称 $f'(x_0)\Delta x$ 为函数 $y=f(x)$ 在点 x_0 处的**微分**，记作 $\mathrm{d}y$ 或 $\mathrm{d}f(x)$，即

$$\mathrm{d}y=f'(x_0)\Delta x.$$

把自变量的微分定义为自变量的改变量，记作 $\mathrm{d}x$，即 $\mathrm{d}x=\Delta x$，于是函数 $y=f(x)$ 在点 x_0 处的微分又可记为 $\mathrm{d}y=f'(x_0)\mathrm{d}x$. 即函数 $y=f(x)$ 在某一点处的微分等于函数在该点的导数与自变量微分的乘积.

以前将$\frac{dy}{dx}$作为一个整体记号来表示导数，引进微分概念后，可知$\frac{dy}{dx}$还可表示为函数微分与自变量微分的商，所以导数又称为微商.

例 1 已知 $y=\ln(1+x)$，求 dy 及 $dy\Big|_{x=2}$.

解 $$dy=[\ln(1+x)]'dx=\frac{1}{1+x}dx,$$

$$dy\Big|_{x=2}=\frac{1}{1+2}dx=\frac{1}{3}dx.$$

微分的几何意义：在曲线 $y=f(x)$上的点(x_0,y_0)处，当自变量取得改变量 Δx 时，曲线在该点处切线纵坐标的改变量.

二、微分的运算法则

根据定义，函数微分就是函数导数与自变量微分 dx 之积，所以由导数的基本公式和运算法则得到相应的微分基本公式和运算法则.

1. 微分基本公式(略)

2. 微分的运算法则

(1) $d(u\pm v)=du\pm dv$；　　(2) $d(uv)=vdu+udv$；

(3) $d(Cv)=Cdv$；　　(4) $d\left(\frac{u}{v}\right)=\frac{vdu-udv}{v^2}(v\neq 0)$.

设函数 $y=f(u)$可导，当 u 是自变量时，其微分为 $dy=f'(u)\,du$；当 u 为 x 的可导函数 $u=\varphi(x)$时，复合函数 $y=f[\varphi(x)]$的微分为 $dy=f'(u)\varphi'(x)dx$，由于 $\varphi'(x)dx=du$，所以复合函数 $y=f[\varphi(x)]$的微分也可表示成 $dy=f'(u)\,du$.

由此可见，无论 u 是自变量还是中间变量，微分的形式 $dy=f'(u)\,du$ 保持不变. 这一性质称为**微分的形式不变性**.

例 2 求 $d[\ln(\sin 2x)]$.

解 $d[\ln(\sin 2x)]=\frac{1}{\sin 2x}d(\sin 2x)=\frac{1}{\sin 2x}\cos 2xd(2x)=2\cot 2xdx$.

例 3 求由方程 $y^3=x^2+xy+y^2$ 所确定的隐函数 $y=f(x)$的微分.

解 方程两边求微分得

$$3y^2dy=2xdx+xdy+ydx+2ydy,$$
$$(3y^2-x-2y)dy=(2x+y)dx,$$

所以
$$dy=\frac{2x+y}{3y^2-x-2y}dx.$$

例 4 在下列等式左端的括号中填入适当的函数，使等式成立：

(1) $d(\quad)=\cos 2xdx$；　　(2) $d(\quad)=e^{\sqrt{x}}\cdot\frac{1}{\sqrt{x}}dx$.

解 (1) $\cos 2x\mathrm{d}x=\frac{1}{2}\cos 2x\mathrm{d}(2x)=\frac{1}{2}\mathrm{d}(\sin 2x)=\mathrm{d}\left(\frac{1}{2}\sin 2x\right)$.

一般地,有 $\mathrm{d}\left(\frac{1}{2}\sin 2x+C\right)=\cos 2x\mathrm{d}x$($C$ 为任意常数)

(2) $\mathrm{e}^{\sqrt{x}}\cdot\frac{1}{\sqrt{x}}\mathrm{d}x=2\mathrm{e}^{\sqrt{x}}\cdot\mathrm{d}\sqrt{x}=2\mathrm{d}(\mathrm{e}^{\sqrt{x}})=\mathrm{d}(2\mathrm{e}^{\sqrt{x}})$.

一般地,有 $\mathrm{d}(2\mathrm{e}^{\sqrt{x}}+C)=\mathrm{e}^{\sqrt{x}}\cdot\frac{1}{\sqrt{x}}\mathrm{d}x$($C$ 为任意常数)

例 5 设某国的国民经济消费模型为

$$y=10+0.4x+0.01x^{\frac{1}{2}},$$

其中 y 为总消费(单位:十亿元);x 为可支配收入(单位:十亿元).当 $x=100.05$ 时,总消费是多少?

解 令 $x_0=100,\Delta x=0.05,y'=0.4+\frac{0.01}{2\sqrt{x}}$.

因为
$$f(x_0+\Delta x)-f(x_0)\approx f'(x_0)\Delta x,$$
所以
$$\begin{aligned}f(100.05)&\approx f(100)+f'(100)\times 0.05\\&=(10+0.4\times 100+0.01\times 100^{\frac{1}{2}})+\left(0.4+\frac{0.01}{2\sqrt{100}}\right)\times 0.05\\&=50.120\,025(\text{十亿元}).\end{aligned}$$

习题 2-3

1. 设函数 $f(x)=x^2$ 在 x_0 处的增量 $\Delta x=0.2$,对应函数增量的线性主部为 $\mathrm{d}f(x)=-0.8$,求 x_0 的值.

2. 求下列各函数的微分:

(1) $y=3x^2$; (2) $y=\mathrm{e}^{-x}\cos x$;

(3) $y=\tan\frac{x}{2}$; (4) $y=\frac{x^2}{1-x^2}$;

(5) $y=\arcsin(2x^2-1)$; (6) $y=\ln(\sec x+\tan x)$;

(7) $y=1+x\mathrm{e}^y$; (8) $xy=a^2$.

3. 计算函数 $y=\sin\frac{x}{3}$ 当 x 从 $\frac{\pi}{6}$ 变到 $\frac{61}{360}\pi$ 时的微分值.

4. 设 $y=x^2-3x+5$,当 $x=1$ 时,试分别求出:(1) $\Delta x=1$,(2) $\Delta x=0$,(3) $\Delta x=0.01$ 时的 Δy 及 $\mathrm{d}y$,并对二者加以比较,是否能得出结论:当 Δx 愈小时,二者愈近似.

5. 利用微分形式的不变性,求函数 $y=\mathrm{e}^{\sin x}$ 的微分.

第四节　边际与弹性

一、边际分析

经济学上把某经济函数 $y=f(x)$ 的导数 $f'(x)$，称为函数 $f(x)$ 的**边际**，记作 My，即 $My=\frac{\mathrm{d}y}{\mathrm{d}x}$；并称 $f'(x_0)$ 为函数 $f(x)$ 在 x_0 处的边际函数值，记作 $My\Big|_{x=x_0}$，即 $My\Big|_{x=x_0}=f'(x_0)$.

如边际成本 $MC=C'(q)$、边际收入 $MR=R'(q)$、边际利润 $ML=L'(q)$ 等，且由三者间的关系知 $ML=MR-MC$.

例 1　设某产品的价格 P 是销量 x 的函数 $P=P(x)=20-\frac{x}{3}$，成本 C 与销量 x 的函数关系为 $C=C(x)=45+\frac{x^2}{3}$，求销量为 9 个单位时的总利润、平均利润与边际利润.

解　$R(x)=xP(x)=20x-\frac{x^2}{3}$，

$$L(x)=R(x)-C(x)=20x-\frac{x^2}{3}-\left(45+\frac{x^2}{3}\right)=-\frac{2}{3}x^2+20x-45,$$

$$L(9)=-\frac{2}{3}\times 9^2+20\times 9-45=81,$$

$$\overline{L}(9)=\frac{L(9)}{9}=\frac{81}{9}=9,$$

$$L'(9)=L'(x)\Big|_{x=9}=\left(-\frac{4}{3}x+20\right)\Big|_{x=9}=8.$$

当 $|\Delta x|$ 很小时，$\Delta y\approx \mathrm{d}y=f'(x_0)\cdot\Delta x$，令 $\Delta x=1$，则 $\Delta y\approx f'(x_0)$. 所以，函数 $f(x)$ 在 x_0 处的边际 $f'(x_0)$ 表示 $f(x)$ 在 x_0 处，当 x 增加 1 个单位时，函数近似改变了 $f'(x_0)$ 个单位（$f'(x_0)>0$ 时增加；反之减少），在应用问题中解释边际函数值的具体意义时，常常略去“近似”二字.

例 2　设某产品的需求函数为 $Q=100-5P$（Q 为需求量，P 为价格），求边际收入函数，以及 $Q=20$，50 和 70 时的边际收入，并说明其经济意义.

解　由 $Q=100-5P$，得 $P=\frac{1}{5}(100-Q)$，

$$R(Q)=\frac{1}{5}(100-Q)Q=\frac{1}{5}(100Q-Q^2),\ R'(Q)=\frac{1}{5}(100-2Q),$$

$$R'(20)=12,\ R'(50)=0,\ R'(70)=-8.$$

其经济意义为：当销售量即需求量为 20 个单位时，再多销售 1 个单位产品，总

收入增加 12 个单位;当销售量为 50 个单位时,再多销售 1 个单位产品,总收入不变;当销售量为 70 个单位时,再多销售 1 个单位产品,反而使总收入减少 8 个单位.

二、弹性

对于函数 $y=f(x)$,称 $\frac{\Delta x}{x}$ 为自变量在点 x 处的相对改变量,称 $\frac{\Delta y}{y}=\frac{f(x+\Delta x)-f(x)}{y}$ 为函数 y 在点 x 处的相对改变量.

设函数 $y=f(x)$ 在 x 处可导,当 $\Delta x\to 0$ 时,函数 $y=f(x)$ 在点 x 处的相对改变量 $\frac{\Delta y}{y}$ 与自变量的相对改变量 $\frac{\Delta x}{x}$ 比值的极限

$$\lim_{\Delta x\to 0}\frac{\frac{\Delta y}{y}}{\frac{\Delta x}{x}}=\lim_{\Delta x\to 0}\frac{\Delta y}{\Delta x}\cdot\frac{x}{y}=\frac{\mathrm{d}y}{\mathrm{d}x}\cdot\frac{x}{y}$$

称为函数 $y=f(x)$ 在点 x 处的**弹性(或弹性系数)**,记作 $\frac{Ey}{Ex}$ 或 E,即

$$\frac{Ey}{Ex}=\frac{\mathrm{d}y}{\mathrm{d}x}\cdot\frac{x}{y}.$$

当 x 为给定点时,$\frac{Ey}{Ex}$ 为常数.

当 x 为任意点时,$\frac{Ey}{Ex}$ 是关于 x 的函数,也称弹性函数.

由于弹性 $E=\lim\limits_{\Delta x\to 0}\frac{\frac{\Delta y}{y}}{\frac{\Delta x}{x}}$,当 $|\Delta x|$ 很小时,$\frac{\frac{\Delta y}{y}}{\frac{\Delta x}{x}}\approx E$,即 $\frac{\Delta y}{y}\approx E\cdot\frac{\Delta x}{x}$. 因此当 $\frac{\Delta x}{x}=1\%$ 时,$\frac{\Delta y}{y}\approx E\%$.

所以函数 $y=f(x)$ 的弹性表示:当 x 的值变化 1% 时,函数 y 的值近似改变 $E\%$. ($E>0$ 时为增加;$E<0$ 时为减少)

E 反映了 y 对 x 的相对变化率,即 y 对 x 变化反映的灵敏度.

设需求量 Q 与价格 P 的函数关系为 $Q=Q(P)$,下面讨论需求价格弹性 E,其中

$$E=\lim_{\Delta P\to 0}\frac{\frac{\Delta Q}{Q}}{\frac{\Delta P}{P}}=\lim_{\Delta P\to 0}\frac{\Delta Q}{\Delta P}\cdot\frac{P}{Q}=\frac{\mathrm{d}Q}{\mathrm{d}P}\cdot\frac{P}{Q}.$$

一般地,由于 $P>0,Q=Q(P)>0,Q'(P)<0$,所以 $E<0$.

(1) 若 $-1<E<0$,即 $|E|<1$ 时,表明价格提高 1%,而减少的需求量低于 1%,这时,称需求是缺乏弹性的,提高价格会使得总收益增加.生活必需品多属此种情况.

(2) 若 $E<-1$,即 $|E|>1$ 时,表明价格提高 1%,而减少的需求量大于 1%,这时,称需求是富有弹性的,提高价格会使得总收益减少.奢侈品多属此种情况.

(3) 若 $E=-1$,即 $|E|=1$ 时,表明价格提高 1%,而减少的需求量也是 1%,这时,称需求是单一弹性的,总收益不变.这种情况较少见.

例 3 若市场需求曲线为 $Q=120-5P$,求价格 $P=4$ 时的需求价格弹性,并说明怎样调整价格才能使总收益增加.

解
$$E=\frac{\mathrm{d}Q}{\mathrm{d}P}\cdot\frac{P}{Q}=\frac{-5P}{120-5P}.$$

当 $P=4$ 时,$E=\frac{-20}{120-20}=-0.2>-1$,因而需求是缺乏弹性的.

故提高价格会使得总收益增加.

习题 2-4

1. 某产品生产 q 个单位的总成本 C 为 q 的函数,$C=1\,100+\frac{1}{1\,200}q^2$.

求:(1) 生产 900 个单位时的总成本和平均单位成本;

(2) 生产 900 个到 1 000 个单位时总成本的平均变化率;

(3) 生产 900 个单位和 1 000 单位时的边际成本.

2. 某种产品的收益 R 为产量 q 的函数(R 的单位是元,q 的单位是吨),
$$R=800q-\frac{q^2}{4}\ (q\geqslant 0).$$

求:(1) 生产 100 吨时的总收入;

(2) 生产 200 到 300 吨时总收入的平均变化率;

(3) 求生产 200 吨时收益对产量的变化率.

3. 设某商品需求量 Q 对价格 P 的函数关系为 $Q=f(P)=1\,600\left(\frac{1}{4}\right)^P$,求需求量 Q 对于价格 P 的弹性.

4. 设某商品需求量 Q 对价格 P 的函数为 $Q=5\,000\mathrm{e}^{-2P}$,试求需求量 Q 对价格 P 的弹性.

5. 设市场上白糖的需求函数为 $Q(P)=10^{2.1}\times P^{-0.25}$,求需求量对价格的弹性.

6. 某商品的需求(销售)函数是 $x=\frac{1}{5}(28-P)$,P 是价格,求商品需求量对价格的弹性.

总习题二

1. 设 $f(x)$为连续函数且$\lim\limits_{x\to 2}\frac{f(x)}{x-2}=3$,求 $f'(2)$.

2. 设 $f(x)=x(x-1)(x-2)\cdots(x-99)(x-100)$,求 $f'(0)$的值.

3. 设 $f(x)=\sin\frac{x}{2}+\cos 2x$,求 $f^{(27)}(\pi)$.

4. 设 $y=y(x)$由方程 $\ln\sqrt{x^2+y^2}=\arctan\frac{y}{x}$所确定,且 $x\neq 0,x\neq y$,求 y'.

5. 设 $y=f(x^2+1)$,且 $f'(x)=e^{2x}$,求$\left.\frac{dy}{dx}\right|_{x=1}$.

6. 求复合函数的导数:

(1) $y=\ln(x+\sqrt{x^2+a^2})$; (2) $y=\arctan\frac{x+1}{x-1}$.

7. 设 $y=\sqrt{\frac{x^2+3x+2}{x^2-x-12}}$,求 y'.

8. 设曲线方程为 $x^3+y^3+(x+1)\cos(\pi y)+9=0$,试求此曲线在横坐标为 $x=-1$ 的点处的法线方程.

9. 设 $f(t)=\lim\limits_{x\to\infty}t\left(\frac{x+t}{x-t}\right)^x$,求 $f'(t)$.

10. 验证函数 $y=\sqrt{2x-x^2}$满足关系式:$y^3y''+1=0$.

11. 证明:双曲线 $xy=a^2$ 上任一点处的切线与两坐标轴构成的三角形的面积都等于 $2a^2$.

12. 设函数 $f(x)=a_1\sin x+a_2\sin 2x+\cdots+a_n\sin nx$,其中 $a_1,a_2,\cdots,a_n$ 均为实数,n 为正整数. 已知对一切实数 x,有$|f(x)|\leqslant|\sin x|$. 证明:$|a_1+2a_2+\cdots+na_n|\leqslant 1$.

第三章　微分的应用

本章即将学习的罗尔(Rolle)定理、拉格朗日(Lagrange)中值定理,统称为微分中值定理.拉格朗日中值定理刻画了函数在整个区间上的变化与函数在区间内某点处的导数之间的联系,它是导数应用的理论基础,利用它可进一步研究曲线的性态,并解决一些实际的问题.本章将给出未定式求极限的方法;函数单调性的判别方法、曲线凹凸性的判别方法和极值、最大(小)值及拐点的求法以及若干微分学应用的例子.

第一节　微分中值定理

对于一条在各点处都有非铅直切线的曲线弧 $y=f(x)$, $x\in[a,b]$,若它的两个端点有相同的纵坐标,那么在这条曲线上至少有一点的切线是水平的,即该切线平行于曲线弧的两端点的连线 AB.如图 3-1,点 P_1,P_2,P_3,P_4,P_5 处的切线平行于弦 AB,这是一个明显的几何事实.下面将给出这个从几何直观上得出的结论,这就是罗尔定理.为此,先介绍一个引理.

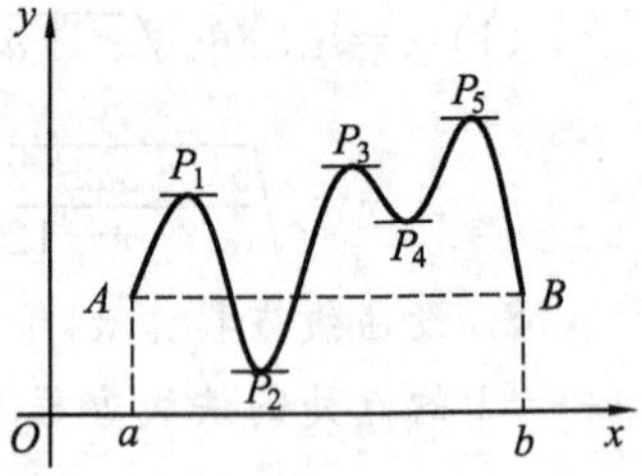

图 3-1

一、费马(Fermat)引理

引理　设函数 $y=f(x)$在点 x_0 处可导,如果在 x_0 点的某个邻域 $U(x_0)$内函数值 $f(x_0)$最大(或最小),即对这个邻域内的一切 x 有 $f(x)\leqslant f(x_0)$(或 $f(x)\geqslant f(x_0)$),则 $f'(x_0)=0$.

费马引理的几何解释:如果曲线 $y=f(x)$上某一点的纵坐标比它左右邻近点的纵坐标小(或大),且曲线在这点又有非铅直的切线,那么这条切线一定是水平的(即平行于 x 轴),如图 3-1 中过点 P_1,P_2,P_3,P_4,P_5 的切线.

由费马引理可以得出一个非常有用的定理.

二、罗尔定理

定理 1(罗尔定理)　设函数 $y=f(x)$在闭区间$[a,b]$上连续,在开区间(a,b)

内可导，在区间两端点 a,b 处函数值相等，即 $f(a)=f(b)$，则在开区间 (a,b) 内至少存在一点 ξ，使得 $f'(\xi)=0$.

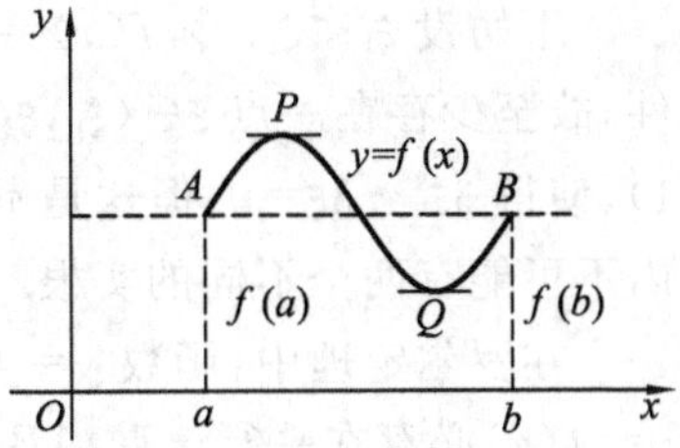

图 3-2

罗尔定理的几何解释：在一段两个端点处纵坐标相等的连续曲线弧上，若除两端点外各点处都有非铅直的切线，那么这些切线中至少有一条是水平的，如图 3-2 所示，点 P,Q 处的切线平行于 x 轴.

注 罗尔定理中的条件是充分条件而非必要条件，即当满足定理的条件时，结论一定成立；若不满足定理的条件，结论可能成立也可能不成立.

罗尔定理肯定了在 (a,b) 内至少存在一点 ξ，使 $f'(\xi)=0$. 尽管没有指出 ξ 的确切值，但它仍有重要的应用.

例 1 验证罗尔定理对函数 $f(x)=3x^2-3x-2$ 在区间 $[0,1]$ 上的正确性.

解 $f(x)=3x^2-3x-2$ 是一个多项式函数，显然它在 $(-\infty,+\infty)$ 内连续、可导，且 $f(0)=f(1)=-2$，所以 $f(x)$ 在区间 $[0,1]$ 上满足罗尔定理的全部条件，因此必定存在 $\xi\in(0,1)$，使得 $f'(\xi)=0$.

实际上由 $f'(x)=6x-3=0$ 可知，存在 $\xi=\dfrac{1}{2}\in(0,1)$，使得 $f'(\xi)=0$.

例 2 不用求出函数 $f(x)=(x+3)(x-1)(x-2)(x-3)$ 的导数，应用罗尔定理说明方程 $f'(x)=0$ 有几个实根，并指出它们所在的区间.

解 因为函数 $f(x)$ 在 $[-3,1]$ 上满足罗尔定理的条件，故至少存在一点 $\xi_1\in(-3,1)$，使得

$$f'(\xi_1)=0.$$

同理可证，在区间 $(1,2)$ 与 $(2,3)$ 内分别至少存在一点 $\xi_2\in(1,2)$ 与 $\xi_3\in(2,3)$，使得

$$f'(\xi_2)=0,f'(\xi_3)=0.$$

即方程 $f'(x)=0$ 在区间 $(-3,3)$ 内至少有 3 个实根.

由于 $f(x)$ 是 x 的四次函数，故 $f'(x)$ 是 x 的三次函数，因此 $f'(x)=0$ 是 x 的三次代数方程，它至多有 3 个实根.

因此 $f'(x)=0$ 有 3 个实根，且分别位于区间 $(-3,1)$，$(1,2)$，$(2,3)$ 内.

例 3 证明方程 $x^3-3x+C=0$ 在闭区间 $[0,1]$ 内不可能有两个不同的实根，其中 C 为任意实数.

证 (反证法)设方程 $x^3-3x+C=0$ 在闭区间 $[0,1]$ 内有两个不同的实根，即存在 $\xi_1\in[0,1]$ 与 $\xi_2\in[0,1]$，使得

$$\xi_1^3-3\xi_1+C=0,\xi_2^3-3\xi_2+C=0.$$

不妨设 $\xi_1<\xi_2$. 令 $f(x)=x^3-3x+C$,则 $f(x)$在$[\xi_1, \xi_2]$上满足罗尔定理的条件,故至少存在一点 $\xi\in(\xi_1,\xi_2)\subset(0,1)$,使得 $f'(\xi)=0$. 即至少存在一点 $\xi(0<\xi<1)$,使得 $3\xi^2-3\xi=0$. 但这是不可能的. 因此,方程 $x^3-3x+C=0$ 在闭区间$[0, 1]$内不可能有两个不同的实根.

在罗尔定理中,函数 $y=f(x)$在闭区间$[a, b]$上满足定理的 3 个条件,则曲线 $y=f(x)$必存在平行于弦 AB 的切线(见图 3-2),但若罗尔定理的第 3 个条件不满足,即 $f(a)\neq f(b)$. 这时是否能在曲线 $y=f(x)$上找到一点,使得曲线在该点的切线仍平行于曲线弧两端点的连线呢?

由于直线 AB 的斜率等于 $\dfrac{f(b)-f(a)}{b-a}$,而 $f'(x)$表示曲线 $y=f(x)$上横坐标为 x 的点处的切线的斜率,因此上面的问题又可叙述为:在开区间(a, b)内能否找到一点 ξ,使得

$$f'(\xi)=\frac{f(b)-f(a)}{b-a}$$

或 $$f(b)-f(a)=f'(\xi)(b-a).$$

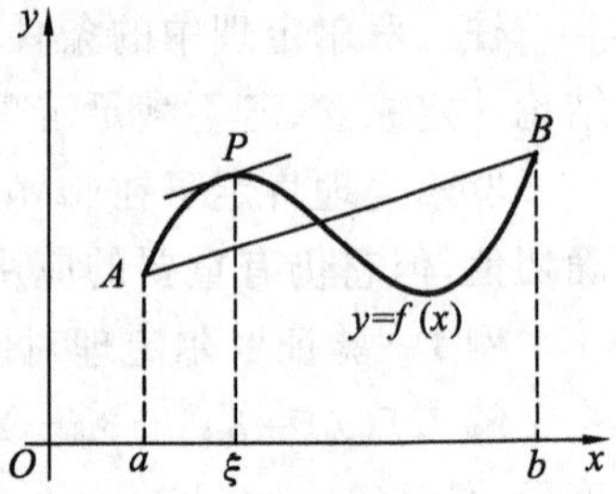

图 3-3

从图 3-3 明显可以看到,这样的点 ξ 是存在的,于是得到又一个很重要的定理.

三、拉格朗日中值定理

定理 2(拉格朗日中值定理) 如果函数 $y=f(x)$在闭区间$[a, b]$上连续,在开区间(a, b)内可导,则在(a, b)内至少存在一点 ξ,使得

$$f(b)-f(a)=f'(\xi)(b-a).$$

证 显然 $f(a)=f(b)$时,拉格朗日定理就转化成罗尔定理,因此罗尔定理是拉格朗日定理的特殊情形,而拉格朗日定理是罗尔定理的推广. 于是,可以构造一个函数 $g(x)$,使得 $g(x)$满足罗尔定理的条件,且 $g'(x)=(b-a)f'(x)-[f(b)-f(a)]$. 这样的 $g(x)$有很多,例如,

$$g(x)=(b-a)f(x)-[f(b)-f(a)]x,$$

不难验证 $g(x)$在$[a, b]$上连续,在(a, b)内可导,且

$$g(a)=bf(a)-af(b)=g(b).$$

由罗尔定理知,存在 $\xi\in(a, b)$,使 $g'(\xi)=0$,即

$$f(b)-f(a)=f'(\xi)(b-a).$$

拉格朗日定理的几何解释:一段连接点$(a, f(a))$与点$(b, f(b))$的连续曲线弧上,除两端点外如果都有非铅直的切线,那么这些切线中至少有一条是与连接两端点的弦平行的. 如图 3-3 中点 P 处的切线.

公式 $f(b)-f(a)=f'(\xi)(b-a) \quad (a<\xi<b)$，称为**微分中值公式或拉格朗日中值公式**.

如果 $b<a$，而 $f(x)$ 在 $[b, a]$ 上连续，在 (b, a) 内可导，则由拉格朗日定理有

$$f(a)-f(b)=f'(\xi)(a-b) \quad (b<\xi<a).$$

因此，不论 $a<b$，还是 $b<a$，我们都可以将微分中值公式写成

$$f(b)-f(a)=f'(\xi)(b-a) \quad (\xi \text{在} a \text{与} b \text{之间}).$$

由于 ξ 在 a 与 b 之间，所以也可以写成 $\xi=a+\theta(b-a) \quad (0<\theta<1)$，即

$$f(b)-f(a)=f'[a+\theta(b-a)](b-a) \quad (0<\theta<1).$$

如果函数 $y=f(x)$ 在由 x，$x+\Delta x$ 所构成的区间上满足拉格朗日定理的条件，那么就有

$$\Delta y=f(x+\Delta x)-f(x)=f'(x+\theta\Delta x)\Delta x \quad (0<\theta<1),$$

这个公式称为有限增量公式，它准确地表达了函数在一个区间上的增量与函数在区间内某点处的导数之间的关系.

由导数知识知，常数的导数恒等于零；但反过来，导数为零的函数是否为常数呢？回答是肯定的，这就是下面所述的推论 1.

推论 1 如果函数 $f(x)$ 在区间 (a, b) 内每一点 x 处都有 $f'(x)=0$，则 $f(x)$ 在 (a, b) 内是一个常数.

注 推论 1 中的区间 (a,b) 可换成 $[a,b]$，$(a,+\infty)$，$[a, b)$，$(-\infty,+\infty)$ 等任何区间.

由推论 1 立即可得下面的推论 2.

推论 2 如果在 (a, b) 内每一点 x 处都有 $f'(x)=g'(x)$，则在 (a, b) 内 $f(x)$ 与 $g(x)$ 仅相差一个常数，即

$$f(x)=g(x)+C,\ x\in(a, b),$$

其中 C 是某个常数.

证 因为在 (a, b) 内每一点 x 处都有 $[f(x)-g(x)]'=f'(x)-g'(x)=0$，所以由推论 1 知 $f(x)-g(x)$ 在 (a, b) 内是一个常数，记作 C，即

$$f(x)-g(x)=C,\ x\in(a, b),$$

于是

$$f(x)=g(x)+C,\ x\in(a, b).$$

我们知道“两个函数恒等，那么它们的导数相等”，由推论 2 得到“两个函数的导数恒等，那么它们至多相差一个常数”. 这个结论在积分学中经常用到.

例 4 证明恒等式：$\arcsin x+\arccos x=\dfrac{\pi}{2} \quad (-1\leqslant x\leqslant 1)$.

证 设 $f(x)=\arcsin x+\arccos x$，则 $f'(x)=\dfrac{1}{\sqrt{1-x^2}}-\dfrac{1}{\sqrt{1-x^2}}=0$，从而在

$(-1, 1)$内,$f(x)\equiv C$(常数).

因为 $f(0)=\frac{\pi}{2}$,所以 $f(x)\equiv\frac{\pi}{2}, x\in(-1, 1)$.

又因为
$$f(-1)=f(1)=\frac{\pi}{2},$$
所以
$$\arcsin x+\arccos x=\frac{\pi}{2}\quad(-1\leqslant x\leqslant 1).$$

例 5 证明不等式:$|\arctan a-\arctan b|\leqslant|a-b|$.

证 设函数 $f(x)=\arctan x$,则 $f(x)$在$(-\infty, +\infty)$内处处连续,处处可导.所以在以 a 和 b 为端点的区间上,函数 $f(x)$满足拉格朗日定理的条件,从而
$$\arctan a-\arctan b=f'(\xi)(a-b)\ (\xi \text{ 在 } a \text{ 与 } b \text{ 之间}).$$
因为
$$f'(x)=\frac{1}{1+x^2},$$
$$f'(\xi)=\frac{1}{1+\xi^2}\leqslant 1,$$
从而
$$|\arctan a-\arctan b|=\frac{|a-b|}{1+\xi^2}\leqslant|a-b|.$$

习题 3-1

1. 验证罗尔定理对函数 $f(x)=x^3+4x^2-7x-10$ 在闭区间$[-1, 2]$上的正确性.

2. 验证拉格朗日定理对函数 $f(x)=\ln x$ 在闭区间$[1, \mathrm{e}]$上的正确性;

3. 设函数 $f(x)$在区间$[1, 2]$上有二阶导数,且 $f(2)=f(1)=0$,又 $F(x)=(x-1)^2 f(x)$,则在区间$(1, 2)$内至少有一点 ξ,使得 $F''(\xi)=0$.

4. 应用拉格朗日定理证明下列不等式:

(1) 当 $b>a>0$, $n>1$ 时,$nb^{n-1}(a-b)<a^n-b^n<na^{n-1}(a-b)$;

(2) 当 $x\neq 0$ 时,$\mathrm{e}^x>1+x$.

5. 证明恒等式:$\arctan x\equiv\arcsin\frac{x}{\sqrt{1+x^2}}$.

6. 设 $f(x)$, $g(x)$均为可微函数,$f(0)=g(0)$,且当 $x>0$ 时,有 $f'(x)>g'(x)$,试证当 $x>0$ 时,恒有 $f(x)>g(x)$.

7. 证明:方程 $x^9+2x^6+x^2-3=0$ 有且仅有一个正根.

第二节 洛必达法则

如果当 x 趋于 x_0（或 x 趋于 ∞）时，函数 $f(x)$ 与 $g(x)$ 都是无穷小量，且 $g(x)\neq 0$，则称 $\frac{f(x)}{g(x)}$ 是当 x 趋于 x_0（或 x 趋于 ∞）时的 $\frac{0}{0}$ **型未定式**. 如果当 x 趋于 x_0（或 x 趋于 ∞）时，$f(x)$ 与 $g(x)$ 都趋于 ∞，则称 $\frac{f(x)}{g(x)}$ 是当 x 趋于 x_0（或 x 趋于 ∞）时的 $\frac{\infty}{\infty}$ **型未定式**. 之所以称 $\frac{f(x)}{g(x)}$ 为未定式，是因为这时 $\frac{f(x)}{g(x)}$ 的极限可能存在，也可能不存在.

应用初等方法确定这种未定式的极限是相当困难的，这时极限的除法运算法则已不能直接运用. 下面给出一个简便而有效的方法来计算未定式的极限.

一、$\frac{0}{0}$ 型未定式的极限

定理 1（洛必达（L'Hospital）法则） 若函数 $f(x)$ 和 $g(x)$ 满足下列条件：

(1) $\lim\limits_{x\to x_0} f(x)=0$，$\lim\limits_{x\to x_0} g(x)=0$；

(2) 在点 x_0 的某去心邻域内可导，且 $g'(x)\neq 0$；

(3) $\lim\limits_{x\to x_0}\frac{f'(x)}{g'(x)}=l$（其中 l 为有限数或 ∞），

则
$$\lim_{x\to x_0}\frac{f(x)}{g(x)}=\lim_{x\to x_0}\frac{f'(x)}{g'(x)}=l.$$

对于 x 趋于 ∞ 的情形，上述洛必达法则可改为下面的定理.

定理 2 设函数 $f(x)$ 和 $g(x)$ 满足下列条件：

(1) $\lim\limits_{x\to \infty} f(x)=0$，$\lim\limits_{x\to \infty} g(x)=0$；

(2) 存在某个正数 X，当 $|x|>X$ 时，$f(x)$ 与 $g(x)$ 都可导，且 $g'(x)\neq 0$；

(3) $\lim\limits_{x\to \infty}\frac{f'(x)}{g'(x)}=l$（其中 l 为有限数或 ∞），

则
$$\lim_{x\to \infty}\frac{f(x)}{g(x)}=\lim_{x\to \infty}\frac{f'(x)}{g'(x)}=l.$$

上述洛必达法则把求未定式 $\frac{f(x)}{g(x)}$ 的极限转化为求分子与分母的导数比 $\frac{f'(x)}{g'(x)}$ 的极限. 如果 $\frac{f'(x)}{g'(x)}$ 当 x 趋于 x_0（或 x 趋于 ∞）时还是 $\frac{0}{0}$ 型的未定式，并且导函数 $f'(x)$ 与 $g'(x)$ 仍满足定理中的条件，则可继续使用洛必达法则，即

$$\lim\frac{f(x)}{g(x)}=\lim\frac{f'(x)}{g'(x)}=\lim\frac{f''(x)}{g''(x)}.$$

依此类推,直到计算出极限为止.这里用“lim”表示$\lim\limits_{x\to x_0}$或$\lim\limits_{x\to\infty}$.但是,必须注意在每次应用洛必达法则时都要验证是否满足定理中的条件.

注 对$x\to x_0^+$,$x\to x_0^-$,$x\to+\infty$和$x\to-\infty$的情形,也有相应的洛必达法则.

例1 求极限$\lim\limits_{x\to 0}\dfrac{e^{2x}-1}{\ln(1+x)}$.

解 这是$\dfrac{0}{0}$型未定式,满足定理1中的条件,应用洛必达法则,得

$$\lim_{x\to 0}\frac{e^{2x}-1}{\ln(1+x)}=\lim_{x\to 0}\frac{2e^{2x}}{\frac{1}{1+x}}=2.$$

例2 求极限$\lim\limits_{x\to 1}\dfrac{x^3-3x+2}{x^3-x^2-x+1}$.

解 这是$\dfrac{0}{0}$型未定式,连续应用洛必达法则,得

$$\lim_{x\to 1}\frac{x^3-3x+2}{x^3-x^2-x+1}=\lim_{x\to 1}\frac{3x^2-3}{3x^2-2x-1}=\lim_{x\to 1}\frac{6x}{6x-2}=\frac{3}{2}.$$

注 上式中$\lim\limits_{x\to 1}\dfrac{6x}{6x-2}$已经不是未定式,不能再对它应用洛必达法则.

例3 求极限$\lim\limits_{x\to 0}\dfrac{\tan x-x}{x-\sin x}$.

解 这是$\dfrac{0}{0}$型未定式,应用洛必达法则,得

$$\lim_{x\to 0}\frac{\tan x-x}{x-\sin x}=\lim_{x\to 0}\frac{\sec^2 x-1}{1-\cos x}=\lim_{x\to 0}\frac{2\sec^2 x\tan x}{\sin x}=\lim_{x\to 0}\frac{2}{\cos^3 x}=2.$$

例4 求极限$\lim\limits_{x\to+\infty}\dfrac{\frac{\pi}{2}-\arctan x}{\frac{1}{x}}$.

解 这是$\dfrac{0}{0}$型未定式,应用洛必达法则,得

$$\lim_{x\to+\infty}\frac{\frac{\pi}{2}-\arctan x}{\frac{1}{x}}=\lim_{x\to+\infty}\frac{-\frac{1}{1+x^2}}{-\frac{1}{x^2}}=\lim_{x\to+\infty}\frac{x^2}{1+x^2}=\lim_{x\to+\infty}\frac{1}{1+\frac{1}{x^2}}=1.$$

例5 求$\lim\limits_{x\to 0}\dfrac{\sin x}{x^2}$.

解 这是$\dfrac{0}{0}$型未定式,应用洛必达法则,得

$$\lim_{x\to 0}\frac{\sin x}{x^2}=\lim_{x\to 0}\frac{\cos x}{2x}=\infty.$$

二、$\frac{\infty}{\infty}$型未定式的极限

对于$\frac{\infty}{\infty}$型未定式，上述洛必达法则依然成立. 这里仅对 x 趋于 x_0 的情形进行叙述.

定理 3 设函数 $f(x)$与 $g(x)$满足下列条件：

(1) $\lim\limits_{x\to x_0} f(x)=\infty$，$\lim\limits_{x\to x_0} g(x)=\infty$；

(2) $f(x)$与 $g(x)$在点 x_0 的某去心邻域内可导，且 $g'(x)\neq 0$；

(3) $\lim\limits_{x\to x_0}\frac{f'(x)}{g'(x)}=l$(其中 l 为有限数或∞)，

则
$$\lim_{x\to x_0}\frac{f(x)}{g(x)}=\lim_{x\to x_0}\frac{f'(x)}{g'(x)}=l.$$

例 6 求极限 $\lim\limits_{x\to+\infty}\frac{x^n}{e^{\lambda x}}(\lambda>0, n$ 为正整数$)$.

解 这是$\frac{\infty}{\infty}$型未定式，连续应用洛必达法则 n 次，得

$$\lim_{x\to+\infty}\frac{x^n}{e^{\lambda x}}=\lim_{x\to+\infty}\frac{nx^{n-1}}{\lambda e^{\lambda x}}=\cdots=\lim_{x\to+\infty}\frac{n!}{\lambda^n e^{\lambda x}}=0.$$

例 6 说明，当 x 趋于$+\infty$时，无论 n 为多么大的正整数，x^n 趋向于无穷大的速度总比 $e^{\lambda x}(\lambda>0)$慢得多.

例 7 求极限 $\lim\limits_{x\to+\infty}\frac{\ln x}{x^\mu}(\mu>0)$.

解 这是$\frac{\infty}{\infty}$型未定式，应用洛必达法则，得

$$\lim_{x\to+\infty}\frac{\ln x}{x^\mu}=\lim_{x\to+\infty}\frac{\frac{1}{x}}{\mu x^{\mu-1}}=\lim_{x\to+\infty}\frac{1}{\mu x^\mu}=0.$$

这个结果说明，当 x 趋于$+\infty$时，不论 μ 是怎样小的正常数，x^μ 趋向于无穷大的速度总比 $\ln x$ 快得多.

注 综合例 6 与例 7，当 x 趋向于正无穷大时，在对数函数、幂函数和指数函数三者之中以对数函数 $\ln x$ 趋向无穷大的速度最慢，指数函数 $e^{\lambda x}$ 趋向无穷大的速度最快.

例 8 求极限$\lim\limits_{x\to\infty}\frac{x+\sin x}{x}$.

解 这是$\frac{\infty}{\infty}$型未定式，但对分子和分母分别求导后，得

$$\lim_{x\to\infty}\frac{x+\sin x}{x}=\lim_{x\to\infty}(1+\cos x).$$

上式右边的极限不存在,若据此推得左边的极限也不存在,则是错误的. 因为该极限不满足定理 3 中的条件(3),因此,不能用洛必达法则求该极限(洛必达法则失效). 事实上,

$$\lim_{x\to\infty}\frac{x+\sin x}{x}=\lim_{x\to\infty}\left(1+\frac{\sin x}{x}\right)=1.$$

三、其他未定式的极限

除了$\frac{0}{0}$型与$\frac{\infty}{\infty}$型的未定式外,还有 $0\cdot\infty$,$\infty-\infty$, 0^0, 1^∞,∞^0 等类型的未定式. 这些未定式都可以通过一些初等变形,转化成$\frac{0}{0}$或$\frac{\infty}{\infty}$型未定式计算.

(1) 如果$\lim\limits_{x\to x_0} f(x)=0$, $\lim\limits_{x\to x_0} g(x)=\infty$,则乘积$f(x)g(x)$就是当 x 趋向 x_0 时的 $0\cdot\infty$型未定式. 这时若将 $f(x)g(x)$写成

$$f(x)g(x)=\frac{f(x)}{\dfrac{1}{g(x)}}\text{或}\frac{g(x)}{\dfrac{1}{f(x)}},$$

它就转化成了$\frac{0}{0}$型或$\frac{\infty}{\infty}$型未定式.

(2) 如果$\lim\limits_{x\to x_0} f(x)=\infty$, $\lim\limits_{x\to x_0} g(x)=\infty$,则差 $f(x)-g(x)$是当 x 趋向 x_0 时的$\infty-\infty$型未定式. 这时若将 $f(x)-g(x)$写成

$$f(x)-g(x)=\frac{1}{\dfrac{1}{f(x)}}-\frac{1}{\dfrac{1}{g(x)}}=\frac{\dfrac{1}{g(x)}-\dfrac{1}{f(x)}}{\dfrac{1}{f(x)}\cdot\dfrac{1}{g(x)}},$$

它就转化成了$\frac{0}{0}$型未定式.

(3) 若 $y=f(x)^{g(x)}$ 为 0^0,1^∞ 或∞^0 型未定式,则可通过取对数的方法,即

$$\ln y=g(x)\ln f(x),$$

将 $f(x)^{g(x)}$ 转化成 $0\cdot\infty$型的未定式. 此时,

$$\lim f(x)^{g(x)}=\lim \mathrm{e}^{g(x)\ln f(x)}.$$

例 9 求极限 $\lim\limits_{x\to-\infty} x^2\mathrm{e}^x$.

解 这是 $0\cdot\infty$型未定式,若将它写成

$$x^2\mathrm{e}^x=\frac{x^2}{\mathrm{e}^{-x}},$$

就转化成了$\frac{\infty}{\infty}$型未定式. 故有

$$\lim_{x\to-\infty} x^2\mathrm{e}^x=\lim_{x\to-\infty}\frac{x^2}{\mathrm{e}^{-x}}=\lim_{x\to-\infty}\frac{2x}{-\mathrm{e}^{-x}}=\lim_{x\to-\infty}\frac{2}{\mathrm{e}^{-x}}=0.$$

例 10　求极限$\lim\limits_{x\to\frac{\pi}{2}}(\sec x-\tan x)$.

解　这是$\infty-\infty$型未定式. 由于

$$\sec x-\tan x=\frac{1-\sin x}{\cos x},$$

当$x\to\frac{\pi}{2}$时,上式右端是$\frac{0}{0}$型未定式. 应用洛必达法则,得

$$\lim_{x\to\frac{\pi}{2}}(\sec x-\tan x)=\lim_{x\to\frac{\pi}{2}}\frac{1-\sin x}{\cos x}=\lim_{x\to\frac{\pi}{2}}\frac{\cos x}{\sin x}=0.$$

例 11　求极限$\lim\limits_{x\to 1}x^{\frac{1}{1-x}}$.

解　这是1^{∞}型未定式. 令$y=x^{\frac{1}{1-x}}$,两边取对数,得

$$\ln y=\frac{\ln x}{1-x}.$$

当x趋于 1 时,上式右端是$\frac{0}{0}$型未定式,由于

$$\lim_{x\to 1}\frac{\ln x}{1-x}=\lim_{x\to 1}\frac{\frac{1}{x}}{-1}=-1,$$

所以

$$\lim_{x\to 1}x^{\frac{1}{1-x}}=\lim_{x\to 1}\mathrm{e}^{\frac{\ln x}{1-x}}=\mathrm{e}^{-1}.$$

例 12　求极限$\lim\limits_{x\to 0^+}x^{\sin x}$.

解　这是0^0型未定式. 由于$x^{\sin x}=\mathrm{e}^{\sin x\ln x}$,因此

$$\lim_{x\to 0^+}x^{\sin x}=\lim_{x\to 0^+}\mathrm{e}^{\sin x\ln x}=\mathrm{e}^{\lim\limits_{x\to 0^+}\sin x\ln x}=\mathrm{e}^{\lim\limits_{x\to 0^+}\frac{\ln x}{\frac{1}{\sin x}}}=\mathrm{e}^{\lim\limits_{x\to 0^+}\frac{-\sin x}{x}\cdot\frac{\sin x}{\cos x}}=\mathrm{e}^0=1,$$

例 13　求极限$\lim\limits_{x\to 0^+}(\cot x)^x$.

解　这是∞^0型未定式. 由于$(\cot x)^x=\mathrm{e}^{x\ln\cot x}$,因此

$$\lim_{x\to 0^+}(\cot x)^x=\mathrm{e}^{\lim\limits_{x\to 0^+}x\ln\cot x}=\mathrm{e}^{\lim\limits_{x\to 0^+}\frac{\ln\cot x}{\frac{1}{x}}}=\mathrm{e}^{\lim\limits_{x\to 0^+}\frac{x^2}{\sin^2 x}\tan x}=\mathrm{e}^0=1.$$

例 14　求极限$\lim\limits_{x\to 0}\frac{\tan x-x}{x^2\sin x}$.

解　原式$=\lim\limits_{x\to 0}\frac{\tan x-x}{x^3}$(当$x\to 0$时,$\sin x\sim x$)

$$=\lim_{x\to 0}\frac{\sec^2 x-1}{3x^2}=\lim_{x\to 0}\frac{2\sec^2 x\tan x}{6x}=\frac{1}{3}\lim_{x\to 0}\sec^3 x\cdot\lim_{x\to 0}\frac{\sin x}{x}=\frac{1}{3}.$$

注　洛必达法则是求未定式极限的一种有效方法,但用洛必达法则解题时要注意以下四点:

(1) 只有$\frac{0}{0}$型或$\frac{\infty}{\infty}$型未定式才能直接应用,且应用时必须验证条件;

(2) 其他型未定式($0\cdot\infty,\infty-\infty,0^0,\infty^0,1^\infty$)须转化为$\frac{0}{0}$或$\frac{\infty}{\infty}$型未定式,再应用洛必达法则;

(3) 洛必达法则应尽量与等价无穷小量代换和重要极限等结合使用,且在连续使用洛必达法则时必须先化简,这样可以简化运算.

(4) 在应用洛必达法则失效时,并不能断定原极限不存在.

习题 3-2

1. 计算下列极限:

(1) $\lim\limits_{x\to 0}\frac{e^x-e^{-x}}{\sin x}$; (2) $\lim\limits_{x\to 0}\frac{\tan x-x}{x-\sin x}$;

(3) $\lim\limits_{x\to 0}\frac{e^{\alpha x}-\cos\alpha x}{e^{\beta x}-\cos\beta x}$; (4) $\lim\limits_{x\to\frac{\pi}{4}}\frac{\tan x-1}{\sin 4x}$;

(5) $\lim\limits_{x\to 0^+}\frac{\ln\tan 7x}{\ln\tan 2x}$; (6) $\lim\limits_{x\to\frac{\pi}{2}}\frac{\tan x}{\tan 3x}$;

(7) $\lim\limits_{x\to\infty}x(e^{-\frac{1}{x}}-1)$; (8) $\lim\limits_{x\to 1}\left(\frac{x}{x-1}-\frac{1}{\ln x}\right)$;

(9) $\lim\limits_{x\to\frac{\pi}{2}^-}(\cos x)^{\frac{\pi}{2}-x}$; (10) $\lim\limits_{x\to\infty}\left(\cos\frac{1}{x}\right)^x$;

(11) $\lim\limits_{x\to\frac{\pi}{2}^-}(\tan x)^{2x-\pi}$; (12) $\lim\limits_{x\to 1^-}\ln x\ln(1-x)$.

2. 下列极限是否存在?是否可用洛必达法则?为什么?若有极限,求其极限值.

(1) $\lim\limits_{x\to 0}x\sin\frac{k}{x}$; (2) $\lim\limits_{x\to 0}\frac{x^2\cos\frac{1}{x}}{\sin x}$;

(3) $\lim\limits_{x\to\infty}\frac{x-2\cos x}{x+2\cos x}$.

第三节　函数的单调性和极值

函数的单调性质和极值是函数图形的重要性态,而用定义直接判断一个函数在所给区间上单调增加或单调减少往往是很困难的.本节将借助函数导数的符号来判断函数的单调性,并进一步求出函数的极值.

一、函数的单调性

设函数 $f(x)$在$[a,b]$上连续,在(a,b)内可导.观察图 3-4 及图 3-5.

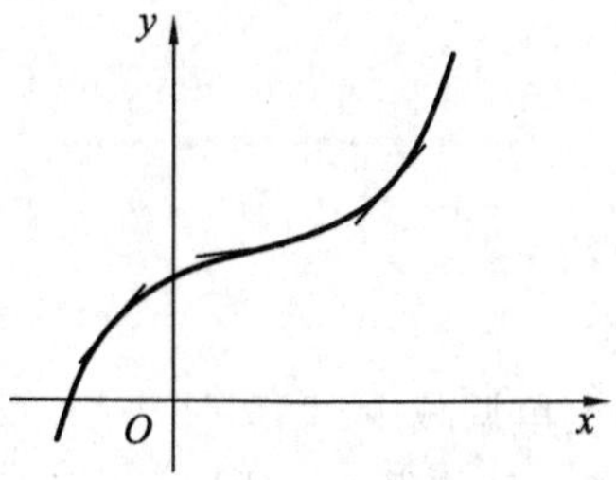

图 3-4

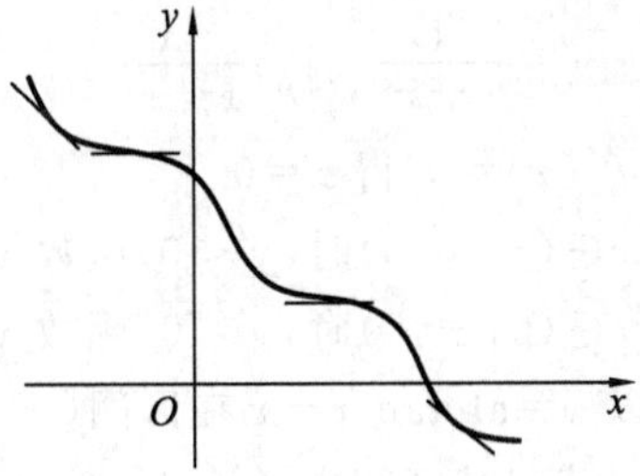

图 3-5

在图 3-4 中，曲线所表示的函数 $y=f(x)$ 单调增加，曲线上任一点的切线与 x 轴的夹角均为锐角，即切线的斜率 $f'(x)\geqslant 0$（$f'(x)=0$ 只在个别点处成立）. 在图 3-5 中，曲线所表示的函数 $y=f(x)$ 单调减少，曲线上任一点的切线与 x 轴的夹角均为钝角，切线的斜率 $f'(x)\leqslant 0$（$f'(x)=0$ 只在个别点处成立）. 从这两个图形中，不难发现可导函数在一个区间上的单调性与其一阶导数的符号有关. 但是，函数 $y=f(x)$ 的单调性能否用它的导数来判断呢？根据拉格朗日定理，不难推出函数单调性的判定定理.

定理 1　设函数 $f(x)$ 在闭区间 $[a,b]$ 上连续，在开区间 (a,b) 内可导，

(1) 若在 (a,b) 内 $f'(x)>0$，则 $f(x)$ 在 $[a,b]$ 上单调增加；

(2) 若在 (a,b) 内 $f'(x)<0$，则 $f(x)$ 在 $[a,b]$ 上单调减少.

证　在 $[a,b]$ 上任取两点 x_1,x_2（不妨设 $x_1<x_2$），在闭区间 $[x_1,x_2]$ 上应用拉格朗日中值定理，得

$$f(x_2)-f(x_1)=f'(\xi)(x_2-x_1)\ (x_1<\xi<x_2).$$

(1) 若在 (a,b) 内 $f'(x)>0$，则 $f'(\xi)>0$，从而 $f(x_2)-f(x_1)>0$. 即对 $[a,b]$ 上任意的 x_1,x_2，当 $x_1<x_2$ 时，$f(x_1)<f(x_2)$ 成立. 所以 $f(x)$ 在 $[a,b]$ 上单调增加.

(2) 若在 (a,b) 内 $f'(x)<0$，则 $f'(\xi)<0$，从而 $f(x_2)-f(x_1)<0$. 即对 $[a,b]$ 上任意的 x_1,x_2，当 $x_1<x_2$ 时，$f(x_1)>f(x_2)$ 成立. 所以 $f(x)$ 在 $[a,b]$ 上单调减少.

注　(1) 在定理 1 中，如果将闭区间 $[a,b]$ 换为其他区间（包括无穷区间），定理 1 的结果仍然成立.

(2) 定理 1 表明，要找出可导函数的单调区间，只要求出这个函数的导数，再根据导数的符号就能确定函数的单调区间. 单调区间的分界点要么是导数的零点，要么是导数不存在的点. 因此可按下述步骤讨论函数的单调性：

① 确定连续函数 $f(x)$ 的定义域；

② 求出方程 $f'(x)=0$ 的根及 $f'(x)$ 不存在的点，按这些点从小到大的顺序将定义域分成若干个部分区间；

③ 判断 $f'(x)$ 在每个部分区间内的符号，就可确定函数 $f(x)$ 的单调性.

例 1　讨论 $y=\arctan x-x$ 的单调性.

解 $y'=\frac{1}{1+x^2}-1=\frac{-x^2}{1+x^2}$.

令 $f'(x)=0$,得 $x=0$.

当 $x\in(-\infty,0)$时,$y'<0$,函数 y 单调减少;

当 $x\in(0,+\infty)$时,$y'<0$,函数 y 单调减少.

所以 $y=\arctan x-x$ 在区间$(-\infty,+\infty)$上单调减少.

注 若在某区间内 $f'(x)\geqslant 0$(或 $f'(x)\leqslant 0$),且使得 $f'(x)=0$ 的点只有有限个,则 $f(x)$在该区间上单调增加(减少).

例 2 确定函数 $f(x)=2x^3-9x^2+12x-3$ 的单调区间.

解 该函数在其定义区间$(-\infty,+\infty)$上连续,且有连续导数

$$f'(x)=6x^2-18x+12=6(x-1)(x-2).$$

令 $f'(x)=0$,得 $x=1$ 或 2.

在区间$(-\infty,1)$内 $f'(x)>0$,$f(x)$单调增加;

在区间$(1,2)$内 $f'(x)<0$,$f(x)$单调减少;

在区间$(2,+\infty)$内 $f'(x)>0$,$f(x)$单调增加.

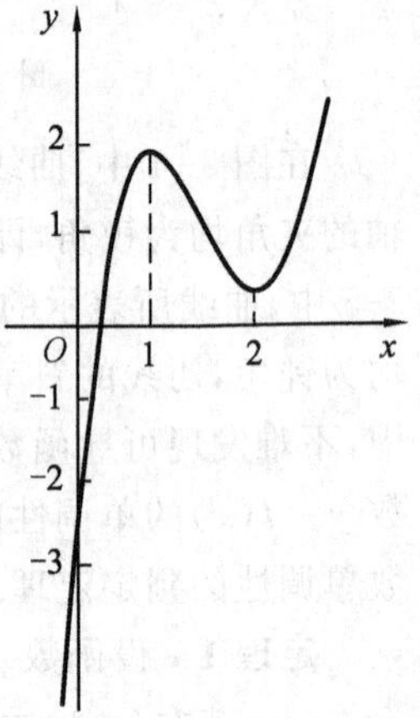

图 3-6

现将上述讨论采用表 3-1 表述.

表 3-1

x	$(-\infty,1)$	1	$(1,2)$	2	$(2,+\infty)$
$f'(x)$	+	0	−	0	+
$f(x)$	单增↗	2	单减↘	1	单增↗

所以,函数 $f(x)$的单调增加的区间为$(-\infty,1]$和$[2,+\infty)$;单调减少的区间为$(1,2)$.

函数 $y=f(x)$的图形如图 3-6 所示.

例 3 证明不等式:当 $x>1$ 时,$\ln x>\frac{2(x-1)}{x+1}$.

证 作辅助函数 $f(x)=\ln x-\frac{2(x-1)}{x+1}$,其中 $x\in[1,+\infty)$. 则当 $x>1$ 时,有

$$f'(x)=\frac{1}{x}-\frac{4}{(x+1)^2}=\frac{(x-1)^2}{x(x+1)^2}>0.$$

所以,当 $x>1$ 时,$f'(x)>0$,$f(x)$单调增加.

因此,当 $x>1$ 时,$f(x)>f(1)=0$,即 $\ln x-\frac{2(x-1)}{x+1}>0$.

从而，当 $x>1$ 时，$\ln x>\dfrac{2(x-1)}{x+1}$.

二、函数的极值

通常如果某个函数在其定义区间内既有单调增加的部分又有单调减少的部分，这时曲线段就会在某些点处呈现出如山峰的顶或山谷的底. 如图 3-7 所示，$x=x_2,x_4$ 处曲线段为峰顶，这些点的函数值总是比它们左右邻近点的函数值大；而 $x=x_1,x_3,x_5$ 处的曲线段为谷底，这些点的函数值总是比它们左右邻近点的函数值小. 具有这种性质的点在实际应用中有着重要的意义.

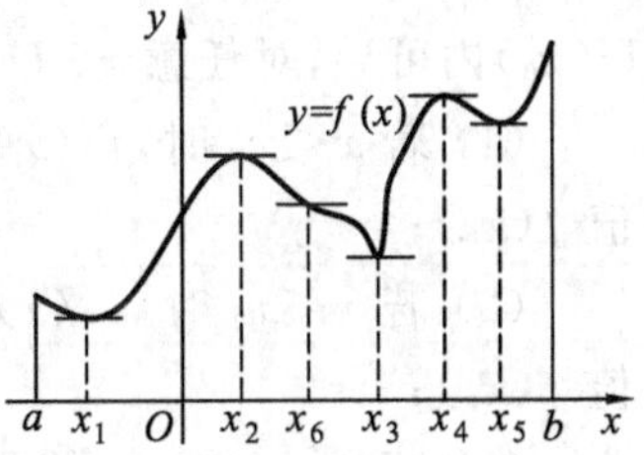

图 3-7

定义 1　设 $f(x)$ 在 x_0 的某邻域 $U(x_0)$ 内有定义，如果对任一 $x\in\mathring{U}(x_0)$，有 $f(x)<f(x_0)$，则称 x_0 为 $f(x)$ 的**极大值点**，$f(x_0)$ 为 $f(x)$ 的**极大值**；如果对任一 $x\in\mathring{U}(x_0)$，有 $f(x)>f(x_0)$，则称 x_0 为 $f(x)$ 的**极小值点**，$f(x_0)$ 为 $f(x)$ 的**极小值**.

函数的极大值与极小值统称为函数的**极值**，使函数取得极值的点统称为函数的**极值点**.

函数极值的概念是局部性的，仅就某点的邻域来考虑. 如图 3-7 所示，函数 $y=f(x)$ 中的 x_1,x_3,x_5 是极小值点，x_2,x_4 是极大值点，而 $f(x_2)<f(x_5)$. 可见，在同一函数中，极小值可能大于它的极大值.

如果按定义来寻求 $f(x)$ 的极值往往是很困难的，但是由图 3-7 可以发现，如果 $f(x)$ 在极值点 x_0 处有导数，一定有 $f'(x_0)=0$；极值点 x_0 是函数由单调增加变为单调减少或由单调减少变为单调增加的转折点，即 $f'(x)$ 经 $f'(x_0)$ 后由正变负或由负变正. 由此得到函数取得极值的必要条件和充分条件如下.

定理 2(必要条件)　设函数 $f(x)$ 在 x_0 处可导，且在 x_0 处取得极值，则 $f'(x_0)=0$.

定理 2 就是第三章第一节的费马引理.

通常称一阶导数为零的点(即 $f'(x)=0$ 的实根)为函数的**驻点**.

注　(1) 可导函数的极值点必定是它的驻点.

(2) 函数的驻点却不一定是极值点.

例如，$f(x)=x^3$ 在区间$(-\infty,+\infty)$上单调增加，$x=0$ 是这个函数的驻点，但不是极值点. 从而定理 2 是可导函数取得极值的必要条件，而不是充分条件.

(3) 导数不存在的点，也可能是函数的极值点.

例如，容易验证 $f(x)=|x|$ 在 $x=0$ 处导数不存在，但 $x=0$ 是函数的极小值点，函数在该点取得极小值 $f(0)=0$.

因此,函数的极值点一定是函数的驻点或导数不存在的点.但是,驻点或导数不存在的点却不一定是函数的极值点.那么,如何判别驻点或导数不存在的点是否为极值点呢?下面引入判别函数极值点的两个充分条件.

定理3(充分条件Ⅰ) 设函数 $f(x)$ 在 x_0 处连续,且在 x_0 的某去心邻域 $\mathring{U}(x_0)$ 内可导,对任意 $x\in\mathring{U}(x_0)$,有

(1) 若 $x<x_0$ 时,$f'(x)>0$;$x>x_0$ 时,$f'(x)<0$,则 $f(x)$ 在 x_0 处取得极大值 $f(x_0)$;

(2) 若 $x<x_0$ 时,$f'(x)<0$;$x>x_0$ 时,$f'(x)>0$,则 $f(x)$ 在 x_0 处取得极小值 $f(x_0)$;

(3) 若 $f'(x)$ 在 x_0 的两侧不变号,则 x_0 不是极值点.

定理4(充分条件Ⅱ) 设函数 $f(x)$ 在 x_0 处有二阶导数,且 $f'(x_0)=0$,$f''(x_0)\neq 0$,则

(1) 当 $f''(x_0)<0$ 时,函数 $f(x)$ 在 x_0 处取得极大值;

(2) 当 $f''(x_0)>0$ 时,函数 $f(x)$ 在 x_0 处取得极小值.

注 根据定理2和定理3或定理4,不难得到求极值的步骤:

(1) 求函数的导数,并求导数的零点(即驻点)及导数不存在的点;

(2) 应用定理3或定理4判定驻点及导数不存在的点是否为极值点,从而求出极值.

例4 求函数 $f(x)=x^3-3x^2-9x+1$ 的极值.

解 第一步,求驻点及导数不存在的点.由

$$f'(x)=3x^2-6x-9=3(x+1)(x-3),$$

令 $f'(x)=0$,得驻点 $x=-1$, $x=3$.(本题中没有导数不存在的点)

第二步,利用驻点及导数不存在的点,将函数 $f(x)$ 的定义域 $(-\infty,+\infty)$ 分成如下部分区间:

$$(-\infty,-1),\ (-1,\ 3),\ (3,+\infty).$$

第三步,在以上各区间内,判别 $f'(x)$ 的符号,并判断驻点及导数不存在点的是否为极值点.通常,列表给出 $f'(x)$ 的符号(见表3-2).

表3-2

x	$(-\infty,-1)$	-1	$(-1,3)$	3	$(3,+\infty)$
$f'(x)$	+	0	−	0	+
$f(x)$	↗	6 极大值	↘	−26 极小值	↗

表格中很清楚地显示出各区间内 $f'(x)$ 的符号及函数的单调增加和单调减少的性质，由定理 3 很容易从表 3-2 中判断出 $x=-1$ 是极大值点，$f(-1)=6$ 是极大值；$x=3$ 是极小值点，$f(3)=-26$ 是极小值.

例 5 求函数 $f(x)=2x^3-9x^2+12x-3$ 的极值.

解 函数 $f(x)$ 在 $(-\infty,+\infty)$ 内连续，且

$$f'(x)=6x^2-18x+12=6(x-1)(x-2).$$

令 $f'(x)=0$，得驻点 $x_1=1$，$x_2=2$. 又 $f''(x)=12x-18$，所以 $f''(1)=-6<0$，$x_1=1$ 为函数的极大值点；$f''(2)=6>0$，$x_2=2$ 为函数的极小值点.

因此，函数的极大值为 $f(1)=2$，极小值为 $f(2)=1$.

三、函数的最大值和最小值

在许多实际问题中常常会遇到各种各样的求某个函数的最大值或最小值的问题.

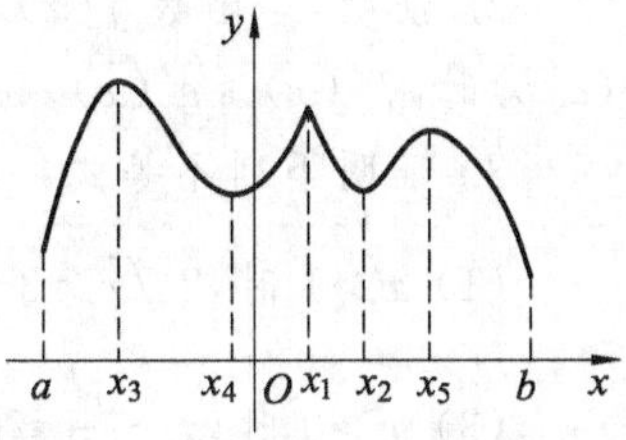

图 3-8

假设函数 $y=f(x)$ 在 $[a,b]$ 上连续，根据闭区间上连续函数的性质，$f(x)$ 在 $[a,b]$ 上必能取得最大值和最小值. 如果最大值（或最小值）在区间 (a,b) 内部取得，那么这个最大值（或最小值）一定也是函数的极大值（或极小值）. 但最大值（或最小值）也可能在区间的端点取得. 因此，通过比较 $f(x)$ 在开区间 (a,b) 内的所有极值及在区间的两个端点处函数值 $f(a)$，$f(b)$ 的大小，就可以求出 $f(x)$ 在 $[a,b]$ 上的最大值（或最小值）. 如图 3-8 所示，$f(x)$ 在 $[a,b]$ 上连续，极值点为 x_1,x_2,x_3,x_4,x_5，端点为 a,b. 比较以上各点函数值的大小，得到函数在 $x=b$ 处取得最小值，在 $x=x_3$ 处取得最大值.

注 (1) 对 $[a,b]$ 上的连续函数，也可以避免考虑在 (a,b) 内的极值点的判断，只需求出 (a,b) 内所有驻点及导数不存在点的函数值及两端点处的函数值，再比较其大小，即可得到函数的最大值和最小值.

(2) 当 $y=f(x)$ 在它的取值范围内只有一个极值时，这个极值若是极大（小）值，则其就是函数的最大（小）值. 这一结论在解决实际问题时非常有用.

例 6 求函数 $f(x)=x^4-8x^2-2$ 在 $[-1,4]$ 上的最大值和最小值.

解 令 $f'(x)=4x^3-16x=4x(x^2-4)=4x(x-2)(x+2)=0$，求得驻点 $x=0$ 或 -2 或 2.

由于 $x=-2$ 不在定义域中，舍去. 比较驻点及区间端点函数值的大小，

$$f(0)=-2, f(2)=-18, f(-1)=-9, f(4)=126.$$

因此，$f(x)$ 在 $x=2$ 处取得最小值 -18，在 $x=4$ 处取得最大值 126.

例 7 证明不等式 $x^\alpha-\alpha x\leqslant 1-\alpha\ (x>0, 0<\alpha<1)$.

证 设 $f(x)=x^{\alpha}-\alpha x-(1-\alpha)$,则 $f'(x)=\alpha x^{\alpha-1}-\alpha=\alpha(x^{\alpha-1}-1)$.

令 $f'(x)=0$,得唯一驻点 $x=1$.

当 $0<x<1$ 时,$f'(x)>0$;当 $x>1$ 时,$f'(x)<0$.

所以 $f(1)$是 $f(x)$在$(0,+\infty)$内的最大值,即 $f(x)\leqslant f(1)=0$,从而 $x^{\alpha}-\alpha x-(1-\alpha)\leqslant 0$,即 $x^{\alpha}-\alpha x\leqslant 1-\alpha(x>0,0<\alpha<1)$.

习题 3-3

1. 求下列函数的单调区间:

(1) $y=x^3-3x^2-9x+14$;　　(2) $y=\dfrac{x}{1+x^2}$;

(3) $y=\sqrt{2x-x^2}$;　　(4) $y=x-2\sin x,\ 0\leqslant x\leqslant 2\pi$;

(5) $y=x-\ln(1+x)$;　　(6) $y=x-e^x$.

2. 证明:若函数 $f(x),g(x)$在 a 点连续,在(a,b)内可导,且 $f(a)=g(a)$,$x\in(a,b)$时,$f'(x)>g'(x)$,则 $x\in(a,b)$时,$f(x)>g(x)$.

3. 证明下列不等式:

(1) $x>1$ 时,$2\sqrt{x}>3-\dfrac{1}{x}$;　　(2) $0<x<\dfrac{\pi}{2}$时,$\tan x>x+\dfrac{x^3}{3}$;

(3) $x>0$ 时,$x-\dfrac{x^2}{2}<\ln(1+x)<x$.

4. 求下列函数的极值:

(1) $y=\dfrac{(x-2)(x-3)}{x^2}$;　　(2) $y=\sqrt[3]{(x^2-a^2)^2}$(a 为正常数);

(3) $y=x+\sqrt{1-x}$;　　(4) $y=\cos x+\sin x\left(-\dfrac{\pi}{2}\leqslant x\leqslant\dfrac{\pi}{2}\right)$;

(5) $y=x^2e^{-x^2}$;　　(6) $y=x-\ln(1+x^2)$.

5. 证明方程 $e^x-x-1=0$ 只有一个实根.

6. 问常数 a 取何值时 $x=\dfrac{\pi}{3}$是函数 $f(x)=a\sin x+\dfrac{1}{3}\sin 2x$ 的极值点,它是极大值点还是极小值点?并求此极值.

7. 求出下列函数在指定区间上的最大值与最小值:

(1) $y=x+\cos x,\ x\in[0,2\pi]$;　　(2) $y=|x^2-3x+2|,\ x\in[-10,10]$;

(3) $y=xe^{-x^2},x\in(-\infty,+\infty)$.

第四节　曲线的凹凸性和拐点

函数的单调性反映在图形上,就是曲线的上升或下降.此外,曲线的另一个重要性态就是凹凸性. 如图 3-9 所示，观察函数的图形，曲线是向上弯曲的，称为是凹的. 凹的曲线段上连接任两点的弦总位于这两点间的弧段的上方. 如图 3-10 所示，观察函数的图形，曲线是向下弯曲的，称为是凸的. 凸的曲线段上连接任两点的弦总位于这两点间的弧段的下方.

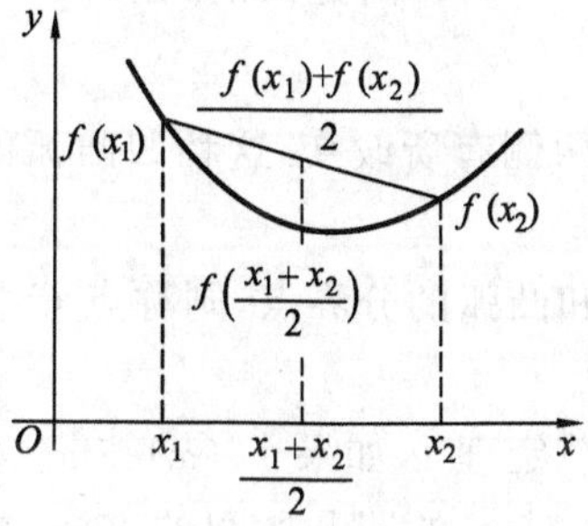

图 3-9

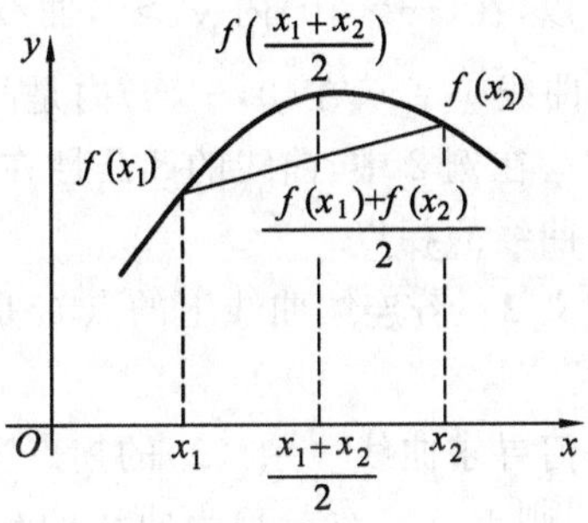

图 3-10

因此，从几何上很容易得到如下定义.

定义 1　设 $y=f(x)$ 在区间 I 上连续，对 I 上任意两点 x_1,x_2，如果恒有

$$\frac{f(x_1)+f(x_2)}{2}>f\left(\frac{x_1+x_2}{2}\right),$$

则称曲线 $y=f(x)$ 在区间 I 上是**凹的**(或**凹弧**)；对 I 上任意两点 x_1,x_2，如果恒有

$$\frac{f(x_1)+f(x_2)}{2}<f\left(\frac{x_1+x_2}{2}\right),$$

则称曲线 $y=f(x)$ 在区间 I 上是**凸的**(或**凸弧**).

从图 3-9 可以看出，凹的曲线段上切线的斜率随 x 的增加而增大，即导函数 $f'(x)$ 单调增加. 如果 $y=f(x)$ 有二阶导数，那么在该区间上 $f''(x)>0$. 从图 3-10 可以看出，凸的曲线段的切线的斜率随 x 的增加而减少，即导函数 $f'(x)$ 单调减少. 如果 $y-f(x)$ 有二阶导数，那么在该区间上 $f''(x)<0$. 上述结论反过来也成立，这就是下面利用二阶导数来判定曲线凹凸性的定理.

定理 1　设函数 $y=f(x)$ 在 $[a,b]$ 上连续，在 (a,b) 内具有二阶导数，那么

(1) 若在 (a,b) 内 $f''(x)>0$，则 $y=f(x)$ 在 $[a,b]$ 上这段曲线弧是凹的；

(2) 若在 (a,b) 内 $f''(x)<0$，则 $y=f(x)$ 在 $[a,b]$ 上这段曲线弧是凸的.

于是，要寻找 $f(x)$ 的凹凸区间，实际上就是找出 y'' 的同号区间(即符号不改变的区间). 因此像讨论导函数 y' 的单调性那样，先求出 $y''=0$ 以及 y'' 不存在的点，然后列表确定每个区间内 y'' 的符号就能得到曲线 $y=f(x)$ 的凹凸性.

例 1　判定曲线 $y=x-\ln(1+x)$ 的凹凸性.

解　因为
$$y'=1-\frac{1}{1+x},y''=\frac{1}{(1+x)^2}>0,$$

所以,曲线 $y=x-\ln(1+x)$ 在函数的定义域 $(-1,+\infty)$ 内是凹的.

例 2 判定曲线 $y=x^{\frac{1}{3}}$ 的凹凸性.

解 当 $x\neq 0$ 时,$y''=-\dfrac{2}{9}x^{-\frac{5}{3}}$.

所以,在 $(-\infty,0)$ 内 $y''>0$,曲线 $y=x^{\frac{1}{3}}$ 在 $(-\infty,0)$ 内是凹的;在 $(0,+\infty)$ 内 $y''<0$,曲线 $y=x^{\frac{1}{3}}$ 在 $(0,+\infty)$ 内是凸的.

注 在例 2 中,曲线的凹凸性在点 $(0,0)$ 的两侧有所改变.这种凹凸弧的分界点称为曲线的拐点.

定义 2 若连续曲线上的点 C 是曲线凹弧和凸弧的分界点,则称点 C 为曲线的拐点.

如何寻求曲线 $y=f(x)$ 的拐点呢?由第三节定理 1,如果 $f''(x)$ 在 x_0 左右两侧异号,则点 $(x_0,f(x_0))$ 为曲线的拐点.由寻找 $f(x)$ 的凹凸区间的方法,容易得到求曲线拐点的步骤:

(1) 求 $f''(x)$;

(2) 令 $f''(x)=0$,解出这个方程在定义域内的实根,并求出定义域内 $f''(x)$ 不存在的点;

(3) 对于 $f''(x)=0$ 的每个实根和 $f''(x)$ 不存在的点 x_0,考虑 $f''(x)$ 在 x_0 的左右两侧邻近点的符号:若 $f''(x)$ 在 x_0 的左右两侧邻近点的符号相反,则点 $(x_0,f(x_0))$ 是曲线的拐点;若 $f''(x)$ 在 x_0 的左右两侧邻近点的符号相同,则点 $(x_0,f(x_0))$ 不是曲线的拐点.

例 3 求曲线 $y=1+x^2+\dfrac{x^3}{3}-x^4$ 的拐点.

解

$$y'=2x+x^2-4x^3,$$
$$y''=2+2x-12x^2=-2(2x-1)(3x+1).$$

令 $y''=0$,得 $x_1=-\dfrac{1}{3}$,$x_2=\dfrac{1}{2}$,列表如下:

表 3-3

x	$\left(-\infty,-\frac{1}{3}\right)$	$-\frac{1}{3}$	$\left(-\frac{1}{3},\frac{1}{2}\right)$	$\frac{1}{2}$	$\left(\frac{1}{2},+\infty\right)$
y''	$-$	0	$+$	0	$-$
曲线	凸		凹		凸

所以,所求曲线的拐点为 $\left(-\dfrac{1}{3},\dfrac{88}{81}\right)$ 与 $\left(\dfrac{1}{2},\dfrac{59}{48}\right)$.

习题 3-4

1. 判定下列曲线的凹凸性，并指出其拐点：

(1) $y=2x^3-3x^2-36x+25$； (2) $y=x+\frac{1}{x}$；

(3) $y=\ln(x^2+1)$； (4) $y=x^2+\frac{1}{x}$.

2. 问 a 为何值时点(1,1)是曲线 $y=x^3+a\ln x$ 的拐点？

3. 若点(1,3)为曲线 $y=ax^3+bx^2$ 的拐点，问 a,b 应取何值？

4. 利用曲线的凹凸性证明不等式：

(1) $2\cos\frac{x+y}{2}>\cos x+\cos y,\ (x,y)\in\left(-\frac{\pi}{2},\frac{\pi}{2}\right)$；

(2) $\mathrm{e}^{\frac{x+y}{2}}<\frac{\mathrm{e}^x+\mathrm{e}^y}{2}$.

第五节 应 用

求实际问题中的最大值与最小值，是实践中经常会遇到的问题. 在求实际问题中的最大值、最小值问题时，首先要把需要解决的实际问题转化为数学问题，即根据实际情况建立它的数学模型，并确定实际变量的变化范围. 由于实际问题中的函数通常是可导的，所以实际问题中的最大值和最小值往往在驻点及函数定义区间的端点处取得. 如果函数的定义区间是开区间，则最大值和最小值在驻点处取得.

例 1 以直的河岸为一边用篱笆围出一块矩形场地，现有 36 m 长的篱笆，问所能围出的最大场地面积是多少？

解 如图 3-11 所示，假定矩形场地中与河岸垂直的边长为 x m，则 $0<x<18=\frac{36}{2}$，另一边长为$(36-2x)$m.

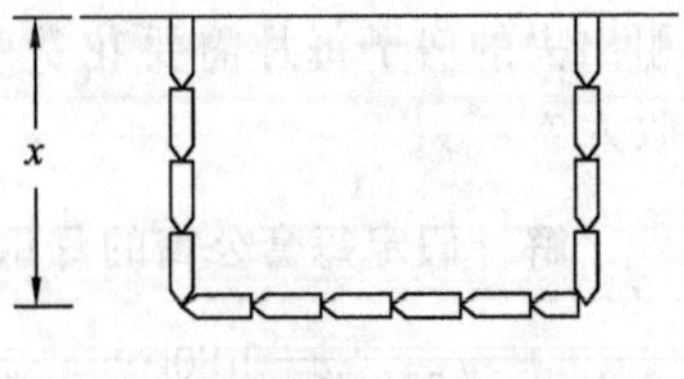

图 3-11

设矩形场地面积为 S. 由题意，要求 S 最大. 于是，建立目标函数如下：

$$S=x(36-2x)=36x-2x^2 \quad (0<x<18),$$

$$S'(x)=36-4x.$$

令 $S'(x)=0$，得 $x=9$.

由实际问题的意义，可以断定函数的最大值一定存在. 而函数的定义域为开

区间,$x=9$ 为唯一驻点,从而这个唯一驻点的函数值一定是最大值.即最大值为

$$S(9)=9\times18=162(\mathrm{m}^2).$$

答:当围出的场地一边为 9 m,另一边为 18 m 时,场地面积最大,且最大面积为 162 m^2.

例 2 要建造一个有一定容积 V 的无底的圆柱形煤气罐,问怎样选择它的直径 d 和高 h(如图 3-12 所示),才能使所用的材料最省?

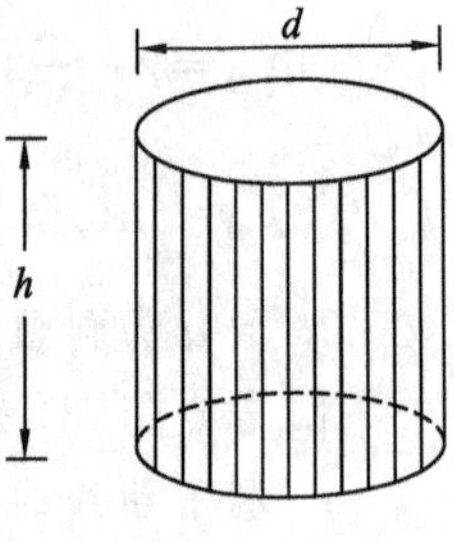

图 3-12

解 因为 $V=\pi\left(\dfrac{d}{2}\right)^2h$,所以 $h=\dfrac{4V}{\pi d^2}$.

设煤气罐的表面积为 S.由题意,要求材料最省,就是求 S 的最小值.于是,建立目标函数如下:

$$S=\frac{4V}{d}+\frac{\pi}{4}d^2\ \ (0<d<+\infty),$$

$$S'(d)=-\frac{4V}{d^2}+\frac{\pi}{2}d.$$

令 $S'(d)=0$,得 $d=2\sqrt[3]{\dfrac{V}{\pi}}$.

由实际问题的意义,可以断定函数的最小值一定存在.而函数的定义域为开区间,$d=2\sqrt[3]{\dfrac{V}{\pi}}$ 为唯一驻点,从而这个唯一驻点的函数值一定是最小值.

答:当直径 $d=2\sqrt[3]{\dfrac{V}{\pi}}$,高 $h=\dfrac{4V}{\pi\left(2\sqrt[3]{\dfrac{V}{\pi}}\right)^2}=\sqrt[3]{\dfrac{V}{\pi}}$ 时(即 $d=2h$ 时),建造煤气罐所用的材料最省.

例 3 某房地产公司有 50 套公寓要出租,当每套公寓的月租金定为 1 800 元时,公寓可全部租出去,当月租金每增加 100 元时,就有一套公寓租不出去.如果租出去的房子每月需要花费 200 元的整修维护费,问房租定为多少可获得最大收入?

解 假定每套公寓的月租金定为 x 元,则租出去的房子为 $50-\dfrac{x-1\,800}{100}$ 套,总房租为 $x\left(50-\dfrac{x-1\,800}{100}\right)$ 元,整修维护费为 $200\left(50-\dfrac{x-1\,800}{100}\right)$ 元.

设每月的总收入为 R.由题意,要求 R 最大.于是,建立目标函数如下:

$$R(x)=x\left(50-\frac{x-1\,800}{100}\right)-200\left(50-\frac{x-1\,800}{100}\right)$$

$$=(x-200)\left(68-\frac{x}{100}\right),1\,800\leqslant x\leqslant 6\,800,$$

$$R'(x)=68-\frac{x}{100}+(x-200)\left(-\frac{1}{100}\right)=70-\frac{x}{50}.$$

令 $R'(x)=0$，得 $x=3\ 500$.

由 $R(1\ 800)=80\ 000$，$R(3\ 500)=108\ 900$，$R(6\ 800)=0$ 得 R 的最大值为 $R(3\ 500)=108\ 900$.

答：每套公寓的月租金定为 3 500 元时，可获得的最大收入为 108 900 元.

例 4　假设某钢厂每月产量为 x 吨时，总成本函数为

$$C(x)=\frac{1}{4}x^2+8x+4\ 900(\text{元}),$$

求最低平均成本和相应产量的边际成本.

解　这是一个平均成本最小化问题，而平均成本就是总成本与总产量的比值. 于是，建立目标函数如下：

$$\overline{C}(x)=\frac{C(x)}{x}=\frac{1}{4}x+8+\frac{4\ 900}{x}\quad(0<x<+\infty),$$

$$\overline{C}'(x)=\frac{1}{4}-\frac{4\ 900}{x^2}.$$

令 $\overline{C}'(x)=0$，得 $x=140$.

当 $x\to0^+$ 和 $x\to+\infty$ 时，均有 $\overline{C}(x)\to+\infty$. 所以，函数 $\overline{C}(x)$ 在 $(0<x<+\infty)$ 内一定存在最小值. 而 $x=140$ 为唯一驻点，从而这个唯一驻点的函数值一定是最小值. 即每月产量为 140 吨时，平均成本最低，其最低平均成本为

$$\overline{C}(140)=\frac{1}{4}\times140+8+\frac{4\ 900}{140}=78(\text{元}).$$

根据边际成本的定义，边际成本函数就是总成本函数的导数，即

$$C'(x)=\frac{1}{2}x+8.$$

因此，$C'(140)=\frac{1}{2}\times140+8=78(\text{元})$.

答：该钢厂每月产量为 140 吨时，平均成本最低. 此时的平均成本和边际成本均为 78 元.

例 5　某计算器零售商店每年销售 360 台计算器. 库存一台计算器一年的费用是 8 元，可采用分批订货的办法来减少库存费用. 假设每次订货的数量相同，每订一次货需支付包装费 10 元，运输费每台 8 元，问该商店每年应订几次货才能使总费用最小？

解　设该商店每年应订货的次数为 x，则每次订货的数量为 $\frac{360}{x}$，平均库存量为 $\frac{360}{2x}$，库存费用为 $8\times\frac{360}{2x}$，订货费用为 $\left(10+8\times\frac{360}{x}\right)x=10x+2\ 880$.

设总费用为 $C(x)$，建立目标函数如下：

$$C(x)=8\times\frac{360}{2x}+10x+2\ 880\ (1\leqslant x\leqslant 360),$$

$$C'(x)=10-\frac{1\ 440}{x^2}.$$

令 $C'(x)=0$，得 $x=12$.

由 $C(1)=4\ 330$，$C(12)=3\ 010$，$C(360)=6\ 484$ 得，当 $x=12$ 时，$C(x)$ 取最小值 3 010.

答：该商店每年订 12 次货，将使得总费用最小.

例 6 假设某服装有限公司每年生产并销售服装 x 套，每套售价为 $P(x)=150-0.5x$(元)，其生产总成本为 $C(x)=4\ 000+0.25x^2$(元).

(1) 求总收入 $R(x)$；

(2) 求总利润 $L(x)$；

(3) 为使利润最大化，公司必须生产并销售多少套服装？最大利润是多少？

(4) 为实现这一最大利润，其服装的单价应定为多少？

解 (1) 总收入 $R(x)=P(x)\cdot x=(150-0.5x)x=150x-0.5x^2$(元).

(2) 总利润 $L(x)=R(x)-C(x)=-0.75x^2+150x-4\ 000$(元).

(3) 令 $L'(x)=-1.5x+150=0$，得 $x=100$.

由于 $x=100$ 为唯一驻点，且 $L''(100)=-1.5<0$，所以这个唯一驻点的函数值一定是极大值，也是最大值，最大利润为

$$L(100)=-0.75\times 100^2+150\times 100-4\ 000=3\ 500(\text{元}).$$

即公司必须生产并销售 100 套服装来实现 3 500 元的最大利润.

(4) $P(100)=150-0.5\times 100=100$(元)，即为实现最大利润，其服装的单价应定为每套 100 元.

例 7 录像带商店设计出一个关于其录像带租金的需求函数 $Q=120-20P$，其中 Q 是当每盒租金是 P 时每天出租录像带的数量. 求解下列问题：

(1) 求 $P=2$(元)和 $P=4$(元)时的需求弹性，并说明其经济意义.

(2) 问 P 为多少时，其需求弹性的绝对值等于 1？并说明其经济意义.

(3) 问 P 为多少时，总收益最大？

解 根据需求弹性的定义

$$\eta(P)=P\cdot\frac{Q'}{Q}=P\cdot\frac{-20}{120-20P}=-\frac{P}{6-P}.$$

(1) 当 $P=2$(元)时，$\eta(2)=-\frac{1}{2}$.

$|\eta(2)|=\frac{1}{2}<1$，表明出租数量改变量的百分比与价格改变量的百分比的比

率小于 1. 价格的小幅度增加所引起出租数量减少的百分比小于价格改变量的百分比.

当 $P=4$(元)时, $\eta(4)=-2$.

$|\eta(4)|=2>1$, 表明出租数量改变量的百分比与价格改变量的百分比的比率大于 1. 价格的小幅度增加所引起出租数量减少的百分比大于价格改变量的百分比.

(2) 令 $|\eta(P)|=1 \Leftrightarrow \left|\frac{P}{6-P}\right|=1$, 解得 $P=3$.

因此, 当每盒租金为 3 元时, 出租数量改变量的百分比与价格改变量的百分比的比率是 1.

(3) 总收益 $R(P)=P\cdot Q=120P-20P^2$, $R'(P)=120-40P$.

令 $R'(P)=0$, 得 $P=3$.

由于 $P=3$ 为唯一驻点, 且 $R''(3)=-40<0$, 所以这个唯一驻点的函数值一定是极大值, 也是最大值, 最大收益 $R(3)=180$ (元).

即当每盒租金为 3 元时, 总收益最大.

注 使 $|\eta(P)|=1$ 的 P 值与使总收益最大的 P 值是相同的. 这一事实总是成立的.

习题 3-5

1. 做一个带盖的长方体盒子, 体积为 $72\ \text{cm}^3$, 底面的两边之比为 1∶2, 问长、宽、高各为多少时可使盒子的表面积最小?

2. 半径为 R 的圆形铁皮截去一个扇形后做成一个圆锥形容器, 问截去的扇形的圆心角多大时做成的圆锥形容器容积最大?

3. 铁路 AB 段长 100 km, 工厂 C 距 A 20 km, AC 垂直于 AB (如图 3-13 所示). 现在 AB 上某处 D 向工厂 C 修一条公路使原料能从 B 处运入工厂 C, 已知铁路与公路运费之比为 3∶5, 为使运费最省 D 应选在何处?

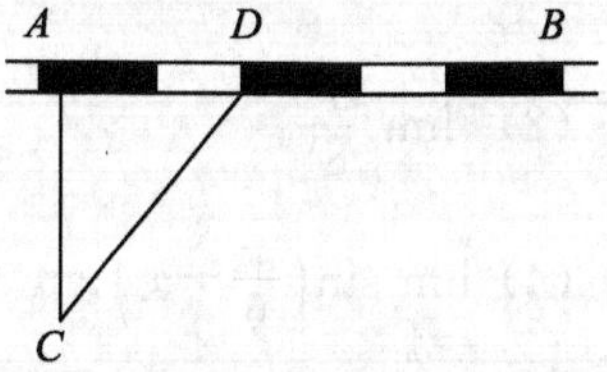

图 3-13

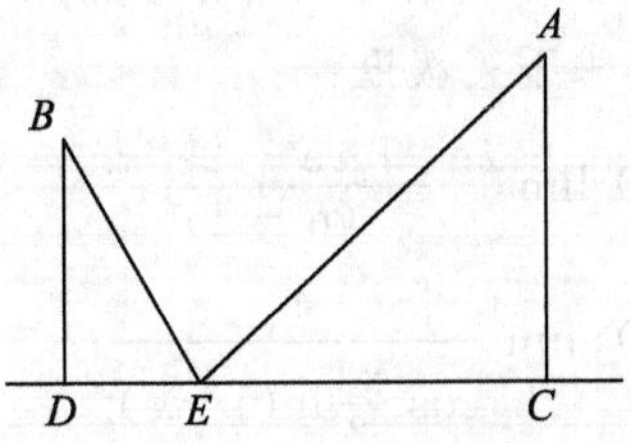

图 3-14

4. A, B 两工厂在河岸同一侧, A, B 与岸边垂直距离分别为 $AC=1\ 000$ m,

$BD=400$ m,而 $CD=800$ m,如图 3-14 所示.现在要在 CD 线上某处 E 建一水塔供 A,B 两厂用水.问 E 应该选在何处,可使所铺设的水管总长最短?

5. 假设某公司已估算出产品的成本函数为

$$C(x)=0.01x^2+2x+1\,600(\text{元}),$$

问产量多大时,平均成本最低?求出最低平均成本.

6. 某体育用品商店每年销售 100 张台球桌.库存一张台球桌一年的费用是 20 元,可采用分批订货的办法来减少库存费用.假设每次订货的数量相同,每订一次货需支付固定成本 40 元,运输费每张 16 元,问该商店每年应订几次货才能使总费用最小?

7. 假设某收音机厂商每年生产并销售收音机 x 台,每台售价为 $P(x)=1\,000-x$(元),其生产总成本为 $C(x)=3\,000+20x$(元),

(1) 求总收入 $R(x)$;

(2) 求总利润 $L(x)$;

(3) 为使利润最大化,厂商必须生产并销售多少台收音机?最大利润是多少?

(4) 为实现这一最大利润,其收音机的单价应定为多少?

8. 某商品的需求量 Q 是价格 P 的函数 $Q=150-2P^2$.

(1) 求 $P=6$ 时的边际需求,并说明其经济意义;

(2) 求 $P=6$ 时的需求弹性,并说明其经济意义;

(3) 当 $P=6$ 时,若价格下降 2%,总收益变化百分之几?是增加还是减少?

(4) 问 P 为多少时,总收益最大?

总习题三

1. 设有函数 $f(x)=(x-1)(x-2)(x-3)$,证明在(1,3)内存在 ξ,使得 $f''(\xi)=0$.

2. 设函数 $f(x)$ 在区间[0,1]上可导,且 $0<f(x)<1$,$x\in(0,1)$ 时,$f'(x)\neq1$,证明在(0,1)内有且只有方程 $f(x)=x$ 的一个根.

3. 求下列极限:

(1) $\lim\limits_{x\to0}\dfrac{xe^{2x}+xe^x-2e^{2x}+2e^x}{(e^x-1)^3}$;　　(2) $\lim\limits_{x\to+\infty}\dfrac{x^8}{8^x}$;

(3) $\lim\limits_{x\to1^-}\dfrac{1}{\cos\dfrac{\pi x}{2}\ln(1-x)}$;　　(4) $\lim\limits_{x\to\frac{\pi}{6}}\sin\left(\dfrac{\pi}{6}-x\right)\tan 3x$;

(5) $\lim\limits_{x\to1}\left(\dfrac{\pi}{2}-\arctan x\right)^{\frac{1}{x}}$.

4. 如果对某一常数 C，极限 $\lim\limits_{x \to +\infty} \dfrac{\ln(1+Ce^x)}{\sqrt{1+Cx^2}}=4$，求 C 的值.

5. 求函数 $y=\dfrac{1-x+x^2}{1+x+x^2}$ 的单调区间.

6. 求函数 $y=x\cos x-\sin x(0\leqslant x\leqslant 2\pi)$ 的极值、最大值及最小值.

7. 证明不等式：

(1) $\ln x>\dfrac{2(x-1)}{x+1}\ (x>1)$；

(2) $1+x\ln(x+\sqrt{1+x^2})>\sqrt{1+x^2}\ (x>1)$.

8. 对于内接于半径为 R 的球的圆锥体，当它具有最大体积时，求其高.

9. 设曲线 $y=x^3+ax^2+bx+c$ 有拐点 $(1,-1)$，且在 $x=0$ 处有极大值，试确定常数 a,b,c 的值.

10. 设函数 $y=f(x)$ 在 $x=x_0$ 的某邻域内具有三阶连续导数，如果 $f''(x_0)=0$，而 $f'''(x_0)\neq 0$，证明 $(x_0, f(x_0))$ 为曲线 $y=f(x)$ 的拐点.

第四章　定积分

作为某种和式的极限,定积分在几何学、物理学、经济学等领域有着广泛的实际背景.本章从微积分研究的经典问题——求曲边梯形的面积及收益问题开始,引入定积分的概念,进而讨论定积分的性质和计算方法以及相关应用.另外还将介绍沟通微分学与积分学的微积分基本定理,从而使微积分成为一个统一体.

第一节　定积分的概念和性质

一、面积和收益问题

1. 曲边梯形的面积

曲边梯形是指由连续曲线 $y=f(x)(f(x)\geqslant 0)$,直线 $x=a,x=b$ 及 x 轴所围成的平面图形(见图 4-1).

曲线 $y=f(x)$ 可以看作曲边梯形的高,它在区间 $[a,b]$ 上的值是变化的,因此不能直接利用矩形的面积公式来计算其面积.注意到:当区间的长度很小时,由于 $f(x)$ 是关于 x 的连续函数,其函数值的变化范围也很小,可以近似地视为不变.于是,我们通过"分割—近似—作和—取极限"这四个步骤来求曲边梯形的面积.

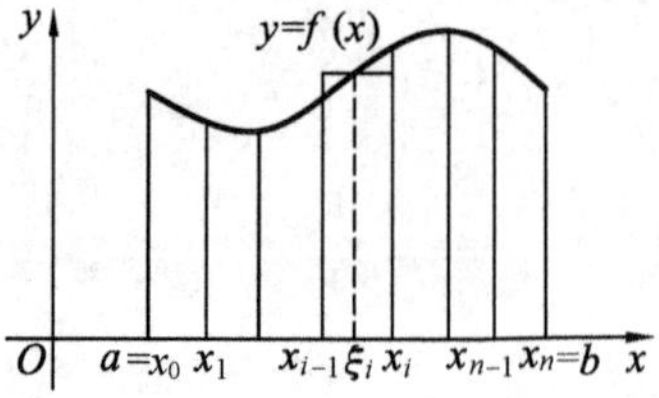

图 4-1

(1) 分割.用 $n-1$ 个分点

$$a=x_0<x_1<x_2<\cdots<x_{n-1}<x_n=b$$

把区间 $[a,b]$ 分成 n 个小区间

$$[x_0,x_1],[x_1,x_2],\cdots,[x_{n-1},x_n],$$

它们的长度分别记为 $\Delta x_i=x_i-x_{i-1},i=1,2,\cdots,n$.

过分点 x_i 作平行于 y 轴的直线,这些直线将原来的曲边梯形分成 n 个小曲边梯形,第 i 个小曲边梯形的面积记为 $\Delta A_i,i=1,2,\cdots,n$.显然原来曲边梯形的面积

$$A = A_1 + A_2 + \cdots + A_n = \sum_{i=1}^{n} A_i;$$

(2) 近似.当 Δx_i 很小时,$f(x)$ 在小区间 $[x_{i-1},x_i]$ 上的变化也很小,所以第 i 个小曲边梯形就可以近似看作小矩形,该小矩形的高是函数 $f(x)$ 在 $[x_{i-1},x_i]$ 上

任意一点 ξ_i 处的函数值 $f(\xi_i)$，因而有

$$\Delta A_i \approx f(\xi_i)\Delta x_i \quad (i=1,2,\cdots,n);$$

(3) 作和. 将 n 个小矩形的面积加起来，即得曲边梯形面积 A 的近似值，即

$$A \approx \sum_{i=1}^{n} f(\xi_i)\Delta x_i;$$

(4) 取极限. 当分割越来越细，且每个小区间的长度越来越小时，上述近似值就越来越接近于精确值 A. 记

$$\lambda = \max_{1\leqslant i\leqslant n}\{\Delta x_i\},$$

则当 $\lambda \to 0$ 时，所有小区间的长度 Δx_i 都趋于零，于是

$$A = \lim_{\lambda\to 0}\sum_{i=1}^{n} f(\xi_i)\Delta x_i.$$

2. 收益问题

设某商品的价格是购买量 Q 的函数 $P=g(Q)$（其中 Q 为连续变量），当购买量从 a 变动到 b 时的收益 R 是多少?

由于价格随着购买量的变化而变化，不能直接用价格乘以购买量计算收益. 我们仍然采用“分割—近似—作和—取极限”这四个步骤来计算.

(1) 分割. 用 $n-1$ 个分点 $a=x_0<x_1<x_2<\cdots<x_{n-1}<x_n=b$ 把区间 $[a,b]$ 分成 n 个小区间 $[x_0,x_1]$，$[x_1,x_2]$，$\cdots$，$[x_{n-1},x_n]$，每个购买量段 $[x_{i-1},x_i]$ 上的购买量为 $\Delta x_i = x_i - x_{i-1}$，相应的收益为 R_i，$i=1,2,\cdots,n$.

显然，收益

$$R = R_1 + R_2 + \cdots + R_n = \sum_{i=1}^{n} R_i;$$

(2) 近似. 当 Δx_i 很小时，$g(Q)$ 在小区间 $[x_{i-1},x_i]$ 上变化也很小，可近似地看作价格不变，在 $[x_{i-1},x_i]$ 上任取一点 ξ_i，把 $g(\xi_i)$ 作为该段的近似价格，因而该段的近似收益为

$$\Delta R_i \approx g(\xi_i)\Delta x_i \quad (i=1,2,\cdots,n);$$

(3) 作和. 将 n 段的收益加起来，即得收益 R 的近似值，

$$R \approx \sum_{i=1}^{n} g(\xi_i)\Delta x_i;$$

(4) 取极限. 当分割越来越细，且每个小区间的长度越来越小时，上述近似值就越来越接近于精确值 R. 记

$$\lambda = \max_{1\leqslant i\leqslant n}\{\Delta x_i\},$$

于是

$$R = \lim_{\lambda\to 0}\sum_{i=1}^{n} g(\xi_i)\Delta x_i.$$

二、定积分的概念

曲边梯形的面积和收益问题的计算，尽管属于不同的范畴，但解决的方法完全相同，都可以采取“分割—近似—作和—取极限”这些步骤，转为相同结构和式的极限 $\lim\limits_{\lambda\to 0}\sum\limits_{i=1}^{n}f(\xi_i)\Delta x_i$. 类似的问题在几何学、物理学、经济学中还有很多，数学上把这一过程加以抽象，引入了定积分的概念.

定义 设函数 $f(x)$ 在区间 $[a,b]$ 上有界，用分点

$$a=x_0<x_1<x_2<\cdots<x_{n-1}<x_n=b$$

把区间 $[a,b]$ 分成 n 个小区间

$$[x_0,x_1],[x_1,x_2],\cdots,[x_{n-1},x_n],$$

它们的长度分别记为 $\Delta x_i=x_i-x_{i-1},i=1,2,\cdots,n$. 在每个小区间 $[x_{i-1},x_i]$ 上任取一点 $\xi_i(i=1,2,\cdots,n)$，作和 $\sum\limits_{i=1}^{n}f(\xi_i)\Delta x_i$，令 $\lambda=\max\limits_{1\leqslant i\leqslant n}\{\Delta x_i\}$，当 $\lambda\to 0$ 时，若无论对区间 $[a,b]$ 怎样分割，也无论 ξ_i 怎样选取，和式 $\sum\limits_{i=1}^{n}f(\xi_i)\Delta x_i$ 总是趋于一个确定的值，则称函数 $f(x)$ 在区间 $[a,b]$ 上可积，并称上述极限值为 $f(x)$ 在区间 $[a,b]$ 上的**定积分**，记作 $\int_a^b f(x)\mathrm{d}x$，即

$$\int_a^b f(x)\mathrm{d}x=\lim_{\lambda\to 0}\sum_{i=1}^{n}f(\xi_i)\Delta x_i.$$

此时 x 称为**积分变量**，$f(x)$ 称为**被积函数**，$f(x)\mathrm{d}x$ 称为**被积表达式**，a 称为**积分下限**，b 称为**积分上限**，x 的变化区间 $[a,b]$ 称为**积分区间**.

注 (1) 定积分是某种和式的极限，它是一个数值，这个值仅仅与被积函数 $f(x)$ 和积分区间 $[a,b]$ 有关，而与积分变量 x 的记法无关，即

$$\int_a^b f(x)\mathrm{d}x=\int_a^b f(t)\mathrm{d}t=\int_a^b f(u)\mathrm{d}u;$$

(2) 定积分在运算结构上表示为无穷多个无穷小之和的极限，所以，一些无穷多个无穷小之和的极限问题有可能表示为定积分，例如：

$$\begin{aligned}&\lim_{n\to\infty}\left(\frac{1}{n+1}+\frac{1}{n+2}+\cdots+\frac{1}{n+n}\right)\\&=\lim_{n\to\infty}\left(\frac{1}{1+\frac{1}{n}}+\frac{1}{1+\frac{2}{n}}+\cdots+\frac{1}{1+\frac{n}{n}}\right)\frac{1}{n}\\&=\lim_{n\to\infty}\sum_{i=1}^{n}\frac{1}{1+\frac{i}{n}}\cdot\frac{1}{n}=\int_0^1\frac{1}{1+x}\mathrm{d}x.\end{aligned}$$

对于定积分,一个首要的问题就是,函数 $f(x)$ 在区间 $[a,b]$ 上满足什么条件才可积?我们给出两个充分条件.

定理 1　设 $f(x)$ 在区间 $[a,b]$ 上连续,则 $f(x)$ 在 $[a,b]$ 上可积.

定理 2　设 $f(x)$ 在 $[a,b]$ 上有界,且只有有限多个间断点,则 $f(x)$ 在 $[a,b]$ 上可积.

定积分的几何意义:当 $f(x)\geqslant 0$ 时,定积分 $\int_a^b f(x)\mathrm{d}x$ 在几何上表示由直线 $x=a,x=b,y=0$ 及曲线 $y=f(x)$ 所围成的曲边梯形的面积,即

$$A=\int_a^b f(x)\mathrm{d}x.$$

当 $f(x)\leqslant 0$ 时,上述曲边梯形在 x 轴的下方,定积分 $\int_a^b f(x)\mathrm{d}x$ 表示曲边梯形面积的负值.

当 $f(x)$ 在 $[a,b]$ 上的取值有正有负时(见图 4-2),定积分 $\int_a^b f(x)\mathrm{d}x$ 表示 x 轴上方部分的面积与 x 轴下方部分面积的差,即

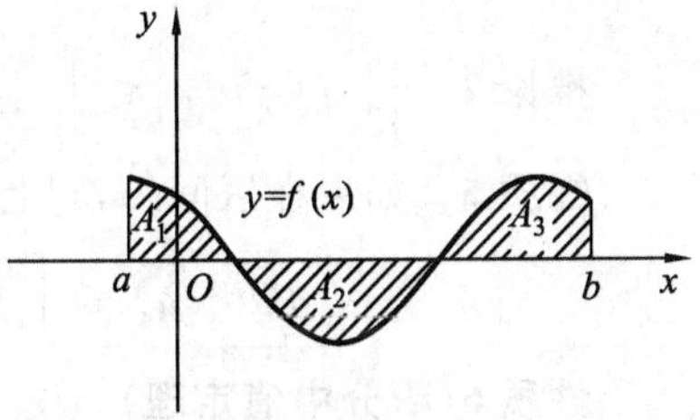

图 4-2

$$\int_a^b f(x)\mathrm{d}x=A_1-A_2+A_3.$$

例 1　连续函数 $y=f(x)$ 在区间 $[0,2]$ 上的图形分别是直径为 2 的下半圆周,在区间 $[2,3]$ 上的图形分别是直径为 1 的上半圆周,求 $\int_0^3 f(t)\mathrm{d}t$ 的值.

解　根据定积分的几何意义,$\int_0^3 f(t)\mathrm{d}t$ 的值等于 x 轴上方部分图形的面积与 x 轴下方部分图形面积的差,于是

$$\int_0^3 f(t)\mathrm{d}t=\frac{\pi}{2}\left(\frac{1}{2}\right)^2-\frac{\pi}{2}\left(\frac{2}{2}\right)^2=-\frac{3\pi}{8}.$$

三、定积分的性质

为计算和应用方便,作以下两点补充规定:

(1) 当 $a=b$ 时,$\int_a^b f(x)\mathrm{d}x=0$;

(2) 当 $a>b$ 时,$\int_a^b f(x)\mathrm{d}x=-\int_b^a f(x)\mathrm{d}x$.

下面介绍定积分的性质.下列各性质中定积分上下限的大小,若无特别说明,均没有限制,并假定所涉及的定积分均存在.

性质 1　$\int_a^b[k_1f(x)+k_2g(x)]\mathrm{d}x=k_1\int_a^b f(x)\mathrm{d}x+k_2\int_a^b g(x)\mathrm{d}x$ (其中 k_1,k_2

为常数).

注 此性质称为定积分的线性性质,事实上,只要 k_1,k_2 与积分变量 x 无关(即相对于积分变量而言是常数),性质1便成立,这一点非常重要.

性质2(区间可加性) $\int_a^b f(x)\mathrm{d}x=\int_a^c f(x)\mathrm{d}x+\int_c^b f(x)\mathrm{d}x$.

性质3 如果在区间$[a,b]$上,$f(x)\equiv 1$,则$\int_a^b 1\mathrm{d}x=\int_a^b \mathrm{d}x=b-a$.

性质4 如果在区间$[a,b]$上,$f(x)\leqslant g(x)$,则$\int_a^b f(x)\mathrm{d}x\leqslant\int_a^b g(x)\mathrm{d}x\ (a<b)$.

推论1 如果在$[a,b]$上,$f(x)\geqslant 0$,则$\int_a^b f(x)\mathrm{d}x\geqslant 0\ (a<b)$.

推论2 $\left|\int_a^b f(x)\mathrm{d}x\right|\leqslant\int_a^b |f(x)|\mathrm{d}x\ (a<b)$.

性质5 如果在区间$[a,b]$上,$m\leqslant f(x)\leqslant M$ (m,M 为常数),则

$$m(b-a)\leqslant\int_a^b f(x)\mathrm{d}x\leqslant M(b-a)\ (a<b).$$

性质6(积分中值定理) 设 $f(x)$在区间$[a,b]$上连续,则在区间(a,b)内至少存在一点 c,使得

$$\int_a^b f(x)\mathrm{d}x=f(c)(b-a).$$

数 $\frac{1}{b-a}\int_a^b f(x)\mathrm{d}x$ 称为函数 $f(x)$ 在区间$[a,b]$上的平均值,这个数在很多方面有着相当重要的作用.

例2 比较两个积分值的大小:

$$I_1=\int_3^4 \ln x\mathrm{d}x,\ I_2=\int_3^4 (\ln x)^2\mathrm{d}x.$$

解 当$3\leqslant x\leqslant 4$时,$\ln x\geqslant 1$,所以$(\ln x)^2\geqslant\ln x$.根据性质4得

$$\int_3^4 (\ln x)^2\mathrm{d}x\geqslant\int_3^4 \ln x\mathrm{d}x.$$

例3 估计积分$\int_{\frac{\pi}{4}}^{\frac{\pi}{2}}(1+\cos^2 x)\mathrm{d}x$值的范围.

解 因为$f(x)=1+\cos^2 x$在$\left[\frac{\pi}{4},\frac{\pi}{2}\right]$上单调减少,所以

$$f\left(\frac{\pi}{2}\right)\leqslant f(x)\leqslant f\left(\frac{\pi}{4}\right),$$

即
$$1\leqslant f(x)\leqslant\frac{3}{2}.$$

由性质5知,

$$1\left(\frac{\pi}{2}-\frac{\pi}{4}\right)\leqslant\int_{\frac{\pi}{4}}^{\frac{\pi}{2}}(1+\cos^2 x)\mathrm{d}x\leqslant\frac{3}{2}\left(\frac{\pi}{2}-\frac{\pi}{4}\right),$$

从而

$$\frac{1}{4}\pi\leqslant\int_{\frac{\pi}{4}}^{\frac{\pi}{2}}(1+\cos^2 x)\mathrm{d}x\leqslant\frac{3}{8}\pi.$$

习题 4-1

1. 利用定积分的几何意义说明下列各式的正确性：

(1) $\int_{-\pi}^{\pi}\sin x\mathrm{d}x=0$；　　(2) $\int_0^1 3x\mathrm{d}x=\frac{3}{2}$；

(3) $\int_{-\frac{\pi}{2}}^{\frac{\pi}{2}}\cos x\mathrm{d}x=2\int_0^{\frac{\pi}{2}}\cos x\mathrm{d}x$；　　(4) $\int_0^2\sqrt{4-x^2}\mathrm{d}x=\pi$.

2. 用定积分表示下列和式的极限：

(1) $\lim\limits_{n\to\infty}\left[\frac{n}{(n+1)^2}+\frac{n}{(n+2)^2}+\cdots+\frac{n}{(n+n)^2}\right]$；

(2) $\lim\limits_{n\to\infty}\frac{1}{n}\left[\sin\frac{\pi}{n}+\sin\frac{2\pi}{n}+\cdots+\sin\frac{(n-1)\pi}{n}\right]$.

3. 设在区间$[a,b]$上有 $f(x)>0,f'(x)>0,f''(x)<0$,判断不等式

$$\frac{f(a)+f(b)}{2}<\frac{1}{b-a}\int_a^b f(x)\mathrm{d}x<f(b)$$

的正确性,并说明理由.

4. 估计下列定积分值的范围：

(1) $\int_1^{\sqrt{3}}x^2\arctan x\mathrm{d}x$；　　(2) $\int_0^3(x^2-2x+5)\mathrm{d}x$；

(3) $\int_0^3 \mathrm{e}^{x^2-4x}\mathrm{d}x$；　　(4) $\int_{\frac{\pi}{4}}^{\frac{3\pi}{4}}(1+\sin^2 x)\mathrm{d}x$.

第二节　微积分基本定理

引入了定积分的概念后,如何计算定积分便成为一个迫切需要解决的问题.因为即使对于十分简单的定积分 $\int_0^1 x^4\mathrm{d}x$,按照定义来计算都是相当困难的,因此必须要寻找一种较为简便的定积分计算方法.

一、积分上限函数及其导数

由第一节的定义知,定积分 $\int_a^b f(x)\mathrm{d}x$ 是一个数,这个数仅仅依赖于函数 $f(x)$

和积分上下限 a,b. 如果 $f(x)$ 给定且固定 a 时，$\int_a^b f(x)\mathrm{d}x$ 就只依赖于积分上限 b. 若 $f(x)$ 在区间 $[a,b]$ 上连续，那么对 $[a,b]$ 上的任意一点 x，定积分 $\int_a^x f(t)\mathrm{d}t$ 都存在且对应唯一确定的值，因此是 x 的函数，记为 $\varphi(x)=\int_a^x f(t)\mathrm{d}t(a\leqslant x\leqslant b)$，称为**积分上限函数**(或变上限的定积分).

积分上限函数 $\varphi(x)$ 具有下面重要性质.

定理 1 设函数 $f(x)$ 在 $[a,b]$ 上连续，则积分上限函数

$$\varphi(x)=\int_a^x f(t)\mathrm{d}t$$

在 $[a,b]$ 上可导，且有

$$\varphi'(x)=\frac{\mathrm{d}}{\mathrm{d}x}\int_a^x f(t)\mathrm{d}t=f(x)\quad x\in[a,b].$$

证 设 $x\in(a,b)$，给 x 一个增量 Δx，使得 $x+\Delta x\in(a,b)$，则

$$\begin{aligned}\Delta\varphi&=\varphi(x+\Delta x)-\varphi(x)\\&=\int_a^{x+\Delta x}f(t)\mathrm{d}t-\int_a^x f(t)\mathrm{d}t\\&=\int_a^x f(t)\mathrm{d}t+\int_x^{x+\Delta x}f(t)\mathrm{d}t-\int_a^x f(t)\mathrm{d}t\\&=\int_x^{x+\Delta x}f(t)\mathrm{d}t.\end{aligned}$$

根据积分中值定理，存在 c 介于 x 与 $x+\Delta x$ 之间，使得

$$\int_x^{x+\Delta x}f(t)\mathrm{d}t=f(c)\Delta x,$$

于是有

$$\frac{\Delta\varphi}{\Delta x}=f(c),$$

当 $\Delta x\to 0$ 时，有 $c\to x$，故

$$\varphi'(x)=\lim_{\Delta x\to 0}\frac{\Delta\varphi}{\Delta x}=\lim_{c\to x}f(c)=f(x).$$

定理 1 将表面上看起来毫不相干的微分与积分联系起来，并由此得出了后面将要阐述的另一个重要结论，即原函数存在定理.

例 1 已知 $\varphi(x)=\int_0^x\sqrt{1+t^2}\mathrm{d}t$，求 $\varphi'(1)$.

解 因为 $\varphi'(x)=\sqrt{1+x^2}$，所以 $\varphi'(1)=\sqrt{2}$.

例 2 求 $\frac{\mathrm{d}}{\mathrm{d}x}\int_x^1\frac{\sin t}{t}\mathrm{d}t$.

解　$\frac{d}{dx}\int_x^1 \frac{\sin t}{t}dt = \frac{d}{dx}\left(-\int_1^x \frac{\sin t}{t}dt\right) = -\frac{\sin x}{x}.$

例 3　求$\frac{d}{dx}\int_0^{x^2} e^t dt$.

解　注意到函数$\int_0^{x^2} e^t dt$是复合函数,它由$\int_0^u e^t dt$与$u = x^2$复合而成,根据复合函数的求导法则,得

$$\frac{d}{dx}\int_0^{x^2} e^t dt = e^{x^2} \cdot (x^2)' = 2xe^{x^2}.$$

例 4　求极限$\lim\limits_{x\to 0^+} \frac{\int_0^{x^2} \sqrt{t}\cos t dt}{x^3}$.

解　这是$\frac{0}{0}$型的未定型的极限,利用洛必达法则计算.

$$\lim_{x\to 0^+} \frac{\int_0^{x^2} \sqrt{t}\cos t dt}{x^3} = \lim_{x\to 0^+} \frac{\sqrt{x^2}\cos x^2 \cdot (x^2)'}{3x^2} = \lim_{x\to 0^+} \frac{2x^2\cos x^2}{3x^2} = \frac{2}{3}.$$

根据积分上限函数的定义,显然有$\varphi(b) = \int_a^b f(t)dt$. 这样,计算定积分的值便转化为寻求函数$\varphi(x)$,而它的导数$\varphi'(x) = f(x)$是已知的,这个问题实际上是已知函数的导数$\varphi'(x)$,反过来求原来的那个函数$\varphi(x)$. 这类问题称为求$\varphi'(x)$的原函数. 为此,引入原函数的概念.

二、原函数与不定积分

1. 原函数与不定积分

定义 1　设$F(x)$和$f(x)$在区间I上有定义,若对I内的任意点x,都有

$$F'(x) = f(x)\text{或 } dF(x) = f(x)dx,$$

则称$F(x)$是$f(x)$在区间I上的一个**原函数**.

注　$F(x)$是$f(x)$的一个原函数,也即$f(x)$是$F(x)$的导函数.

例如,因为$(x^4)' = 4x^3$,所以x^4是$4x^3$在$(-\infty, +\infty)$上的一个原函数;再如,$(\sin x)' = \cos x$,所以,$\sin x$是$\cos x$在$(-\infty, +\infty)$上的一个原函数.

由定理 1 知道,积分上限函数$\varphi(x) = \int_a^x f(t)dt$是区间$[a,b]$上的连续函数$f(x)$在$[a,b]$上的一个原函数,因此,得到下面定理.

定理 2(原函数存在定理)　若函数$f(x)$在区间I上连续,则$f(x)$在区间I上一定有原函数.

前面提到x^4是$4x^3$的一个原函数. 不仅如此,由于$(x^4+1)' = 4x^3$,$(x^4+3)' = 4x^3$,$(x^4+C)' = 4x^3$(C为任意常数),可见$4x^3$有无穷多个原函数,并且其中任意两

个之间只相差一个常数,这一情形普遍成立.

定理 3 设 $F(x)$是 $f(x)$在区间 I 上的一个原函数,则

(1) $F(x)+C$(C 为任意常数)也是 $f(x)$在区间 I 上的一个原函数;

(2) $f(x)$的任意两个原函数之间相差一个常数.

证 下面只证明(2)的情形.

设 $G(x)$和 $H(x)$是 $f(x)$在区间 I 上的任意两个原函数,即

$$G'(x)=f(x), H'(x)=f(x),$$

由于
$$[G(x)-H(x)]'=G'(x)-H'(x)=f(x)-f(x)\equiv 0.$$

所以
$$G(x)-H(x)=C_0\ (C_0 \text{ 为常数}).$$

推论 若 $F(x)$是 $f(x)$的一个原函数,则 $F(x)+C$(其中 C 为任意常数)是 $f(x)$的所有原函数.

定义 2 设 $F(x)$是 $f(x)$的一个原函数,则 $f(x)$的所有原函数 $F(x)+C$ 称为 $f(x)$的**不定积分**,记作 $\int f(x)\mathrm{d}x$,即

$$\int f(x)\mathrm{d}x = F(x)+C,$$

其中 $f(x)$称为被积函数,$f(x)\mathrm{d}x$ 称为被积表达式,x 称为积分变量,C 称为积分常数,$\int$ 是一种运算符号,称为积分号.

例如,$\int 4x^3\mathrm{d}x = x^4+C$,$\int \cos x\mathrm{d}x = \sin x + C$ 等.

这里的 C 为积分常数,即任意常数,今后不再重复说明.

2. 不定积分的性质

从不定积分的定义,不难得出如下性质.

性质 1 $\left[\int f(x)\mathrm{d}x\right]' = f(x)$ 或 $\mathrm{d}\left[\int f(x)\mathrm{d}x\right] = f(x)\mathrm{d}x$.

性质 2 $\int F'(x)\mathrm{d}x = F(x)+C$ 或 $\int \mathrm{d}F(x) = F(x)+C$.

性质 1 和性质 2 表明不定积分运算与微分运算是一对互逆的运算.

性质 3 设函数 $f(x)$的原函数存在,k 为非零常数,则

$$\int kf(x)\mathrm{d}x = k\int f(x)\mathrm{d}x.$$

性质 4 设函数 $f(x)$和 $g(x)$的原函数都存在,则

$$\int[f(x)\pm g(x)]\mathrm{d}x = \int f(x)\mathrm{d}x \pm \int g(x)\mathrm{d}x.$$

这一性质可以推广到有限多个函数加减的情况.

3. 基本积分表

由于不定积分运算与微分运算是互逆的运算，所以从基本微分公式容易得出相应的积分公式，把这些积分公式列成一个表，称之为基本积分表.

(1) $\int k\mathrm{d}x = kx + C$（$k$ 为常数）；

(2) $\int x^{\mu}\mathrm{d}x = \frac{1}{\mu+1}x^{\mu+1} + C \quad (\mu \neq -1)$；

(3) $\int \frac{1}{x}\mathrm{d}x = \ln|x| + C$；

(4) $\int \frac{\mathrm{d}x}{1+x^2} = \arctan x + C$；

(5) $\int \frac{\mathrm{d}x}{\sqrt{1-x^2}} = \arcsin x + C$；

(6) $\int \cos x\mathrm{d}x = \sin x + C$；

(7) $\int \sin x\mathrm{d}x = -\cos x + C$；

(8) $\int \frac{\mathrm{d}x}{\cos^2 x} = \int \sec^2 x\mathrm{d}x = \tan x + C$；

(9) $\int \frac{\mathrm{d}x}{\sin^2 x} = \int \csc^2 x\mathrm{d}x = -\cot x + C$；

(10) $\int \frac{\sin x\mathrm{d}x}{\cos^2 x} = \int \sec x\tan x\mathrm{d}x = \sec x + C$；

(11) $\int \frac{\cos x\mathrm{d}x}{\sin^2 x} = \int \csc x\cot x\mathrm{d}x = -\csc x + C$；

(12) $\int \mathrm{e}^x\mathrm{d}x = \mathrm{e}^x + C$；

(13) $\int a^x\mathrm{d}x = \frac{a^x}{\ln a} + C \quad (a > 0, a \neq 1)$.

关于公式$\int \frac{\mathrm{d}x}{x} = \ln|x| + C$的说明：

① 当 $x > 0$ 时，因为$(\ln x)' = \frac{1}{x}$，所以

$$\int \frac{\mathrm{d}x}{x} = \ln x + C = \ln|x| + C;$$

② 当 $x < 0$ 时，因为$[\ln(-x)]' = \frac{1}{-x} \cdot (-1) = \frac{1}{x}$，所以

$$\int \frac{\mathrm{d}x}{x} = \ln(-x) + C = \ln|x| + C.$$

以上基本积分公式是求不定积分的基础,必须牢牢记住.

例 5 设位于右半平面内的曲线经过点(1,2),且其上任一点(x,y)处切线的斜率等于$2x+\frac{1}{x}$,求此曲线的方程.

解 设所求曲线的方程为$y=f(x)$,由题设知

$$f'(x)=2x+\frac{1}{x}.$$

所以
$$f(x)=\int\left(2x+\frac{1}{x}\right)\mathrm{d}x=x^2+\ln x+C.$$

又$f(1)=2$,即$2=1^2+\ln 1+C$,得$C=1$.

故所求曲线方程为$y=x^2+\ln x+1$.

例 6 设某产品的日边际成本为$C'(x)=5x+4$,其中x为产量,若该产品的日固定成本为3元,试求该产品的日成本函数.

解 日成本函数为

$$C(x)=\int(5x+4)\mathrm{d}x=\frac{5}{2}x^2+4x+C\quad(\text{其中 }C\text{ 为积分常数}).$$

由题意知,$C(0)=3$,代入上式,得$C=3$.

于是,所求的日成本函数为$C(x)=\frac{5}{2}x^2+4x+3$.

三、微积分基本定理

通过学习已经知道,定积分的计算可以转化为求原函数的问题,这一联系的建立,便引出了微积分基本定理(或牛顿—莱布尼茨公式).

定理 4(微积分基本定理) 设函数$f(x)$在区间$[a,b]$上连续,$F(x)$是$f(x)$在区间$[a,b]$上的任一原函数,则

$$\int_a^b f(x)\mathrm{d}x=F(b)-F(a).$$

为了书写方便,记$F(b)-F(a)=F(x)\Big|_a^b$或$[F(x)]_a^b$.

证 因为$F(x)$与积分上限函数$\varphi(x)=\int_a^x f(t)\mathrm{d}t$都是$f(x)$在区间$[a,b]$上的原函数,因此它们之间相差一个常数$C_0$,即

$$\int_a^x f(t)\mathrm{d}t=F(x)+C_0.$$

令$x=a$,得$C_0=-F(a)$,于是

$$\int_a^x f(t)\mathrm{d}t=F(x)-F(a).$$

再令$x=b$,得

$$\int_a^b f(t)\mathrm{d}t = F(b) - F(a).$$

这个公式称为**牛顿—莱布尼茨公式**，是定积分计算的基本公式，它将一个繁琐甚至非常困难的定积分计算变得更加实际，即求被积函数的一个原函数在积分上、下限的函数值差.

例 7　计算 $\int_0^2 4x^3\mathrm{d}x$.

解　因为 x^4 是 $4x^3$ 的一个原函数，所以

$$\int_0^2 4x^3\mathrm{d}x = x^4\Big|_0^2 = 2^4 - 0^4 = 16.$$

例 8　计算 $\int_{\frac{\sqrt{2}}{2}}^{\frac{\sqrt{3}}{2}} \frac{\mathrm{d}x}{\sqrt{1-x^2}}$.

解　因为 $\arcsin x$ 是 $\frac{1}{\sqrt{1-x^2}}$ 在 $\left[\frac{\sqrt{2}}{2},\frac{\sqrt{3}}{2}\right]$ 上的一个原函数，所以

$$\int_{\frac{\sqrt{2}}{2}}^{\frac{\sqrt{3}}{2}} \frac{\mathrm{d}x}{\sqrt{1-x^2}} = \arcsin x\Big|_{\frac{\sqrt{2}}{2}}^{\frac{\sqrt{3}}{2}} = \arcsin\frac{\sqrt{3}}{2} - \arcsin\frac{\sqrt{2}}{2} = \frac{\pi}{3} - \frac{\pi}{4} = \frac{\pi}{12}.$$

例 9　计算 $\int_0^{\pi} |\cos x|\,\mathrm{d}x$.

解　被积函数 $|\cos x|$ 在积分区间 $[0,\pi]$ 上是分段函数，即

$$|\cos x| = \begin{cases} \cos x, & 0 \leqslant x \leqslant \frac{\pi}{2}, \\ -\cos x, & \frac{\pi}{2} \leqslant x \leqslant \pi. \end{cases}$$

由于每一段上的函数表达式不尽相同，因此，首先根据区间可加性分开后再进行计算.

$$\begin{aligned}\int_0^{\pi} |\cos x|\,\mathrm{d}x &= \int_0^{\frac{\pi}{2}} \cos x\mathrm{d}x - \int_{\frac{\pi}{2}}^{\pi} \cos x\mathrm{d}x \\ &= \sin x\Big|_0^{\frac{\pi}{2}} - \sin x\Big|_{\frac{\pi}{2}}^{\pi} \\ &= (1-0)-(0-1) = 2.\end{aligned}$$

注　(1) 被积函数是分段函数的定积分计算，首先应根据区间可加性分成几个定积分的和，然后再逐个计算；

(2) 由牛顿—莱布尼茨公式，定积分的值等于被积函数的一个原函数在积分上、下限的函数值之差，如果下限的函数值是负数，去括号时需注意要改变符号.

这两点在初学时是容易出错的地方，希望读者多加留意.

例 10　设函数 $f(x)$ 在 $[0,2]$ 上连续，且满足

$$f(x)=x\int_0^2 f(x)\mathrm{d}x+2,$$

求 $\int_0^2 f(x)\mathrm{d}x$ 及 $f(x)$.

解 $\int_0^2 f(x)\mathrm{d}x$ 是一个常数,不妨设为 k,即有

$$f(x)=kx+2,$$

对等式两端从 0 到 2 作定积分,得

$$\int_0^2 f(x)\mathrm{d}x=k\int_0^2 x\mathrm{d}x+2\int_0^2 \mathrm{d}x$$

$$=k\cdot\frac{x^2}{2}\Big|_0^2+2(2-0),$$

即

$$k=2k+4,$$

故

$$\int_0^2 f(x)\mathrm{d}x=k=-4,$$

$$f(x)=-4x+2.$$

在经济生活中经常会涉及有关平均值的问题.例如,设 $I(t)$ 为某个产品在日期 t 所存有的数目(称为库存函数),则 $I(t)$ 在时间段 $[0,T]$ 上的平均值称为该产品在该段时期的平均日库存,即

$$\text{平均日库存}=\frac{1}{T}\int_0^T I(t)\mathrm{d}t.$$

例 11 某批发商每 30 天就会收到从厂家发来的电子元器件 1 200 箱,并以稳定的比率批发给零售商,在一批货到达后的 t 日,它的库存箱数为 $I(t)=1\,200-40t$,$0\leqslant t\leqslant 30$.如果一箱元器件的保存费是每日 0.5 元,那么该批发商的平均日保存费是多少?

解 所求的平均日保存费等于平均日库存箱数与每箱日保存费的乘积,即

$$0.5\times\frac{1}{30}\int_0^{30} I(t)\mathrm{d}t=\frac{1}{60}\int_0^{30}(1\,200-40t)\mathrm{d}t$$

$$=\frac{1}{60}[1\,200t-20t^2]_0^{30}$$

$$=300(\text{元}).$$

即该批发商的平均日保存费为 300 元.

最后,我们指出:在较弱的条件下,牛顿—莱布尼茨公式仍然成立.即设函数 $f(x)$ 在区间 $[a,b]$ 上有界,且只有有限多个间断点,$F(x)$ 在 $[a,b]$ 上连续,除了有限多个间断点外有 $F'(x)=f(x)$,则有 $\int_a^b f(x)\mathrm{d}x=F(x)\Big|_a^b$.

习题 4-2

1. 求下列函数的导数：

(1) 设 $f(x)=\int_0^{x^2}\frac{\mathrm{d}t}{\sqrt{1+t^2}}$，求 $f'(x)$；

(2) 设 $f(x)=\int_{2x}^{1}\ln(1+t^2)\mathrm{d}t$，求 $f'(1)$；

(3) 设 $f(x)=\int_x^{x^2}\mathrm{e}^{t^2}\mathrm{d}t$，求 $f'(x)$；

(4) 设 $f(x)=\int_0^x x\sin^2 t\mathrm{d}t$，求 $f''(x)$.

2. 求下列极限：

(1) $\lim\limits_{x\to 0}\frac{\int_0^x \arcsin t^2\mathrm{d}t}{x^3}$；

(2) $\lim\limits_{x\to 0}\frac{\int_0^x[\sqrt{1+t}-\sqrt{1-t}]\mathrm{d}t}{x^2}$；

(3) $\lim\limits_{x\to 0}\frac{\int_0^x(\mathrm{e}^t+\mathrm{e}^{-t}-2)\mathrm{d}t}{\cos x-1}$；

(4) $\lim\limits_{x\to 1}\frac{x\int_1^{x^2}\ln(1+\sqrt{t})\mathrm{d}t}{x-1}$.

3. 设 $f(x)$ 为连续函数，且

$$\int_a^x f(t)\mathrm{d}t=\mathrm{e}^x(1+x),$$

求 $f(x)$ 及 a 的值.

4. 求由方程

$$\int_0^y \mathrm{e}^{-t^2}\mathrm{d}t+\int_0^x\cos t^3\mathrm{d}t=0$$

所确定的隐函数 y 对 x 的导数.

5. 设 $f(x)=\int_0^x(1-t^2)\mathrm{e}^{-t}\mathrm{d}t$，则 x 分别为何值时，$f(x)$ 取到极大值和极小值？

6. 计算下列定积分：

(1) $\int_1^4\frac{\mathrm{d}x}{\sqrt{x}}$；

(2) $\int_0^{\sqrt{3}}\frac{\mathrm{d}x}{1+x^2}$；

(3) $\int_{-2\mathrm{e}}^{-\mathrm{e}}\frac{\mathrm{d}x}{x}$；

(4) $\int_0^{\frac{\pi}{2}}|\sin x-\cos x|\mathrm{d}x$.

7. 计算 $\int_0^3[x]x\mathrm{d}x$，其中 $[x]$ 表示不超过 x 的最大整数.

8. 设 $\int_1^x f(t)\mathrm{d}t=\frac{x^4+1}{2}$，求 $\int_2^3 f(x)\mathrm{d}x$.

9. 设 $f(x)$在$(-\infty,+\infty)$上连续,且

$$f(x)=\mathrm{e}+\mathrm{e}^{x}\int_{0}^{1}f(x)\mathrm{d}x,$$

求$\int_{0}^{1}f(x)\mathrm{d}x$.

10. 设 $f(x)$在$(-\infty,+\infty)$上连续,且满足

$$f(x)=1+\int_{0}^{1}f(x)\mathrm{d}x+x\int_{0}^{2}f(x)\mathrm{d}x,$$

求 $f(x)$.

11. 求经过点(3,4),且切线斜率为 x^2 的曲线方程.

12. 设印刷 x 份广告的边际成本为

$$C'(x)=\frac{1}{2\sqrt{x}}(\text{元}),$$

若印刷 25 份广告的成本为 7 元,求:

(1) 印刷第 2 份到第 100 份广告的成本;

(2) 印刷 400 份广告的成本.

13. 设生产和销售某产品的边际收益为

$$R'(x)=2-\frac{2}{(x+1)^2},$$

其中 R 的单位为千元,x 的单位为千件,则销售 3 千件该产品的收益是多少?

14. 某食品厂在空调仓库内存放方便食品以便每 14 天发一次货. 为保存 600 箱作储备以应付偶然需求,于是 14 天的库存函数是 $I(t)=600+600t,0\leqslant t\leqslant 14$. 若每箱方便食品的日保存费为 0.2 元,求该食品厂的平均日保存费.

第三节　积 分 法

积分运算作为微分运算的逆运算,利用不定积分和定积分的性质以及基本积分表,只能计算出一些较为简单的定积分. 对于一些稍复杂的积分问题,必须讨论相应的积分方法. 下面先讨论不定积分的问题,然后讨论定积分的问题.

一、直接积分法

借助于恒等变形,直接利用基本积分表和积分的基本性质来计算积分的方法,称为直接积分法.

例 1　求$\int\left(2\sin x-\mathrm{e}^{x}+\frac{1}{x}\right)\mathrm{d}x$.

解 $$\int\left(2\sin x-\mathrm{e}^x+\frac{1}{x}\right)\mathrm{d}x$$
$$=2\int\sin x\mathrm{d}x-\int\mathrm{e}^x\mathrm{d}x+\int\frac{\mathrm{d}x}{x}$$
$$=-2\cos x-\mathrm{e}^x+\ln|x|+C.$$

例 2　求$\int\frac{(x+1)^2}{\sqrt{x}}\mathrm{d}x.$

解 $$\int\frac{(x+1)^2}{\sqrt{x}}\mathrm{d}x=\int\frac{x^2+2x+1}{\sqrt{x}}\mathrm{d}x=\int(x^{\frac{3}{2}}+2x^{\frac{1}{2}}+x^{-\frac{1}{2}})\mathrm{d}x$$
$$=\int x^{\frac{3}{2}}\mathrm{d}x+2\int x^{\frac{1}{2}}\mathrm{d}x+\int x^{-\frac{1}{2}}\mathrm{d}x$$
$$=\frac{2}{5}x^{\frac{5}{2}}+\frac{4}{3}x^{\frac{3}{2}}+2x^{\frac{1}{2}}+C.$$

例 3　求$\int 3^x(\mathrm{e}^x+2^x)\mathrm{d}x.$

解 $$\int 3^x(\mathrm{e}^x+2^x)\mathrm{d}x=\int[(3\mathrm{e})^x+6^x]\mathrm{d}x$$
$$=\int(3\mathrm{e})^x\mathrm{d}x+\int 6^x\mathrm{d}x$$
$$=\frac{(3\mathrm{e})^x}{\ln(3\mathrm{e})}+\frac{6^x}{\ln 6}+C.$$

例 4　求$\int\left(\sin\frac{x}{2}-\cos\frac{x}{2}\right)^2\mathrm{d}x.$

解 $$\int\left(\sin\frac{x}{2}-\cos\frac{x}{2}\right)^2\mathrm{d}x=\int(1-\sin x)\mathrm{d}x=\int\mathrm{d}x-\int\sin x\mathrm{d}x$$
$$=x+\cos x+C.$$

例 5　求$\int\frac{1}{\sin^2 x\cos^2 x}\mathrm{d}x.$

解 $$\int\frac{1}{\sin^2 x\cos^2 x}\mathrm{d}x=\int\frac{\sin^2 x+\cos^2 x}{\sin^2 x\cos^2 x}\mathrm{d}x=\int\left(\frac{1}{\sin^2 x}+\frac{1}{\cos^2 x}\right)\mathrm{d}x$$
$$=\int\csc^2 x\mathrm{d}x+\int\sec^2 x\mathrm{d}x=-\cot x+\tan x+C.$$

例 6　计算$\int_0^1\frac{x^4}{1+x^2}\mathrm{d}x.$

解 $$\int_0^1\frac{x^4}{1+x^2}\mathrm{d}x=\int_0^1\frac{x^4-1+1}{1+x^2}\mathrm{d}x=\int_0^1\left(x^2-1+\frac{1}{1+x^2}\right)\mathrm{d}x$$
$$=\int_0^1 x^2\mathrm{d}x-\int_0^1\mathrm{d}x+\int_0^1\frac{\mathrm{d}x}{1+x^2}=\frac{x^3}{3}\Big|_0^1-x\Big|_0^1+\arctan x\Big|_0^1$$
$$=\frac{1}{3}-1+\arctan 1-\arctan 0=\frac{\pi}{4}-\frac{2}{3}.$$

例 7 计算$\int_{\frac{\pi}{2}}^{\pi}\sqrt{1+\cos 2x}\mathrm{d}x$.

解
$$\int_{\frac{\pi}{2}}^{\pi}\sqrt{1+\cos 2x}\mathrm{d}x=\int_{\frac{\pi}{2}}^{\pi}\sqrt{2\cos^2 x}\mathrm{d}x=\sqrt{2}\int_{\frac{\pi}{2}}^{\pi}|\cos x|\,\mathrm{d}x$$
$$=-\sqrt{2}\int_{\frac{\pi}{2}}^{\pi}\cos x\mathrm{d}x=-\sqrt{2}\sin x\Big|_{\frac{\pi}{2}}^{\pi}$$
$$=-\sqrt{2}(0-1)=\sqrt{2}.$$

注 若例 7 中的积分区间为$[0,\pi]$,则被积函数$|\cos x|$在$[0,\pi]$上为分段函数,定积分的计算需利用区间可加性,详见第二节中的例 9.

例 8 计算$\int_{-1}^{2}f(x)\mathrm{d}x$,其中$f(x)=\begin{cases}x+2, & x<1,\\ x^2, & x\geqslant 1.\end{cases}$

解 分段函数$f(x)$的分段点$x=1$在积分区间内,需利用区间可加性计算,即

$$\int_{-1}^{2}f(x)\mathrm{d}x=\int_{-1}^{1}f(x)\mathrm{d}x+\int_{1}^{2}f(x)\mathrm{d}x=\int_{-1}^{1}(x+2)\mathrm{d}x+\int_{1}^{2}x^2\mathrm{d}x$$
$$=\int_{-1}^{1}x\mathrm{d}x+2\int_{-1}^{1}\mathrm{d}x+\int_{1}^{2}x^2\mathrm{d}x$$
$$=\frac{x^2}{2}\Big|_{-1}^{1}+2x\Big|_{-1}^{1}+\frac{x^3}{3}\Big|_{1}^{2}$$
$$=0+4+\frac{7}{3}=\frac{19}{3}.$$

二、换元积分法

经常讨论的函数更多的是复合函数的形式,与复合函数的微分法则相对应,形成了换元积分法.

设$f(u)$有原函数$F(u)$,则
$$\int f(u)\mathrm{d}u=F(u)+C.$$
又$u=\varphi(x)$可导,由复合函数的微分法则知
$$\mathrm{d}F[\varphi(x)]=f[\varphi(x)]\varphi'(x)\mathrm{d}x,$$
即$F[\varphi(x)]$是$f[\varphi(x)]\varphi'(x)$的一个原函数,根据不定积分的定义可得
$$\int f[\varphi(x)]\varphi'(x)\mathrm{d}x=F[\varphi(x)]+C=\left[\int f(u)\mathrm{d}u\right]_{u=\varphi(x)}.$$
于是有下面定理.

定理 1 设函数$f(u)$有原函数,且$u=\varphi(x)$可导,则有换元积分公式
$$\int f[\varphi(x)]\varphi'(x)\mathrm{d}x=\left[\int f(u)\mathrm{d}u\right]_{u=\varphi(x)}.$$

注　据此定理，尽管$\int f[\varphi(x)]\varphi'(x)\mathrm{d}x$只是一个整体的符号，但在形式上，被积表达式中的$\mathrm{d}x$可作为变量$x$的微分来处理，于是微分关系式$\varphi'(x)\mathrm{d}x=\mathrm{d}u$可以方便地用到被积表达式中来，这样的处理实际上在第二节中把$\int F'(x)\mathrm{d}x$记为$\int \mathrm{d}F(x)$时已经用到了.

例 9　求$\int(1-3x)^{10}\mathrm{d}x$.

解　令$u=1-3x$，则$\mathrm{d}u=-3\mathrm{d}x$，即$\mathrm{d}x=-\dfrac{1}{3}\mathrm{d}u$，

$$\int(1-3x)^{10}\mathrm{d}x=-\frac{1}{3}\int u^{10}\mathrm{d}u=-\frac{1}{33}u^{11}+C=-\frac{1}{33}(1-3x)^{11}+C.$$

例 10　求$\int\cos(ax+b)\mathrm{d}x\ (a\neq 0)$.

解　令$u=ax+b$，则$\mathrm{d}u=a\mathrm{d}x$，即$\mathrm{d}x=\dfrac{1}{a}\mathrm{d}u$，

$$\int\cos(ax+b)\mathrm{d}x=\frac{1}{a}\int\cos u\mathrm{d}u=\frac{1}{a}\sin u+C=\frac{1}{a}\sin(ax+b)+C.$$

类似地，

$$\int\sin(ax+b)\mathrm{d}x=-\frac{1}{a}\cos(ax+b)+C\ (a\neq 0).$$

例 11　求$\int\dfrac{\mathrm{d}x}{a^2+x^2}\ (a>0)$.

解　令$u=\dfrac{x}{a}$，则$\mathrm{d}u=\dfrac{\mathrm{d}x}{a}$，即$\mathrm{d}x=a\mathrm{d}u$，

$$\int\frac{\mathrm{d}x}{a^2+x^2}=\int\frac{a\mathrm{d}u}{a^2+a^2u^2}=\frac{1}{a}\int\frac{\mathrm{d}u}{1+u^2}=\frac{1}{a}\arctan u+C=\frac{1}{a}\arctan\frac{x}{a}+C.$$

例 12　求$\int\dfrac{\mathrm{d}x}{\sqrt{a^2-x^2}}\ (a>0)$.

解　令$u=\dfrac{x}{a}$，则$\mathrm{d}u=\dfrac{\mathrm{d}x}{a}$，即$\mathrm{d}x=a\mathrm{d}u$，

$$\int\frac{\mathrm{d}x}{\sqrt{a^2-x^2}}=\int\frac{a\mathrm{d}u}{\sqrt{a^2-a^2u^2}}=\int\frac{\mathrm{d}u}{\sqrt{1-u^2}}=\arcsin u+C=\arcsin\frac{x}{a}+C.$$

从以上例题的求解过程可见，换元积分法的一般步骤为：变量代换—求微分—代入求积—变量回代，而合适的变量代换则建立在对被积函数与基本积分表进行分析比较的基础上.

例 13　求$\int\dfrac{x\mathrm{d}x}{(2x+1)^3}$.

解 令 $u=2x+1$,则 $du=2dx$,即 $dx=\frac{du}{2}$,

$$\int\frac{xdx}{(2x+1)^3}=\frac{1}{2}\int\frac{\frac{u-1}{2}}{u^3}du=\frac{1}{4}\int(u^{-2}-u^{-3})du$$

$$=\frac{1}{4}\left(-u^{-1}+\frac{1}{2}u^{-2}\right)+C$$

$$=-\frac{1}{4(2x+1)}+\frac{1}{8(2x+1)^2}+C.$$

例 14 求 $\int xe^{-x^2}dx$.

解 令 $u=-x^2$,则 $du=-2xdx$,即 $xdx=-\frac{1}{2}du$,

$$\int xe^{-x^2}dx=-\frac{1}{2}\int e^u du=-\frac{1}{2}e^u+C=-\frac{1}{2}e^{-x^2}+C.$$

例 15 求 $\int\frac{dx}{x(2+\ln x)}$.

解 令 $u=2+\ln x$,则 $du=\frac{dx}{x}$,

于是
$$\int\frac{dx}{x(2+\ln x)}=\int\frac{du}{u}=\ln|u|+C=\ln|2+\ln x|+C.$$

例 16 求 $\int\frac{dx}{x\sqrt{x^2-1}}$.

解 令 $u=\sqrt{x^2-1}$,则 $du=\frac{xdx}{\sqrt{x^2-1}}$,

于是
$$\frac{dx}{x\sqrt{x^2-1}}=\frac{xdx}{x^2\sqrt{x^2-1}}=\frac{du}{u^2+1},$$

$$\int\frac{dx}{x\sqrt{x^2-1}}=\int\frac{du}{u^2+1}=\arctan u+C=\arctan\sqrt{x^2-1}+C.$$

例 17 求 $\int\frac{\sqrt{x-1}}{x}dx$.

解 令 $u=\sqrt{x-1}$,则 $x=u^2+1$,$dx=2udu$,

于是
$$\int\frac{\sqrt{x-1}}{x}dx=\int\frac{u}{u^2+1}\cdot 2udu=2\int\frac{u^2du}{u^2+1}$$

$$=2\int\left(1-\frac{1}{u^2+1}\right)du$$

$$=2(u-\arctan u)+C$$

$$=2(\sqrt{x-1}-\arctan\sqrt{x-1})+C.$$

例 18 求$\int \tan x\mathrm{d}x$.

解 令 $u=\cos x$,则 $\mathrm{d}u=-\sin x\mathrm{d}x$,
于是

$$\int \tan x\mathrm{d}x=\int \frac{\sin x\mathrm{d}x}{\cos x}=-\int \frac{\mathrm{d}u}{u}=-\ln|u|+C=-\ln|\cos x|+C.$$

类似地,$\int \cot x\mathrm{d}x=\ln|\sin x|+C$.

例 19 求$\int \frac{\mathrm{d}x}{a^2-x^2}\ (a>0)$.

解 因为

$$\frac{1}{a^2-x^2}=\frac{1}{2a}\left(\frac{1}{a-x}+\frac{1}{a+x}\right),$$

所以

$$\int \frac{\mathrm{d}x}{a^2-x^2}=\frac{1}{2a}\left(\int \frac{\mathrm{d}x}{a-x}+\int \frac{\mathrm{d}x}{a+x}\right),$$

对于

$$\int \frac{\mathrm{d}x}{u-x}\xlongequal{u=a-x}-\int \frac{\mathrm{d}u}{u}=-\ln|u|+C_1=-\ln|a-x|+C_1,$$

$$\int \frac{\mathrm{d}x}{a+x}\xlongequal{t=a+x}\int \frac{\mathrm{d}t}{t}=\ln|t|+C_2=\ln|a+x|+C_2,$$

所以

$$\int \frac{\mathrm{d}x}{a^2-x^2}=\frac{1}{2a}(-\ln|a-x|+\ln|a+x|)+C$$

$$=\frac{1}{2a}\ln\left|\frac{a+x}{a-x}\right|+C,$$

其中 $C=C_1+C_2$.

例 20 求$\int \csc x\mathrm{d}x$.

解 令 $u=\cos x$,则 $\mathrm{d}u=-\sin x\mathrm{d}x$,于是

$$\int \csc x\mathrm{d}x=\int \frac{\mathrm{d}x}{\sin x}=\int \frac{\sin x\mathrm{d}x}{\sin^2 x}=\int \frac{\sin x\mathrm{d}x}{1-\cos^2 x}=-\int \frac{\mathrm{d}u}{1-u^2},$$

利用例 19 的结果得

$$\int \csc x\mathrm{d}x=-\frac{1}{2}\ln\left|\frac{1+u}{1-u}\right|+C=\frac{1}{2}\ln\left|\frac{1-\cos x}{1+\cos x}\right|+C$$

$$=\ln|\csc x-\cot x|+C.$$

类似地,$\int \sec x\mathrm{d}x=\ln|\sec x+\tan x|+C$.

例 21 求$\int \frac{\mathrm{d}x}{1+\mathrm{e}^x}$.

解 令 $u=\mathrm{e}^x$,则 $\mathrm{d}u=\mathrm{e}^x\mathrm{d}x$,即 $\mathrm{d}x=\frac{\mathrm{d}u}{u}$,

$$\int \frac{\mathrm{d}x}{1+\mathrm{e}^x} = \int \frac{\mathrm{d}u}{u(u+1)} = \int\left(\frac{1}{u} - \frac{1}{u+1}\right)\mathrm{d}u = \int \frac{\mathrm{d}u}{u} - \int \frac{\mathrm{d}u}{u+1}$$

$$=\ln|u| - \ln|u+1| + C = \ln \frac{\mathrm{e}^x}{\mathrm{e}^x+1} + C.$$

例 22 求$\int \sin^2 x\cos^3 x\mathrm{d}x$.

解 两个乘幂中,$\cos x$ 是奇数次幂,令 $u=\sin x$,则 $\mathrm{d}u=\cos x\mathrm{d}x$,于是

$$\int \sin^2 x\cos^3 x\mathrm{d}x = \int \sin^2 x(1-\sin^2 x)\cos x\mathrm{d}x$$

$$= \int u^2(1-u^2)\mathrm{d}u = \int (u^2-u^4)\mathrm{d}u$$

$$= \frac{u^3}{3} - \frac{u^5}{5} + C = \frac{\sin^3 x}{3} - \frac{\sin^5 x}{5} + C.$$

例 23 求$\int \sin^4 x\cos^2 x\mathrm{d}x$.

解 $$\int \sin^4 x\cos^2 x\mathrm{d}x = \int (\sin x\cos x)^2 \sin^2 x\mathrm{d}x = \int\left(\frac{\sin 2x}{2}\right)^2 \sin^2 x\mathrm{d}x$$

$$= \frac{1}{8}\int \sin^2 2x(1-\cos 2x)\mathrm{d}x$$

$$= \frac{1}{8}\int (\sin^2 2x - \sin^2 2x\cos 2x)\mathrm{d}x$$

$$= \frac{1}{8}\int \sin^2 2x\mathrm{d}x - \frac{1}{8}\int \sin^2 2x\cos 2x\mathrm{d}x,$$

因为 $$\int \sin^2 2x\mathrm{d}x = \frac{1}{2}\int (1-\cos 4x)\mathrm{d}x = \frac{1}{2}\left(x - \frac{1}{4}\sin 4x\right) + C_1,$$

$$\int \sin^2 2x\cos 2x\mathrm{d}x \xlongequal{u=\sin 2x} \frac{1}{2}\int u^2\mathrm{d}u = \frac{u^3}{6} + C_2 = \frac{\sin^3 2x}{6} + C_2,$$

所以 $$\int \sin^4 x\cos^2 x\mathrm{d}x = \frac{1}{16}\left(x - \frac{1}{4}\sin 4x\right) - \frac{1}{48}\sin^3 2x + C,$$

其中 $C=\frac{1}{8}(C_1-C_2)$.

例 23 也可以用如下方法处理:

因为 $$\sin^4 x\cos^2 x = \frac{1}{8}\sin^2 2x(1-\cos 2x) = \frac{1}{16}(1-\cos 4x)(1-\cos 2x)$$

$$= \frac{1}{16}(1-\cos 2x-\cos 4x+\cos 2x\cos 4x),$$

所以 $$\int \sin^4 x\cos^2 x\mathrm{d}x = \frac{1}{16}\left(\int \mathrm{d}x - \int \cos 2x\mathrm{d}x - \int \cos 4x\mathrm{d}x + \int \cos 2x\cos 4x\mathrm{d}x\right).$$

例 24 求$\int \cos 2x\cos 4x\mathrm{d}x$.

解　利用积化和差公式 $\cos A\cos B=\frac{1}{2}[\cos(A+B)+\cos(A-B)]$.

$$\cos 2x\cos 4x=\frac{1}{2}(\cos 6x+\cos 2x),$$

于是

$$\int\cos 2x\cos 4x\mathrm{d}x=\frac{1}{2}\left(\int\cos 6x\mathrm{d}x+\int\cos 2x\mathrm{d}x\right)$$

$$=\frac{1}{12}\sin 6x+\frac{1}{4}\sin 2x+C.$$

对于形如 $\int\sin^m x\cos^n x\mathrm{d}x$（$m,n$ 为正整数）的积分问题，可归纳如下：

(1) 若 m 为奇数，令 $u=\cos x$；

(2) 若 n 为奇数，令 $u=\sin x$；

(3) 若 m,n 均为偶数，反复利用 $\sin^2 x=\frac{1-\cos 2x}{2}$，$\cos^2 x=\frac{1+\cos 2x}{2}$ 降到一次幂，再利用积化和差公式求积.

例 25　求 $\int\frac{x-1}{x^2+x+3}\mathrm{d}x$.

解　由于 $x^2+2x+3=(x+1)^2+2$，令 $t=x+1$，则 $\mathrm{d}t=\mathrm{d}x$，从而

$$\int\frac{x-1}{x^2+x+3}\mathrm{d}x=\int\frac{t-2}{t^2+2}\mathrm{d}t=\int\frac{t}{t^2+2}\mathrm{d}t-\int\frac{2}{t^2+2}\mathrm{d}t,$$

因为

$$\int\frac{t}{t^2+2}\mathrm{d}t\xlongequal{u=t^2+2}\frac{1}{2}\int\frac{\mathrm{d}u}{u}=\frac{1}{2}\ln|u|+C_1=\frac{1}{2}\ln(t^2+2)+C_1,$$

$$\int\frac{2}{t^2+2}\mathrm{d}t=2\int\frac{1}{t^2+(\sqrt{2})^2}\mathrm{d}t=\sqrt{2}\arctan\frac{t}{\sqrt{2}}+C_2,$$

所以

$$\int\frac{x-1}{x^2+x+1}\mathrm{d}x=\frac{1}{2}\ln(t^2+2)-\sqrt{2}\arctan\frac{t}{\sqrt{2}}+C$$

$$=\frac{1}{2}\ln(x^2+2x+3)-\sqrt{2}\arctan\frac{x+1}{\sqrt{2}}+C,$$

其中 $C=C_1-C_2$.

不定积分的换元积分公式可以平行地移到定积分中来，即

定理 2　设函数 $f(x)$ 在区间 $[a,b]$ 上连续，函数 $x=\varphi(t)$ 满足条件：

(1) $\varphi(\alpha)=a$，$\varphi(\beta)=b$；

(2) $\varphi(t)$ 在 α,β 之间具有连续的导数，且 $a\leqslant\varphi(t)\leqslant b$，

则有

$$\int_a^b f(x)\mathrm{d}x=\int_\alpha^\beta f[\varphi(t)]\varphi'(t)\mathrm{d}t.$$

上述公式叫做定积分的**换元积分公式**.

注 (1) 由于定积分的计算涉及积分变量的取值范围(即积分上、下限),所以换元时必须相应地改变定积分的上、下限;

(2) 定积分的换元积分公式也可以反过来使用.

例 26 计算$\int_0^4 \frac{dx}{1+\sqrt{x}}$.

解 令$t=\sqrt{x}$,则$x=t^2$,$dx=2tdt$,且当$x=0$时,$t=0$;当$x=4$时,$t=2$.于是

$$\int_0^4 \frac{dx}{1+\sqrt{x}}=\int_0^2 \frac{2tdt}{1+t}=2\int_0^2\left(1-\frac{1}{1+t}\right)dt=2\int_0^2 dt-2\int_0^2\frac{dt}{1+t}$$
$$=2(2-0)-2[\ln(1+t)]_0^2=4-2\ln 3.$$

例 27 计算$\int_{\ln 2}^{\ln 4}\sqrt{e^x-1}dx$.

解 令$t=\sqrt{e^x-1}$,则$x=\ln(t^2+1)$,$dx=\frac{2tdt}{t^2+1}$,且当$x=\ln 2$时,$t=1$;当$x=\ln 4$时,$t=\sqrt{3}$.

于是

$$\int_{\ln 2}^{\ln 4}\sqrt{e^x-1}dx=\int_1^{\sqrt{3}}\frac{2t^2dt}{t^2+1}=2\int_1^{\sqrt{3}}\left(1-\frac{1}{t^2+1}\right)dt=2\int_1^{\sqrt{3}}dt-2\int_1^{\sqrt{3}}\frac{dt}{t^2+1}$$
$$=2(\sqrt{3}-1)-2[\arctan t]_1^{\sqrt{3}}=2(\sqrt{3}-1)-2(\arctan\sqrt{3}-\arctan 1)$$
$$=2(\sqrt{3}-1)-2\left(\frac{\pi}{3}-\frac{\pi}{4}\right)=2\sqrt{3}-2-\frac{\pi}{6}.$$

例 28 计算$\int_0^{\pi}\frac{\sin xdx}{1+\cos^2 x}$.

解 令$t=\cos x$,则$dt=-\sin xdx$,且当$x=0$时,$t=1$;当$x=\pi$时,$t=-1$.于是

$$\int_0^{\pi}\frac{\sin xdx}{1+\cos^2 x}=-\int_1^{-1}\frac{dt}{1+t^2}=\int_{-1}^{1}\frac{dt}{1+t^2}=[\arctan t]_{-1}^{1}=\frac{\pi}{4}-\left(-\frac{\pi}{4}\right)=\frac{\pi}{2}.$$

例 29 计算$\int_{-\frac{\pi}{2}}^{\frac{\pi}{2}}\sqrt{\cos x-\cos^3 x}dx$.

解 由于$\sqrt{\cos x-\cos^3 x}=\sqrt{\cos x(1-\cos^2 x)}=\sqrt{\cos x}|\sin x|$,在$\left[-\frac{\pi}{2},0\right]$上,$|\sin x|=-\sin x$;在$\left[0,\frac{\pi}{2}\right]$上,$|\sin x|=\sin x$,于是

$$\int_{-\frac{\pi}{2}}^{\frac{\pi}{2}}\sqrt{\cos x-\cos^3 x}dx=-\int_{-\frac{\pi}{2}}^{0}\sin x\sqrt{\cos x}dx+\int_0^{\frac{\pi}{2}}\sin x\sqrt{\cos x}dx,$$

令$t=\cos x$,则$dt=-\sin xdx$,且当$x=-\frac{\pi}{2}$时,$t=0$;当$x=0$时,$t=1$;当$x=\frac{\pi}{2}$

时，$t=0$.

于是
$$\int_{-\frac{\pi}{2}}^{\frac{\pi}{2}}\sqrt{\cos x-\cos^3 x}\,\mathrm{d}x=\int_0^1\sqrt{t}\,\mathrm{d}t-\int_1^0\sqrt{t}\,\mathrm{d}t=2\int_0^1\sqrt{t}\,\mathrm{d}t$$
$$=2\left[\frac{2}{3}t^{\frac{3}{2}}\right]_0^1=\frac{4}{3}.$$

例 30 设函数 $f(x)=\begin{cases}x\mathrm{e}^{x^2}, & x\leqslant 1,\\ \dfrac{1}{x(1+\ln x)}, & x>1,\end{cases}$ 计算 $\int_1^3 f(x-1)\mathrm{d}x$.

解 尽管 $f(x-1)$的表达式可以确定，但形式较为繁琐.

令 $t=x-1$，则 $\mathrm{d}t=\mathrm{d}x$，且当 $x=1$ 时，$t=0$；当 $x=3$ 时，$t=2$.

于是
$$\int_1^3 f(x-1)\mathrm{d}x=\int_0^2 f(t)\mathrm{d}t=\int_0^1 t\mathrm{e}^{t^2}\mathrm{d}t+\int_1^2\frac{\mathrm{d}t}{t(1+\ln t)}$$
$$=\frac{1}{2}\int_0^1\mathrm{e}^{t^2}\mathrm{d}(t^2)+\int_1^2\frac{1}{1+\ln t}\mathrm{d}(1+\ln t)$$
$$=\frac{1}{2}[\mathrm{e}^{t^2}]_0^1+[\ln|1+\ln t|]_1^2$$
$$=\frac{\mathrm{e}-1}{2}+\ln(1+\ln 2).$$

注 例 30 的计算过程中，没有改变积分限，请读者考虑一下为什么.

例 31 证明：

(1) 若 $f(x)$在区间$[-a,a]$上连续，且为奇函数，则
$$\int_{-a}^{a}f(x)\mathrm{d}x=0;$$

(2) 若 $f(x)$在区间$[-a,a]$上连续，且为偶函数，则
$$\int_{-a}^{a}f(x)\mathrm{d}x=2\int_0^a f(x)\mathrm{d}x.$$

证 因为
$$\int_{-a}^{a}f(x)\mathrm{d}x=\int_{-a}^{0}f(x)\mathrm{d}x+\int_0^a f(x)\mathrm{d}x,$$
在积分$\int_{-a}^{0}f(x)\mathrm{d}x$ 中令 $x=-t$，则有
$$\int_{-a}^{0}f(x)\mathrm{d}x=-\int_a^0 f(-t)\mathrm{d}t=\int_0^a f(-x)\mathrm{d}x,$$
所以
$$\int_{-a}^{a}f(x)\mathrm{d}x=\int_0^a f(-x)\mathrm{d}x+\int_0^a f(x)\mathrm{d}x=\int_0^a[f(x)+f(-x)]\mathrm{d}x,$$

(1) 若 $f(x)$为奇函数，则
$$f(x)+f(-x)=0,$$

于是
$$\int_{-a}^{a} f(x)\mathrm{d}x = 0;$$

(2) 若 $f(x)$为偶函数,则
$$f(x)+f(-x)=2f(x),$$
于是
$$\int_{-a}^{a} f(x)\mathrm{d}x = 2\int_{0}^{a} f(x)\mathrm{d}x.$$

注 例 31 的结论常用来简化对称区间上奇、偶函数的定积分计算,但是,当 $f(x)$非奇非偶时,只有 $\int_{-a}^{a} f(x)\mathrm{d}x = \int_{0}^{a}[f(x)+f(-x)]\mathrm{d}x$ 成立.

例 32 计算$\int_{-1}^{1}(x+\sqrt{9-x^2})^2\mathrm{d}x$.

解 因为$(x+\sqrt{9-x^2})^2=9+2x\sqrt{9-x^2}$,而 $2x\sqrt{9-x^2}$ 在$[-1,1]$上为奇函数,所以
$$\int_{-1}^{1} 2x\sqrt{9-x^2}\,\mathrm{d}x = 0,$$
于是
$$\begin{aligned}\int_{-1}^{1}(x+\sqrt{9-x^2})^2\mathrm{d}x &= \int_{-1}^{1}(9+2x\sqrt{9-x^2})\mathrm{d}x \\ &= \int_{-1}^{1} 9\mathrm{d}x + \int_{-1}^{1} 2x\sqrt{9-x^2}\mathrm{d}x \\ &= 9[1-(-1)]+0=18.\end{aligned}$$

例 33 计算$\int_{-2}^{2}\dfrac{\mathrm{d}x}{1+\mathrm{e}^x}$.

解
$$\begin{aligned}\int_{-2}^{2}\frac{\mathrm{d}x}{1+\mathrm{e}^x} &= \int_{0}^{2}\left(\frac{1}{1+\mathrm{e}^x}+\frac{1}{1+\mathrm{e}^{-x}}\right)\mathrm{d}x \\ &= \int_{0}^{2}\left(\frac{1}{1+\mathrm{e}^x}+\frac{\mathrm{e}^x}{1+\mathrm{e}^x}\right)\mathrm{d}x = \int_{0}^{2}\mathrm{d}x = 2.\end{aligned}$$

例 34 证明:
$$\int_{0}^{\frac{\pi}{2}}\sin^n x\,\mathrm{d}x = \int_{0}^{\frac{\pi}{2}}\cos^n x\,\mathrm{d}x \quad (n\text{ 是正整数}).$$

证 令 $t=\dfrac{\pi}{2}-x$,则 $\mathrm{d}t=-\mathrm{d}x$,且当 $x=0$ 时,$t=\dfrac{\pi}{2}$;当 $x=\dfrac{\pi}{2}$时,$t=0$.
所以
$$\int_{0}^{\frac{\pi}{2}}\sin^n x\,\mathrm{d}x = -\int_{\frac{\pi}{2}}^{0}\sin^n\left(\frac{\pi}{2}-t\right)\mathrm{d}t = \int_{0}^{\frac{\pi}{2}}\cos^n t\,\mathrm{d}t = \int_{0}^{\frac{\pi}{2}}\cos^n x\,\mathrm{d}x.$$

例 35 设 $f(x)$是连续函数,且满足
$$\int_{0}^{x} f(x-t)\mathrm{d}t = \mathrm{e}^{2x}-1,$$
求 $f(x)$.

解 令 $u=x-t$,则 $\mathrm{d}u=-\mathrm{d}t$,且当 $t=0$ 时,$u=x$;当 $t=x$ 时,$u=0$.

于是

$$\int_0^x f(x-t)\mathrm{d}t = -\int_x^0 f(u)\mathrm{d}u = \int_0^x f(u)\mathrm{d}u,$$

即

$$\int_0^x f(u)\mathrm{d}u = \mathrm{e}^{2x} - 1,$$

两边求导，得

$$f(x) = 2\mathrm{e}^{2x}.$$

三、分部积分法

对于形如 $\int x\mathrm{e}^x \mathrm{d}x$, $\int \ln x \mathrm{d}x$ 的积分，即使利用换元积分公式仍然无法求得其原函数. 相应于两个函数乘积的微分法则产生的分部积分法，是积分法中的另一种重要方法.

定理 3 设 $u=u(x)$, $v=v(x)$ 有连续的导数，则有分部积分公式

$$\int uv'\mathrm{d}x = uv - \int u'v\mathrm{d}x,$$

或

$$\int u\mathrm{d}v = uv - \int v\mathrm{d}u.$$

定理 4 设函数 $u=u(x)$, $v=v(x)$ 在区间 $[a,b]$ 上有连续的导数，则有分部积分公式

$$\int_a^b uv'\mathrm{d}x = [uv]_a^b - \int_a^b u'v\mathrm{d}x,$$

或

$$\int_a^b u\mathrm{d}v = [uv]_a^b - \int_a^b v\mathrm{d}u.$$

证明 因为 $u=u(x)$, $v=v(x)$ 在区间 $[a,b]$ 上有连续的导数，则有

$$(uv)' = u'v + uv',$$

等式两边在区间 $[a,b]$ 上求定积分，得

$$\int_a^b (uv)'\mathrm{d}x = \int_a^b u'v\mathrm{d}x + \int_a^b uv'\mathrm{d}x,$$

移项得

$$\int_a^b uv'\mathrm{d}x = [uv]_a^b - \int_a^b u'v\mathrm{d}x \text{ 或} \int_a^b u\mathrm{d}v = [uv]_a^b - \int_a^b v\mathrm{d}u.$$

分部积分法是对较难处理的被积函数 uv' 中的一部分 (u) 求导，对另一部分 (v') 求积，将原来的积分转变为较易处理的新积分 $\int u'v\mathrm{d}x$，因此，合理地选择 u 与 v' 是关键所在.

常见的使用分部积分处理的问题有：

(1) $\int x^n\mathrm{e}^x\mathrm{d}x$, $\int x^n\sin x\mathrm{d}x$, $\int x^n\cos x\mathrm{d}x$，此时，选择 $u=x^n$，利用分部积分，使之

逐次降幂,化为常数;

(2) $\int x^n \ln x \mathrm{d}x$,$\int x^n \arctan x \mathrm{d}x$,此时,不是选择 $u=x^n$,而是选择 $u=\ln x$ 或 $u=\arctan x$,使之有理化后再处理.

例 36 求 $\int x\cos x\mathrm{d}x$.

解 $\int x\cos x\mathrm{d}x=\int x\mathrm{d}\sin x=x\sin x-\int \sin x\mathrm{d}x=x\sin x+\cos x+C.$

例 37 求 $\int x^2\mathrm{e}^x\mathrm{d}x$.

解

$$\begin{aligned}\int x^2\mathrm{e}^x\mathrm{d}x&=\int x^2\mathrm{d}\mathrm{e}^x=x^2\mathrm{e}^x-\int \mathrm{e}^x\mathrm{d}(x^2)=x^2\mathrm{e}^x-2\int x\mathrm{e}^x\mathrm{d}x\\&=x^2\mathrm{e}^x-2\int x\mathrm{d}(\mathrm{e}^x)=x^2\mathrm{e}^x-2\left(x\mathrm{e}^x-\int \mathrm{e}^x\mathrm{d}x\right)\\&=x^2\mathrm{e}^x-2(x\mathrm{e}^x-\mathrm{e}^x)+C=(x^2-2x+2)\mathrm{e}^x+C.\end{aligned}$$

例 38 计算 $\int_1^2 x\ln x\mathrm{d}x$.

解

$$\begin{aligned}\int_1^2 x\ln x\mathrm{d}x&=\int_1^2\ln x\mathrm{d}\left(\frac{x^2}{2}\right)=\left[\frac{x^2}{2}\ln x\right]_1^2-\int_1^2\frac{x^2}{2}\mathrm{d}(\ln x)\\&=2\ln 2-\int_1^2\frac{x}{2}\mathrm{d}x=2\ln 2-\left[\frac{x^2}{4}\right]_1^2=2\ln 2-\frac{3}{4}.\end{aligned}$$

例 39 计算 $\int_0^1 x\arctan x\mathrm{d}x$.

解

$$\begin{aligned}\int_0^1 x\arctan x\mathrm{d}x&=\int_0^1\arctan x\mathrm{d}\left(\frac{x^2}{2}\right)=\left[\frac{x^2}{2}\arctan x\right]_0^1-\int_0^1\frac{x^2}{2}\mathrm{d}(\arctan x)\\&=\frac{1}{2}\arctan 1-\int_0^1\frac{x^2}{2}\cdot\frac{1}{1+x^2}\mathrm{d}x\\&=\frac{\pi}{8}-\frac{1}{2}\int_0^1\left(1-\frac{1}{1+x^2}\right)\mathrm{d}x\\&=\frac{\pi}{8}-\frac{1}{2}[x-\arctan x]_0^1\\&=\frac{\pi}{8}-\frac{1}{2}(1-\arctan 1)=\frac{\pi}{4}-\frac{1}{2}.\end{aligned}$$

例 40 求 $\int \mathrm{e}^x\cos x\mathrm{d}x$.

解

$$\begin{aligned}\int \mathrm{e}^x\cos x\mathrm{d}x&=\int\cos x\mathrm{d}(\mathrm{e}^x)=\mathrm{e}^x\cos x-\int \mathrm{e}^x\mathrm{d}(\cos x)\\&=\mathrm{e}^x\cos x+\int \mathrm{e}^x\sin x\mathrm{d}x;\end{aligned}$$

$$\int \mathrm{e}^x\sin x\mathrm{d}x=\int\sin x\mathrm{d}(\mathrm{e}^x)=\mathrm{e}^x\sin x-\int \mathrm{e}^x\mathrm{d}(\sin x)=\mathrm{e}^x\sin x-\int \mathrm{e}^x\cos x\mathrm{d}x.$$

联立上面两个关系式,可以解得

$$\int e^x \cos x\,dx = \frac{1}{2}(\sin x + \cos x)e^x + C.$$

例 41 计算$\int_0^{\frac{\pi}{2}} x\cos^2 x\,dx$.

解
$$\begin{aligned}\int_0^{\frac{\pi}{2}} x\cos^2 x\,dx &= \int_0^{\frac{\pi}{2}} x\cdot\frac{1+\cos 2x}{2}dx = \frac{1}{2}\left(\int_0^{\frac{\pi}{2}} x\,dx + \int_0^{\frac{\pi}{2}} x\cos 2x\,dx\right)\\
&= \frac{1}{2}\left(\frac{x^2}{2}\Big|_0^{\frac{\pi}{2}} + \frac{1}{2}\int_0^{\frac{\pi}{2}} x\,d(\sin 2x)\right)\\
&= \frac{1}{2}\left(\frac{\pi^2}{8} + \frac{1}{2}x\sin 2x\Big|_0^{\frac{\pi}{2}} - \frac{1}{2}\int_0^{\frac{\pi}{2}}\sin 2x\,dx\right)\\
&=\frac{1}{2}\left(\frac{\pi^2}{8}+0+\frac{1}{4}\cos 2x\Big|_0^{\frac{\pi}{2}}\right)\\
&=\frac{1}{2}\left(\frac{\pi^2}{8}-\frac{1}{4}-\frac{1}{4}\right)=\frac{\pi^2}{16}-\frac{1}{4}.\end{aligned}$$

例 42 求$\int e^{\sqrt[3]{x}}dx$.

解 令 $t=\sqrt[3]{x}$,则 $x=t^3$,$dx=3t^2dt$,于是

$$\begin{aligned}\int e^{\sqrt[3]{x}}dx &= 3\int t^2 e^t dt = 3(t^2-2t+2)e^t + C\\
&=3(\sqrt[3]{x^2}-2\sqrt[3]{x}+2)e^{\sqrt[3]{x}}+C.\end{aligned}$$

例 43 计算 $I_n = \int_0^{\frac{\pi}{2}} \sin^n x\,dx$ (n 是正整数).

解

$$\begin{aligned}I_n &= \int_0^{\frac{\pi}{2}} \sin^n x\,dx = -\int_0^{\frac{\pi}{2}} \sin^{n-1}x\,d(\cos x)\\
&= \left[-\cos x\sin^{n-1}x\right]_0^{\frac{\pi}{2}} + \int_0^{\frac{\pi}{2}}\cos x\,d(\sin^{n-1}x)\\
&= 0 + (n-1)\int_0^{\frac{\pi}{2}}\sin^{n-2}x\cos^2 x\,dx\\
&= (n-1)\int_0^{\frac{\pi}{2}}\sin^{n-2}x(1-\sin^2 x)dx\\
&=(n-1)I_{n-2}-(n-1)I_n,\end{aligned}$$

由此得递推公式

$$I_n=\frac{n-1}{n}I_{n-2}.$$

又

$$I_0 = \int_0^{\frac{\pi}{2}}dx = \frac{\pi}{2}, I_1 = \int_0^{\frac{\pi}{2}}\sin x\,dx = [-\cos x]_0^{\frac{\pi}{2}} = 1.$$

反复使用递推公式,得

当 n 为偶数时,

$$I_n=\frac{n-1}{n}\cdot\frac{n-3}{n-2}\cdot\cdots\cdot\frac{3}{4}\cdot\frac{1}{2}\cdot I_0=\frac{n-1}{n}\cdot\frac{n-3}{n-2}\cdot\cdots\cdot\frac{3}{4}\cdot\frac{1}{2}\cdot\frac{\pi}{2};$$

当 n 为奇数时,

$$I_n=\frac{n-1}{n}\cdot\frac{n-3}{n-2}\cdot\cdots\cdot\frac{4}{5}\cdot\frac{2}{3}\cdot I_1=\frac{n-1}{n}\cdot\frac{n-3}{n-2}\cdot\cdots\cdot\frac{4}{5}\cdot\frac{2}{3}\cdot 1.$$

例 44 求 $\int\arctan\sqrt{x}\,\mathrm{d}x$.

解
$$\begin{aligned}\int\arctan\sqrt{x}\,\mathrm{d}x &= x\arctan\sqrt{x}-\int x\,\mathrm{d}(\arctan\sqrt{x})\\ &= x\arctan\sqrt{x}-\int x\cdot\frac{1}{1+x}\cdot\frac{1}{2\sqrt{x}}\mathrm{d}x\\ &= x\arctan\sqrt{x}-\frac{1}{2}\int\frac{\sqrt{x}}{1+x}\mathrm{d}x.\end{aligned}$$

对于 $\int\frac{\sqrt{x}}{1+x}\mathrm{d}x$,令 $t=\sqrt{x}$,则有 $x=t^2$,$\mathrm{d}x=2t\mathrm{d}t$,于是

$$\begin{aligned}\int\frac{\sqrt{x}}{1+x}\mathrm{d}x &= \int\frac{t\cdot 2t}{1+t^2}\mathrm{d}t=2\int\left(1-\frac{1}{1+t^2}\right)\mathrm{d}t\\ &= 2(t-\arctan t)+C_1=2(\sqrt{x}-\arctan\sqrt{x})+C_1,\end{aligned}$$

所以

$$\begin{aligned}\int\arctan\sqrt{x}\,\mathrm{d}x &= x\arctan\sqrt{x}-(\sqrt{x}-\arctan\sqrt{x})+C\\ &=(x+1)\arctan\sqrt{x}-\sqrt{x}+C,\end{aligned}$$

其中
$$C=-\frac{C_1}{2}.$$

如果作些适当的处理,上述运算过程可以简化不少.

$$\begin{aligned}\int\arctan\sqrt{x}\,\mathrm{d}x &= \int\arctan\sqrt{x}\,\mathrm{d}(x+1)\\ &= (x+1)\arctan\sqrt{x}-\int(x+1)\mathrm{d}(\arctan\sqrt{x})\\ &= (x+1)\arctan\sqrt{x}-\int(x+1)\cdot\frac{1}{1+x}\cdot\frac{1}{2\sqrt{x}}\mathrm{d}x\\ &= (x+1)\arctan\sqrt{x}-\int\frac{1}{2\sqrt{x}}\mathrm{d}x\\ &= (x+1)\arctan\sqrt{x}-\sqrt{x}+C.\end{aligned}$$

积分问题常常带有一定的运算技巧,但是,必须指出:有些积分是"积不出来"

的.所谓的"积不出来"是指某些初等函数的原函数不能用初等函数来表示.例如，$\int e^{x^2}dx$，$\int \frac{\sin x}{x}dx$，$\int \frac{dx}{\ln x}$ 等.

习题 4-3

1. 求下列不定积分：

(1) $\int \frac{x-2}{x^2}dx$；　　(2) $\int \frac{(x+1)^2}{\sqrt{x}}dx$；

(3) $\int (\sqrt{x}+1)(\sqrt{x^3}+1)dx$；　　(4) $\int e^x\left(1-\frac{e^{-x}}{x^3}\right)dx$；

(5) $\int \frac{3x^3+3x+1}{x^2+1}dx$；　　(6) $\int \frac{2\cdot 3^x+3\cdot 2^x}{e^x}dx$；

(7) $\int \frac{\cos 2x}{\sin^2 x\cos^2 x}dx$；　　(8) $\int \sin^2\frac{x}{2}dx$；

(9) $\int \frac{1+\cos^2 x}{1+\cos 2x}dx$；　　(10) $\int \frac{1+\sin 2x}{\sin x+\cos x}dx$.

2. 计算下列定积分：

(1) $\int_1^2\left(x^2+\frac{1}{x^2}\right)dx$；　　(2) $\int_0^{\frac{\pi}{4}}\tan^2 x dx$；

(3) $\int_1^0 \sqrt{x}(1+\sqrt{x})dx$；　　(4) $\int_1^2 e^{x-1}dx$；

(5) $\int_0^{2\pi}|\sin 2x|\,dx$；　　(6) $\int_0^2 \max\{x,x^2\}dx$；

(7) $\int_{\frac{\pi}{2}}^{\pi}\frac{\cos 2x}{\sin x+\cos x}dx$；　　(8) $\int_{\frac{\pi}{6}}^{\frac{\pi}{3}}\frac{1+\sin^2 x}{1-\cos 2x}dx$；

(9) $\int_0^{\frac{1}{2}}\left(\sqrt{\frac{1+x}{1-x}}+\sqrt{\frac{1-x}{1+x}}\right)dx$；

(10) $\int_2^5 f(x)dx$，其中 $f(x)=\begin{cases}x-2, & x<4,\\ \frac{1+x^2}{x}, & x\geqslant 4.\end{cases}$

3. 求下列不定积分：

(1) $\int \frac{dx}{\cos^2 3x}+C$；　　(2) $\int \sqrt{2x+1}dx$；

(3) $\int \frac{\sin x}{5+2\cos x}dx$；　　(4) $\int \frac{e^{\sqrt{x}}}{\sqrt{x}}dx$；

(5) $\int\left(x\sqrt{x^2+1}-\frac{x}{\sqrt{x^2+1}}\right)dx$；　　(6) $\int \frac{1}{x^2}\sqrt[3]{1+\frac{1}{x}}dx$；

(7) $\int \frac{x+1}{\sqrt{1-x^2}}\mathrm{d}x$;

(8) $\int \frac{x-4}{\sqrt{x+2}}\mathrm{d}x$;

(9) $\int \frac{\sin x}{\sqrt{1+2\cos x}}\mathrm{d}x$;

(10) $\int \frac{\sqrt{1+\ln x}}{x}\mathrm{d}x$;

(11) $\int \frac{\mathrm{d}x}{\mathrm{e}^x+\mathrm{e}^{-x}}$;

(12) $\int \frac{\mathrm{d}x}{(\arccos x)^2\sqrt{1-x^2}}$;

(13) $\int \frac{1+\ln x}{x\ln x}\mathrm{d}x$;

(14) $\int \frac{x^2}{(1-x)^{100}}\mathrm{d}x$;

(15) $\int \frac{1+\sin x}{x-\cos x}\mathrm{d}x$;

(16) $\int \frac{\mathrm{d}x}{2+\mathrm{e}^x}$;

(17) $\int [x\sin(x^2+2)-\tan^2 x]\mathrm{d}x$;

(18) $\int \frac{\mathrm{d}x}{x\sqrt{1-\ln^2 x}}$;

(19) $\int \frac{x^2+\arctan x}{1+x^2}\mathrm{d}x$;

(20) $\int \frac{\sin x\cos x}{1+2\cos^2 x}\mathrm{d}x$;

(21) $\int (x-2)\mathrm{e}^{x^2-4x+3}\mathrm{d}x$;

(22) $\int \frac{x^5}{\sqrt{1+x^3}}\mathrm{d}x$;

(23) $\int \frac{\cos x}{3+\cos^2 x}\mathrm{d}x$;

(24) $\int \frac{x\cos x+\sin x}{(x\sin x)^2}\mathrm{d}x$;

(25) $\int \frac{\ln\tan x}{\sin x\cos x}\mathrm{d}x$;

(26) $\int (\cos x-\sin x)\cos 2x\mathrm{d}x$;

(27) $\int \sqrt{\frac{\ln(x+\sqrt{1+x^2})}{1+x^2}}\mathrm{d}x$;

(28) $\int \frac{x\mathrm{d}x}{x^4+2x^2+5}$;

(29) $\int \frac{x^4}{x^2-3}\mathrm{d}x$;

(30) $\int \frac{x+3}{x^2+2x+5}\mathrm{d}x$.

4. 计算下列定积分:

(1) $\int_0^1 \frac{\mathrm{d}x}{(1+2x)^2}$;

(2) $\int_0^8 \frac{\mathrm{d}x}{1+\sqrt[3]{x}}$;

(3) $\int_0^{\frac{\pi}{4}} \tan x\cdot\ln\cos x\mathrm{d}x$;

(4) $\int_0^{\pi} \frac{\sin x}{1+\cos^2 x}\mathrm{d}x$;

(5) $\int_{\mathrm{e}^{\frac{1}{2}}}^{\mathrm{e}^{\frac{3}{4}}} \frac{\mathrm{d}x}{x\sqrt{\ln x(1-\ln x)}}$;

(6) $\int_{-1}^{0} \frac{(1+x)\mathrm{e}^x}{\sqrt{1+x\mathrm{e}^x}}\mathrm{d}x$;

(7) $\int_0^{\pi} \sqrt{\sin x-\sin^3 x}\mathrm{d}x$;

(8) $\int_{\frac{\pi}{6}}^{\frac{\pi}{3}} (1-\cos 3t)\sin 3t\mathrm{d}t$;

(9) $\int_0^{\pi} \frac{\cos x}{\sqrt{4+3\sin x}}\mathrm{d}x$;

(10) $\int_0^{\pi} 3\cos^2 x\sin x\mathrm{d}x$;

(11) $\int_0^{\frac{\pi}{2}} \sin^2 x\cos^4 x\mathrm{d}x$;

(12) $\int_1^4 \frac{\mathrm{d}x}{\sqrt{x}(1+\sqrt{x})^2}$;

(13) $\int_{-1}^{0} \frac{dx}{x^2-2x+2}$；

(14) $\int_{-\frac{\pi}{2}}^{\frac{\pi}{2}} \cos x\cos 2x dx$；

(15) $\int_{0}^{\pi} \sqrt{1-\cos 4x} dx$；

(16) $\int_{0}^{\ln 2} \frac{dx}{1+e^x}$；

(17) $\int_{0}^{\frac{\pi}{2}} \frac{\cos x}{\sin x+\cos x} dx$；

(18) $\int_{0}^{1} \frac{\arcsin\sqrt{x}}{\sqrt{x(1-x)}} dx$；

(19) $\int_{0}^{\ln 3} \frac{e^{\frac{x}{2}}}{\sqrt{1+e^{-x}}} dx$；

(20) $\int_{0}^{\frac{\pi}{4}} \frac{dx}{\sin^2 x+2\cos^2 x}$.

5. 利用函数的奇偶性计算下列定积分：

(1) $\int_{-\frac{\pi}{2}}^{\frac{\pi}{2}} (x^2+1)\sin^3 x dx$；

(2) $\int_{-2}^{2} x^2[1+\ln(x+\sqrt{1+x^2})] dx$；

(3) $\int_{-\frac{\pi}{4}}^{\frac{\pi}{4}} \frac{x+1}{1+\cos 2x} dx$.

6. 计算下列各题：

(1) $\frac{d}{dx}\int_{0}^{x} \cos (x-t)^2 dt$；

(2) $\frac{d^2}{dx^2}\int_{0}^{x} tf(x-t) dt$ (其中 $f(x)$ 是连续函数).

7. 设 $\int_{0}^{x} f(2t+1) dt = \frac{x^2}{2}$，计算 $\int_{1}^{5} f(x) dx$.

8. 设连续函数 $f(x)$ 满足

$$\int_{0}^{x} tf(x^2-t^2) dt = x^4+x^2,$$

计算定积分

$$\int_{0}^{2} f(x) dx.$$

9. 设 $f(x)$ 在 $(0,+\infty)$ 上可导，且满足方程

$$f(x) = 1+\int_{\frac{1}{x}}^{1} f(xt) dt,$$

求 $f(x)$.

10. 证明：(1) $\int_{0}^{1} x^m(1-x)^n dx = \int_{0}^{1} x^n(1-x)^m dx$；

(2) $\int_{0}^{\pi} \cos^8 x dx = 2\int_{0}^{\frac{\pi}{2}} \cos^8 x dx$；

(3) $\int_{0}^{\pi} xf(\sin x) dx = \frac{\pi}{2}\int_{0}^{\pi} f(\sin x) dx$.

11. 求下列不定积分：

(1) $\int \ln(x+1)\mathrm{d}x$；　　(2) $\int x\sin 3x\mathrm{d}x$；

(3) $\int x^2\sin x\mathrm{d}x$；　　(4) $\int \frac{\ln x}{x^2}\mathrm{d}x$；

(5) $\int x\sin^2 x\mathrm{d}x$；　　(6) $\int x^3\mathrm{e}^{x^2}\mathrm{d}x$；

(7) $\int x^2\arctan x\mathrm{d}x$；　　(8) $\int x\sin x\cos x\mathrm{d}x$.

12. 计算下列定积分：

(1) $\int_0^1 x\mathrm{e}^x\mathrm{d}x$；　　(2) $\int_0^{\frac{\pi}{3}} \frac{x}{\cos^2 x}\mathrm{d}x$；

(3) $\int_0^{\frac{\pi}{2}} \mathrm{e}^x\sin x\mathrm{d}x$；　　(4) $\int_0^1 \frac{\ln(1+x)}{(2-x)^2}\mathrm{d}x$；

(5) $\int_0^{\pi} \sin\sqrt{x}\mathrm{d}x$；　　(6) $\int_0^1 \mathrm{e}^{\sqrt{x}}\mathrm{d}x$；

(7) $\int_0^{\frac{\pi}{2}} (x^2+1)\sin x\mathrm{d}x$；　　(8) $\int_{-1}^1 x\arccos x\mathrm{d}x$；

(9) $\int_1^{\mathrm{e}} \sin(\ln x)\mathrm{d}x$；　　(10) $\int_0^{2\pi} x\,|\sin x|\,\mathrm{d}x$.

13. 设 $f(x)=\begin{cases} x\arctan x, & x<1, \\ x, & x\geqslant 1, \end{cases}$ 计算 $\int_2^4 f(x-2)\mathrm{d}x$.

14. 已知 $f(x)$ 的一个原函数为 $\ln^2 x$，计算 $\int_1^{\mathrm{e}} xf'(x)\mathrm{d}x$.

15. 设 $f(x)$ 为连续函数，证明：

$$\int_0^x\left[\int_0^u f(t)\mathrm{d}t\right]\mathrm{d}u=\int_0^x f(u)(x-u)\mathrm{d}u.$$

16. 设 $f''(x)$ 在 $[a,b]$ 上连续，证明：

$$\int_a^b xf''(x)\mathrm{d}x=bf'(b)-f(b)-af'(a)+f(a).$$

第四节　应　　用

本节主要讨论定积分在几何学、经济学中的应用.首先，我们把有限区间上的定积分推广到无穷区间上的反常积分，即无穷限的反常积分.

一、无穷限的反常积分

定义　设函数 $f(x)$ 在区间 $[a,+\infty)$ 上连续，若对任意的 $b>a$，极限

$$\lim_{b\to+\infty}\int_a^b f(x)\mathrm{d}x$$

存在，则称此极限为函数 $f(x)$ 在区间 $[a,+\infty)$ 上的**反常积分**，记为 $\int_a^{+\infty} f(x)\mathrm{d}x$，即

$$\int_a^{+\infty} f(x)\mathrm{d}x = \lim_{b\to+\infty}\int_a^b f(x)\mathrm{d}x,$$

这时也称反常积分 $\int_a^{+\infty} f(x)\mathrm{d}x$ 收敛；如果上述极限不存在，则函数 $f(x)$ 在区间 $[a,+\infty)$ 上的反常积分 $\int_a^{+\infty} f(x)\mathrm{d}x$ 无意义，也称反常积分 $\int_a^{+\infty} f(x)\mathrm{d}x$ 发散.

类似地，设函数 $f(x)$ 在区间 $(-\infty,b]$ 上连续，若对任意的 $a<b$，极限

$$\lim_{a\to-\infty}\int_a^b f(x)\mathrm{d}x$$

存在，则称此极限为函数 $f(x)$ 在区间 $(-\infty,b]$ 上的反常积分，记为 $\int_{-\infty}^b f(x)\mathrm{d}x$，即

$$\int_{-\infty}^b f(x)\mathrm{d}x = \lim_{a\to-\infty}\int_a^b f(x)\mathrm{d}x,$$

这时也称反常积分 $\int_{-\infty}^b f(x)\mathrm{d}x$ 收敛；如果上述极限不存在，则称反常积分 $\int_{-\infty}^b f(x)\mathrm{d}x$ 发散.

同样地，设函数 $f(x)$ 在区间 $(-\infty,+\infty)$ 上连续，若反常积分

$$\int_{-\infty}^0 f(x)\mathrm{d}x \text{ 和} \int_0^{+\infty} f(x)\mathrm{d}x$$

都收敛，则称上述两个反常积分的和为函数 $f(x)$ 在区间 $(-\infty,+\infty)$ 上的反常积分，记为 $\int_{-\infty}^{+\infty} f(x)\mathrm{d}x$，即

$$\begin{aligned}\int_{-\infty}^{+\infty} f(x)\mathrm{d}x &= \int_{-\infty}^0 f(x)\mathrm{d}x + \int_0^{+\infty} f(x)\mathrm{d}x \\ &= \lim_{a\to-\infty}\int_a^0 f(x)\mathrm{d}x + \lim_{b\to+\infty}\int_0^b f(x)\mathrm{d}x.\end{aligned}$$

在计算无穷限的反常积分时，也可采用牛顿—莱布尼茨公式的写法，即

设 $F(x)$ 为函数 $f(x)$ 在区间 $[a,+\infty)$ 上的一个原函数，则

$$\int_a^{+\infty} f(x)\mathrm{d}x = F(+\infty) - F(a) = F(x)\Big|_a^{+\infty};$$

类似地，

$$\int_{-\infty}^b f(x)\mathrm{d}x = F(b) - F(-\infty) = F(x)\Big|_{-\infty}^b;$$

$$\int_{-\infty}^{+\infty} f(x)\mathrm{d}x = F(+\infty) - F(-\infty) = F(x)\Big|_{-\infty}^{+\infty}.$$

其中 $F(-\infty),F(+\infty)$ 为极限的记号，即

$$F(-\infty)=\lim_{x\to-\infty}F(x),F(+\infty)=\lim_{x\to+\infty}F(x).$$

例 1 讨论下列无穷限积分的敛散性：

(1) $\int_{-\infty}^{0}e^x\mathrm{d}x$；　　(2) $\int_{1}^{+\infty}\frac{\mathrm{d}x}{x^2+x}$；

(3) $\int_{\frac{\pi}{2}}^{+\infty}\sin x\mathrm{d}x$；　　(4) $\int_{-\infty}^{+\infty}\frac{\mathrm{d}x}{1+x^2}$.

解 (1) $\int_{-\infty}^{0}e^x\mathrm{d}x=[e^x]_{-\infty}^{0}=1-0=1.$

(2) 因为

$$\int\frac{\mathrm{d}x}{x^2+x}=\int\left(\frac{1}{x}-\frac{1}{x+1}\right)\mathrm{d}x=\ln|x|-\ln|x+1|+C=\ln\left|\frac{x}{x+1}\right|+C,$$

所以

$$\int_{1}^{+\infty}\frac{\mathrm{d}x}{x^2+x}=\left[\ln\left|\frac{x}{x+1}\right|\right]_{1}^{+\infty}=\lim_{x\to+\infty}\ln\frac{x}{x+1}-\ln\frac{1}{2}=\ln1+\ln2=\ln2.$$

(3) $\int_{\frac{\pi}{2}}^{+\infty}\sin x\mathrm{d}x=[-\cos x]_{\frac{\pi}{2}}^{+\infty}=-\lim_{x\to+\infty}\cos x+\cos\frac{\pi}{2}=-\lim_{x\to+\infty}\cos x,$

因为 $\lim\limits_{x\to+\infty}\cos x$ 不存在，所以反常积分 $\int_{\frac{\pi}{2}}^{+\infty}\sin x\mathrm{d}x$ 发散.

(4) $\int_{-\infty}^{+\infty}\frac{\mathrm{d}x}{1+x^2}=[\arctan x]_{-\infty}^{+\infty}=\frac{\pi}{2}-\left(-\frac{\pi}{2}\right)=\pi.$

例 2 证明反常积分 $\int_{1}^{+\infty}\frac{\mathrm{d}x}{x^p}$ 当 $p>1$ 时收敛，当 $p\leqslant1$ 时发散.

证 当 $p=1$ 时，

$$\int_{1}^{+\infty}\frac{\mathrm{d}x}{x^p}=\int_{1}^{+\infty}\frac{\mathrm{d}x}{x}=[\ln x]_{1}^{+\infty}=+\infty;$$

当 $p\neq1$ 时，

$$\int_{1}^{+\infty}\frac{\mathrm{d}x}{x^p}=\left[\frac{x^{1-p}}{1-p}\right]_{1}^{+\infty}=\begin{cases}+\infty, & p<1,\\ \frac{1}{p-1}, & p>1.\end{cases}$$

于是，当 $p>1$ 时反常积分收敛；当 $p\leqslant1$ 时反常积分发散.

二、平面图形的面积

由定积分的几何意义知，当 $f(x)\geqslant0$ 且在 $[a,b]$ 上连续时，曲线 $y=f(x)$，直线 $x=a,x=b$ 及 x 轴所围成的曲边梯形面积为

$$A=\int_{a}^{b}f(x)\mathrm{d}x.$$

下面讨论几种情形下的平面图形面积.

情形 1 由曲线 $y=f(x)$，直线 $x=a, x=b$ 及 x 轴所围成的平面图形面积(其中 $f(x)$ 在区间 $[a,b]$ 上连续).

由于 $f(x)$ 在 $[a,b]$ 上可能有正有负，根据定积分的几何意义知，所求面积不一定等于 $\int_a^b f(x)\mathrm{d}x$. 但是，如果把位于 x 轴下方的平面图形(如图 4-3 中的 $[c,d]$ 部分)以 x 轴为对称轴翻折到 x 轴上方，其面积保持不变. 因此所求面积为

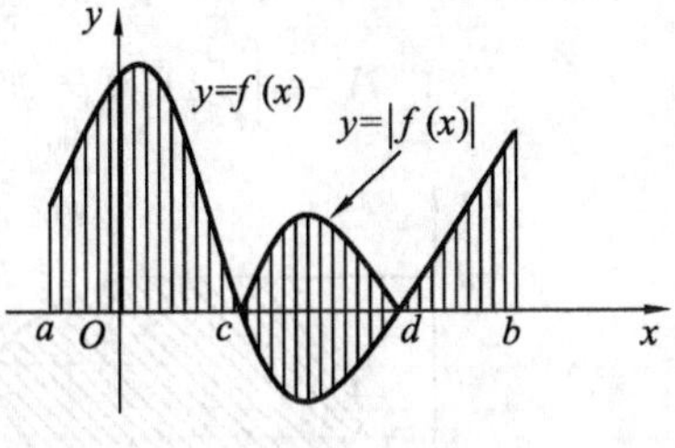

图 4-3

$$A=\int_a^b |f(x)|\,\mathrm{d}x.$$

情形 2 由曲线 $y=f(x), y=g(x)$(其中 $f(x), g(x)$ 在区间 $[a,b]$ 上连续)及直线 $x=a, x=b$ 所围成的平面图形面积.

由情形 1 可得所求平面图形面积为

$$A=\int_a^b |f(x)-g(x)|\,\mathrm{d}x.$$

如图 4-4 所示，当 $y=f(x), y=g(x)$ 时，则有

$$A=\int_a^b [f(x)-g(x)]\mathrm{d}x.$$

如图 4-5 所示，当 $y=f(x), y=g(x)$ 时，则有

$$A=\int_a^c [f(x)-g(x)]\mathrm{d}x+\int_c^b [g(x)-f(x)]\mathrm{d}x.$$

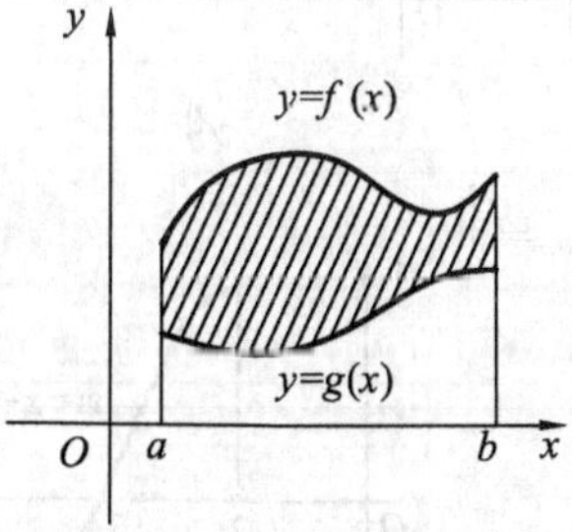

图 4-4

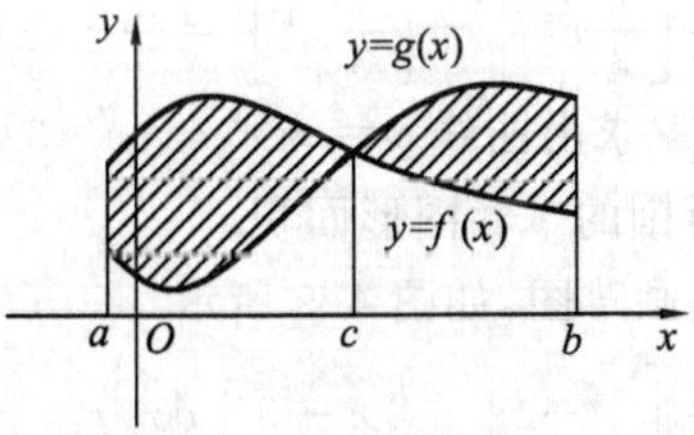

图 4-5

情形 3 由曲线 $x=\varphi(y), x=\psi(y)$(其中 $\varphi(y), \psi(y)$ 在区间 $[c,d]$ 上连续)及直线 $y=c, y=d$ 所围成的平面图形面积.

由情形 2 易得所求平面图形的面积为

$$A=\int_c^d |\varphi(y)-\psi(y)|\,\mathrm{d}y.$$

如图 4-6 所示，当 $x=\varphi(y), x=\psi(y)$ 时，则有

$$A=\int_c^d[\varphi(y)-\psi(y)]\mathrm{d}y.$$

如图 4-7 所示,当 $x=\varphi(y)$,$x=\psi(y)$时,则有

$$A=\int_c^e[\varphi(y)-\psi(y)]\mathrm{d}y+\int_e^d[\psi(y)-\varphi(y)]\mathrm{d}y.$$

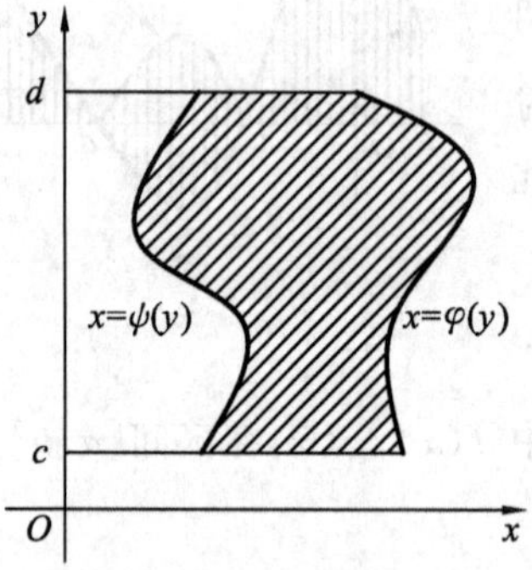

图 4-6

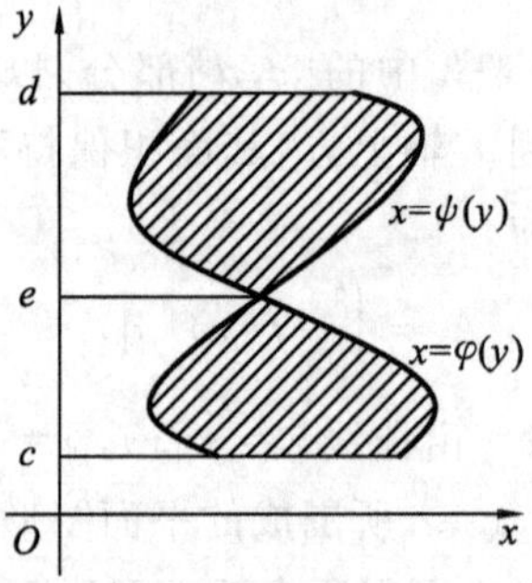

图 4-7

例 3 求由曲线 $y=x^2$,$x=y^2$ 所围的平面图形面积.

解 (1) 先画草图,如图 4-8 所示.

(2) 再求两曲线交点,联立两曲线方程

$$\begin{cases}y=x^2,\\x=y^2,\end{cases}$$

得交点(0,0)和(1,1),从而积分限为 0 到 1,故

$$A=\int_0^1|x^2-\sqrt{x}|\,\mathrm{d}x=\int_0^1(\sqrt{x}-x^2)\mathrm{d}x$$

$$=\left[\frac{2}{3}x^{\frac{3}{2}}\right]_0^1-\left[\frac{1}{3}x^3\right]_0^1=\frac{2}{3}-\frac{1}{3}=\frac{1}{3}.$$

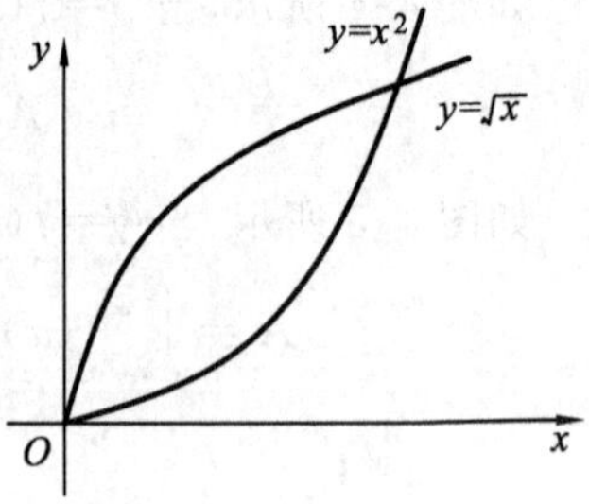

图 4-8

例 4 求由曲线 $y=-x^2+4x-3$ 与 $x=2$,$x=4$ 及 x 轴所围的平面图形面积.

解 画草图,如图 4-9 所示.

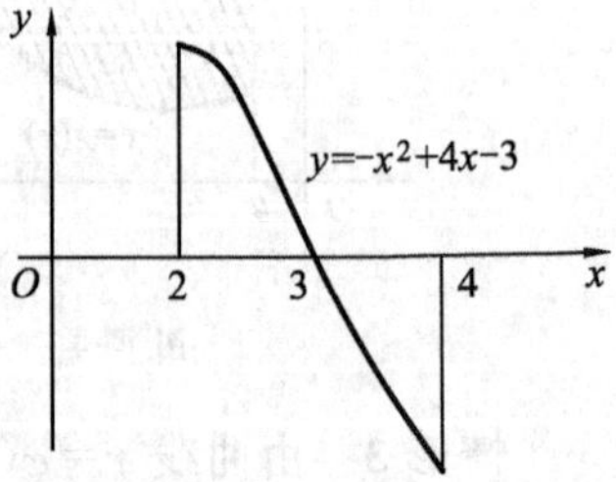

图 4-9

$$A=\int_2^4|-x^2+4x-3|\,\mathrm{d}x$$

$$=\int_2^3(-x^2+4x-3)\mathrm{d}x+\int_3^4(x^2-4x+3)\mathrm{d}x$$

$$=\left[-\frac{x^3}{3}+2x^2-3x\right]_2^3+\left[\frac{x^3}{3}-2x^2+3x\right]_3^4$$

$$=\left[(-9+18-9)-\left(-\frac{8}{3}+8-6\right)\right]+\left[\left(\frac{64}{3}-32+12\right)-(9-18+9)\right]$$

$$=\frac{2}{3}+\frac{4}{3}=2.$$

例 5 求曲线 $y^2=x$ 与直线 $x+y=2$ 所围的平面图形面积.

解 (1) 先画草图,如图 4-10 所示;

(2) 再求两曲线交点,联立两曲线方程

$$\begin{cases} y^2=x, \\ x+y=2, \end{cases}$$

得交点(1,1)和(4,−2),从而积分限为−2 到 1,故

$$A=\int_{-2}^{1}(2-y-y^2)\mathrm{d}y=\left[2y-\frac{y^2}{2}-\frac{y^3}{3}\right]_{-2}^{1}$$

$$=\left(2-\frac{1}{2}-\frac{1}{3}\right)-\left(-4-2+\frac{8}{3}\right)$$

$$=\frac{7}{6}+\frac{10}{3}=\frac{9}{2}.$$

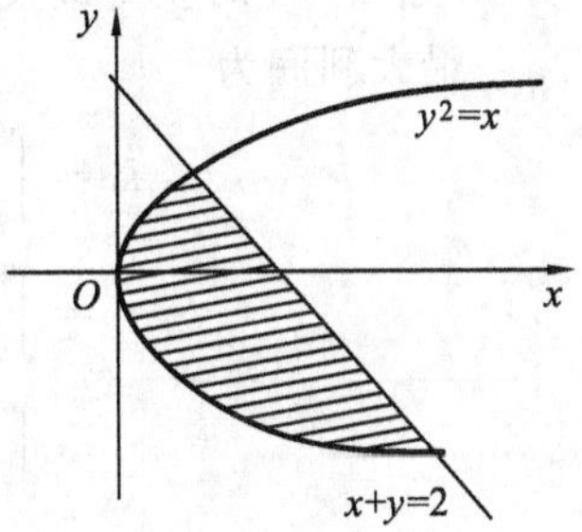

图 4-10

三、定积分在经济学中的应用

1. 最大利润问题

若边际成本函数为 $C'(Q)$,边际收益函数为 $R'(Q)$,则总成本函数可以表示为

$$C(Q)=\int_0^Q C'(Q)\mathrm{d}Q+C_0,$$

其中 C_0 为固定成本,Q 为产量;

总收益函数可以表示为

$$R(Q)=\int_0^Q R'(Q)\mathrm{d}Q;$$

总利润函数可以表示为

$$L(Q)=R(Q)-C(Q)=\int_0^Q[R'(Q)-C'(Q)]\mathrm{d}Q-C_0.$$

根据微分学的知识,当 $L'(Q)=0$,即 $R'(Q)=C'(Q)$,且 $L''(Q)<0$,即 $\frac{\mathrm{d}(R'-C')}{\mathrm{d}Q}<0$ 时,可获得最大利润,由此可以确定相应的产出水平 Q_0,进而求得最大利润.

例 6 设生产某产品的固定成本为 40 万元,边际成本与边际收益分别为

$$C'(Q)=Q^2-6Q+6(\text{万元}),$$

$$R'(Q)=54-4Q(\text{万元}),$$

试确定该产品的最大利润.

解 由 $R'(Q)=C'(Q)$,得

$$54-4Q=Q^2-6Q+6,$$

解得 $Q_1=8$,$Q_2=-6$(舍去).

又 $$\left.\frac{d(R'-C')}{dQ}\right|_{Q=8}=(-4-2Q+6)\Big|_{Q=8}=-14<0.$$

所以,当 $Q=8$ 时获得最大利润.

最大利润为

$$\begin{aligned}L&=\int_0^8[R'(Q)-C'(Q)]dQ-C_0\\&=\int_0^8[(54-4Q)-(Q^2-6Q+6)]dQ-40\\&=\int_0^8(-Q^2+2Q+48)dQ-40=\frac{712}{3}(\text{万元}).\end{aligned}$$

例 6 是利润关于产出水平的最大化问题,像煤矿开采等耗竭性开发模型,则有类似的利润关于时间的最大化问题.收益率 $R'(t)$ 一般是时间的减函数,开发成本率 $C'(t)$ 则是时间的增函数.如何确定最佳终止时间 t_0,使得利润 $L(t)=R(t)-C(t)$ 最大.

例 7 某煤矿投资 3 500 万元建成,开工后,在时刻 t 的追加成本(总成本对时间的变化率)和增加收益(总收益对时间的变化率)分别为

$$C'(t)=8+3\sqrt{t}\ (\text{百万元/年}),$$

$$R'(t)=24-\sqrt{t}\ (\text{百万元/年}).$$

试确定该煤矿何时停止开采可获最大利润,最大利润是多少?

解 由 $R'(t)-C'(t)=0$,即

$$8+3\sqrt{t}=24-\sqrt{t},$$

解得 $$t=16.$$

又 $$\left.\frac{d(R'-C')}{dt}\right|_{t=16}=\left.\left(-\frac{1}{2\sqrt{t}}-\frac{3}{2\sqrt{t}}\right)\right|_{t=16}=-\frac{1}{2}<0,$$

故 $t=16$ 时可获最大利润,即最佳终止时间 $t_0=16$(年).

最大利润为

$$\begin{aligned}L&=\int_0^{16}[R'(t)-C'(t)]dt-35\\&=\int_0^{16}[(24-\sqrt{t})-(8+3\sqrt{t})]dt-35\\&=\left[16t-\frac{8}{3}t^{\frac{3}{2}}\right]_0^{16}-35=\frac{151}{3}(\text{百万元}).\end{aligned}$$

2. 销售策略

投资策略、广告策略或销售策略的确定,常常需要根据一些量化的数据来进行决策.如果数据中涉及到变化率的问题,定积分就有可能帮助我们来完成相应的决策.

例 8　某公司每月的销售额为 a 元，平均利润是销售额的 14%. 以往的统计数据表明，在不超过两个月的促销活动期间，月销售额的变化率近似地服从 $ae^{0.01t}$（t 的单位为周）. 现公司需决定是否举行一次为期两个月，总成本为 $\frac{a}{2}$ 元的促销活动. 按照公司的规定，若新增销售额产生的利润超过总成本的 80%，则决定进行. 试确定该公司是否进行这次促销活动，若进行这次促销活动，预评估一下活动的收益.

解　促销活动期间的总销售额为

$$\int_0^8 ae^{0.01t}\mathrm{d}t = \frac{a}{0.01}e^{0.01t}\Big|_0^8 \approx 8.329a,$$

于是，新增销售额产生的利润为

$$(8.329a-2a)\cdot 14\%\approx 0.886a > 80\%\cdot\frac{a}{2}.$$

因此，该公司应进行这次促销活动，
活动新增的利润为

$$0.886a-\frac{a}{2}=0.386a.$$

3. 消费者剩余与生产者剩余

根据微观经济学理论，一种商品的需求量（或购买量）Q 由多种因素决定，比如该商品的可能价格、购买者的收入、购买者的偏好、与之密切相关的其他商品的价格等. 在其他条件不变的情况下，需求函数 $Q=f(P)$ 是价格 P 的减函数，即当价格上升时需求量下降，当价格下降时需求量上升. 而供给函数 $Q=g(P)$ 则是价格 P 的增函数，即当价格上升时供给量增加，当价格下降时供给量下降（图 4-11）.

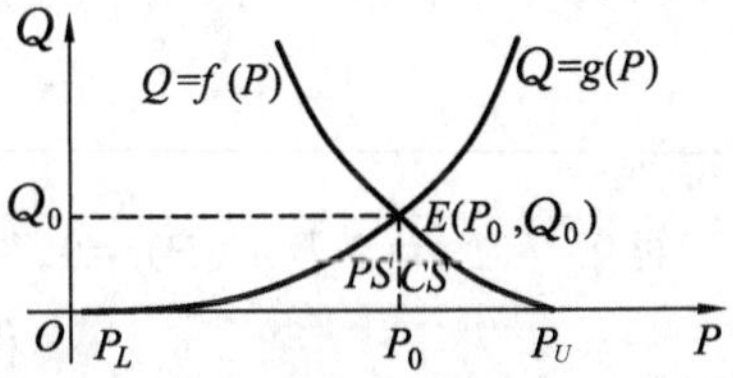

图 4-11

需求函数与价格函数两曲线的交点 $E(P_0,Q_0)$ 称为均衡点. 在此点供需双方达到平衡. 均衡点的价格 P_0 即为均衡价格（详见第一章第七节）.

需求曲线与横轴交点的横坐标 P_U，叫做商品的最高限价. 当商品价格从均衡价格 P_0 上涨到 P_U 时，需求量渐渐下降到零，此时商品基本没有销路了. 供给曲线与横轴交点的横坐标 P_L，叫做商品的最低限价. 当商品价格从均衡价格 P_0 下降到 P_L 时，供给量渐渐下降到零，此时生产者就不再愿意供给商品了.

消费者剩余 CS，是指消费者愿意以超过均衡价格购买商品而实际上仅以均衡价格 P_0 购买，其中的差价所带给消费者的满足. 它并不是真正的收益，只是消费者在心理上感觉有了收益. 生产者剩余 PS，是指生产者愿意以低于均衡价格供给商品而实际上仍以均衡价格 P_0 供给,由此获得的利益.

当商品价格为 P 时,消费者将购买 Q 单位的商品,其总费用为 PQ,此时生产者的收入也为 PQ. 若需求函数与供给函数都是连续的函数,通过"分割—近似—作和—取极限"这四个步骤,可将消费者剩余及生产者剩余的计算化为定积分的计算(参见第四章第一节),即

$$CS=\int_0^{Q_0} f^{-1}(Q)\mathrm{d}Q-P_0Q_0$$

$$=\int_{P_0}^{P_U} f(P)\mathrm{d}P;$$

$$PS=P_0Q_0-\int_0^{Q_0} g^{-1}(Q)\mathrm{d}Q$$

$$=\int_{P_L}^{P_0} g(P)\mathrm{d}P.$$

其中 $P=f^{-1}(Q)$, $P=g^{-1}(Q)$ 分别是 $Q=f(P)$, $Q=g(P)$ 的反函数.

例 9 设某商品的需求函数与供给函数分别为

$$f(P)=6-\frac{P}{3},$$

$$g(P)=\frac{P}{3}-2,$$

其中 P 为价格. 求此商品的消费者剩余 CS 与生产者剩余 PS.

解 先确定均衡价格 P_0,由 $f(P)=g(P)$,即

$$6-\frac{P}{3}=\frac{P}{3}-2,$$

解得

$$P_0=12.$$

再解 $f(P)=0$ 及 $g(P)=0$,得

$$P_L=6, P_U=18.$$

因此

$$CS=\int_{P_0}^{P_U} f(P)\mathrm{d}P=\int_{12}^{18}\left(6-\frac{P}{3}\right)\mathrm{d}P=\left[6P-\frac{P^2}{6}\right]_{12}^{18}=6,$$

$$PS=\int_{P_L}^{P_0} g(P)\mathrm{d}P=\int_{6}^{12}\left(\frac{P}{3}-2\right)\mathrm{d}P=\left[\frac{P^2}{6}-2P\right]_{6}^{12}=6.$$

例 10 设某商品的需求函数为 $P=32-2Q^2$,其中 Q 为需求量,若均衡价格为 $P_0=14$,求消费者剩余.

解 当均衡价格 $P_0=14$ 时,需求量 $Q_0=3$.

$$CS=\int_0^{Q_0} f^{-1}(Q)\mathrm{d}Q-P_0Q_0=\int_0^{3}(32-2Q^2)\mathrm{d}Q-14\times 3=36.$$

习题 4-4

1. 判断下列无穷限积分的敛散性，若收敛求出其值：

(1) $\int_0^{+\infty}\frac{x}{(1+x^2)^2}\mathrm{d}x$；　　(2) $\int_0^{+\infty}x\mathrm{e}^{-2x}\mathrm{d}x$；

(3) $\int_1^{+\infty}\frac{\arctan x}{x^2}\mathrm{d}x$；　　(4) $\int_{\mathrm{e}}^{+\infty}\frac{\mathrm{d}x}{x\ln^2 x}$；

(5) $\int_{-\infty}^{+\infty}\mathrm{e}^{-x}\sin x\mathrm{d}x$；　　(6) $\int_0^{+\infty}\frac{\mathrm{d}x}{(1+x)\sqrt{x}}$；

(7) $\int_{-\infty}^{+\infty}\frac{(\arctan x)^2}{1+x^2}\mathrm{d}x$；　　(8) $\int_{-\infty}^{+\infty}\frac{x+3}{x^2+4x+5}\mathrm{d}x$.

2. 求下列各曲线所围成的平面图形面积：

(1) $x=2-y-y^2, x=0$；　　(2) $y=\frac{1}{x}, y=x, x=2$；

(3) $y=x^3-4x, x=0$；　　(4) $xy=3, x+y=4$；

(5) $y=3-x^2, y=2x$；　　(6) $y=x^3, y=4x$；

(7) $y=x^2, y=2x-x^2, y=0$；　　(8) $x=0, x=\pi, y=\sin x, y=\cos x$.

3. 求曲线 $y=\mathrm{e}^x$ 在点$(1,\mathrm{e})$处的切线与该曲线及 y 轴所围成的平面图形面积.

4. 已知边际成本为 $C'(x)=100-2x$，求产量从 $x=20$ 增加到 $x=30$ 时，应追加的成本数.

5. 已知某产品的边际成本和边际收益函数分别为

$$C'(x)=x^2-4x+6, R'(x)=105-2x,$$

其中 x 为产量(或销量)，固定成本为 100，求该产品的最大利润.

6. 出售某种商品，已知其边际收益和边际成本函数分别为

$$R'(x)=(10-x)\mathrm{e}^{-x}, C'(x)=(x^2-4x+6)\mathrm{e}^{-x},$$

且固定成本为 3.

(1) 在产销平衡的情况下，求总利润函数；

(2) 求使这种商品的总利润达到最大值的产量和最大总利润.

7. 设某商品的需求函数为 $P=\frac{1+Q}{4}$，其中 Q 为需求量，若均衡价格为 $P_0=1$，求消费者剩余.

8. 设某商品的供给函数和需求函数分别为

$$g(P)=P^2, f(P)=-2P+15,$$

其中 P 为价格. 求：

(1) 均衡价格 P_0;

(2) 消费者剩余和生产者剩余.

总习题四

1. 求下列极限:

(1) $\lim\limits_{x\to 0}\int_0^1 e^{xt}\mathrm{d}t$;　　(2) $\lim\limits_{x\to+\infty}\dfrac{\int_0^x f(t)\mathrm{d}t}{\sqrt{x^2+x}}$,其中 $f(x)$ 连续,且 $\lim\limits_{x\to+\infty} f(x)=2$;

(3) $\lim\limits_{n\to\infty}\int_0^1\dfrac{x^n}{1+x^2}\mathrm{d}x$;(4) $\lim\limits_{n\to\infty}\left(\dfrac{n}{n^2+1^2}+\dfrac{n}{n^2+2^2}+\cdots+\dfrac{n}{n^2+n^2}\right)$.

2. 已知曲线 $y=f(x)$ 与 $y=\int_0^{\arcsin x} e^{t^3}\mathrm{d}t$ 在点 $(0,0)$ 处的切线相同,求 $\lim\limits_{n\to\infty} nf\left(\dfrac{3}{n}\right)$.

3. 设方程

$$2x-\tan(x-y)=\int_0^{x-y}\sec^2 t\mathrm{d}t$$

确定 y 是 x 的隐函数,求 $\dfrac{\mathrm{d}y}{\mathrm{d}x}$.

4. 设实数 $a>0$,则 a 为何值时,积分 $\int_a^{2a}\dfrac{\mathrm{d}x}{\sqrt{1+x^3}}$ 的值最大?

5. 设 $f(x)=x, g(x)=\begin{cases}\sin x, & 0\leqslant x\leqslant\dfrac{\pi}{2},\\ 0, & \text{其他},\end{cases}$ 当 $x\geqslant 0$ 时,求 $F(x)=\int_0^x f(t)g(x-t)\mathrm{d}t$ 的表达式.

6. 设 $f(x)>0$ 且有连续的导数,令

$$\varphi(x)=\begin{cases}\dfrac{\int_0^x tf(t)\mathrm{d}t}{\int_0^x f(t)\mathrm{d}t}, & x\neq 0,\\ a, & x=0.\end{cases}$$

(1) 确定常数 a,使得 $\varphi(x)$ 在 $x=0$ 处连续;

(2) 求 $\varphi'(x)$;

(3) 证明当 $x\geqslant 0$ 时,$\varphi(x)$ 单调增加.

7. 设多项式 $f(x)$ 满足下列条件:

(1) $\lim\limits_{x\to\infty}\dfrac{f(x)}{x^3}=-1$;　　(2) $\lim\limits_{x\to 0}\dfrac{\sin x}{f(x)}=\dfrac{1}{3}$;

(3) $f(x)$ 在 $x=a$ 与 $x=b$ 处取到极值，且$\int_a^b f(x)\mathrm{d}x=0$.

试求多项式 $f(x)$.

8. 设一小岛上的野兔数量为 $f(t)=500+t-\frac{t^2}{4}$，其中 t 是区间[0,5]上的年数，试求该小岛在5年内野兔的平均数量.

9. 设 $f(x)$ 满足 $f\left(x+\frac{1}{x}\right)=\frac{x+x^3}{1+x^4}$，计算$\int_0^1 f(x)\mathrm{d}x$.

10. 已知 $f(x)=\int_1^x \frac{\ln t}{1+t}\mathrm{d}t$，计算 $f(2)+f\left(\frac{1}{2}\right)$.

11. 计算$\int_0^1 x\left[\int_1^{x^2}\frac{\sin t}{t}\mathrm{d}t\right]\mathrm{d}x$.

12. 计算$\int_0^2 \lim\limits_{n\to\infty}\frac{(2-x)(x+x^n)}{1+x^n}\mathrm{d}x$.

13. 计算$\int_{-\frac{\pi}{4}}^{\frac{\pi}{4}}\frac{\tan^2 x}{1+\mathrm{e}^x}\mathrm{d}x$.

14. 设 $f(x)$ 为连续的奇函数，证明：$\varphi(x)=\int_0^x f(t)\mathrm{d}t$ 为偶函数.

15. 设 $f(x)$为周期是 T 的连续函数，证明：

(1) $\int_a^{a+T}f(x)\mathrm{d}x=\int_0^T f(x)\mathrm{d}x$，其中 a 为任意实数；

(2) $\int_0^{nT}f(x)\mathrm{d}x=n\int_0^T f(x)\mathrm{d}x$，其中 n 为正整数，并计算$\int_0^{10}(x-[x])\mathrm{d}x$ 的值.

16. 设 $f(x)$，$g(x)$在区间$[a,b]$上连续，且满足：

$$\int_a^x f(t)\mathrm{d}t\geqslant\int_a^x g(t)\mathrm{d}t\quad(x\in[a,b]),\int_a^b f(t)\mathrm{d}t=\int_a^b g(t)\mathrm{d}t.$$

证明：

$$\int_a^b xf(x)\mathrm{d}x\leqslant\int_a^b xg(x)\mathrm{d}x.$$

17. 设曲线 $y=1-x^2$ 与 x 轴及 y 轴所围图形被 $y=ax^2$ 分成面积相等的两部分，求 a 的值.

18. 设 $f(x)$在区间$[a,b]$上连续且非负，证明：存在直线 $x=c(a<c<b)$平分曲线 $y=f(x)$与直线 $x=a$，$x=b$ 及 x 轴所围图形的面积.

19. 设曲线 $y=x^2$ 与直线 $y=ax(0<a<1)$所围图形的面积为 S_1，它们与直线 $x=1$ 所围图形的面积为 S_2. 试求 a 的值，使得 S_1+S_2 达到最小，并求出此最小值.

20. 试求 k 的值，使得 $\lim\limits_{x\to+\infty}\left(\frac{x+k}{x-k}\right)^x=\int_{-\infty}^k t\mathrm{e}^{2t}\mathrm{d}t$.

第五章　多元函数微积分

第一节　多元函数的概念

一、空间解析几何简介

1. 空间直角坐标系

以平面直角坐标系 xOy 为基础建立空间直角坐标系.

为了建立空间直角坐标系,在空间中再建立一条数轴 Oz,使它与平面直角坐标系 xOy 所在的平面垂直相交于原点 O,并用如下右手规则确定 Oz 的方向:当右手四指从数轴 Ox 正方向以直角指向数轴 Oy 正方向时,拇指所指的方向为数轴 Oz 的正方向(如图 5-1 所示).

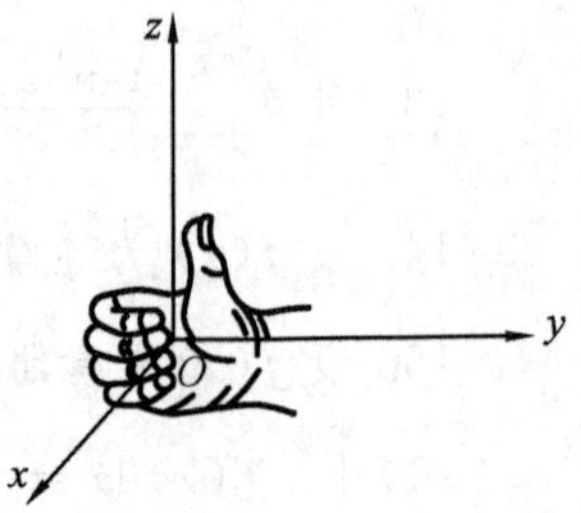

图 5-1

定义 1　在空间中选定一个点 O,过点 O 引三条原点都是 O 的数轴 Ox,Oy,Oz,数轴 Ox,Oy,Oz 两两垂直且满足右手法则,则 O 点连接的三条数轴 Ox,Oy,Oz 就构成了一个**空间直角坐标系** $Oxyz$.

在图 5-1 所示的坐标系中,O 称为**坐标原点**,Ox 轴,Oy 轴,Oz 轴分别称为**横轴、纵轴、竖轴**. Ox 轴和 Oy 轴确定的平面称为 xOy 面,Oy 轴和 Oz 轴确定的平面称为 yOz 面,Oz 轴和 Ox 轴确定的平面称为 zOx 面.

在建立空间直角坐标系后,空间中任一点都可以用一个三元有序数组 (x,y,z) 表示. 如图 5-2 所示,过点 M 分别作平行于 yOz,zOx,xOy 面的平面,它们分别与 Ox 轴,Oy 轴,Oz 轴交于 P,Q,R 三点. 点 P 在 Ox 轴上的坐标为 x,点 Q 和 R 在 Oy 轴和 Oz 轴上的坐标分别为 y 和 z. 由于过一点且平行于固定平面的平面是唯一的,可知点 M 的位置完全由三元有序数组 (x,y,z) 确定,称三元有序数组 (x,y,z) 为点 M 的坐标,并且分别称 x,y,z 为点 M 的横坐标、纵坐标、竖坐标.

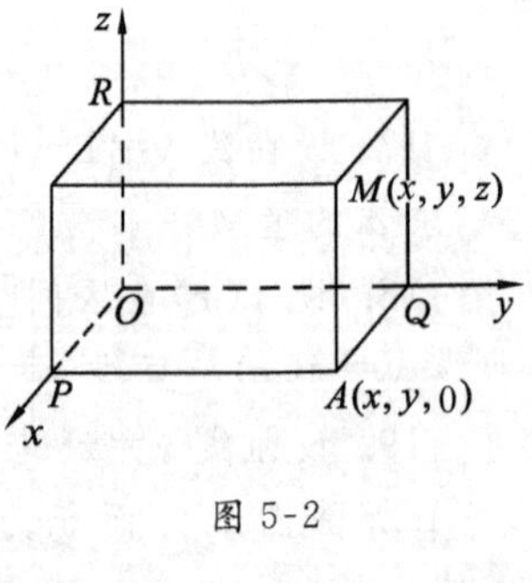

图 5-2

在空间中,不同点的坐标符号有不同的特征. 例如,点 $M(x,y,z)$ 在 xOy 面的上方,它的 z 坐标为正,如果它同时又在 yOz 面的前面,则它的 x 坐标也为正. 如

果点 M 在 yOz 面上，则 $x=0$；如果点 M 在 Ox 轴上，则 $y=z=0$；坐标原点的坐标为(0,0,0).类似地，可以指出其他一些特殊位置上点的坐标.三个坐标面把空间分成了八个部分，每一个部分称为一个卦限，因此将空间分成八个卦限.不同卦限点的坐标符号有如下特征，见表 5-1.

表 5-1

坐标＼位置	Ⅰ	Ⅱ	Ⅲ	Ⅳ	Ⅴ	Ⅵ	Ⅶ	Ⅷ
x	+	−	−	+	+	−	−	+
y	+	+	−	−	+	+	−	−
z	+	+	+	+	−	−	−	−

2. 空间两点间的距离

设 $M_1(x_1,y_1,z_1)$，$M_2(x_2,y_2,z_2)$ 是空间中的任意两点，则点 M_1 与 M_2 之间的距离公式为

$$|M_1M_2|=\sqrt{(x_2-x_1)^2+(y_2-y_1)^2+(z_2-z_1)^2}.$$

例 1　求到原点 $O(0,0,0)$ 的距离等于常数 a 的点的轨迹方程.

解　设空间中的点 $M(x,y,z)$ 到原点 $O(0,0,0)$ 的距离始终是常数 a，即 $|OM|=a$，则根据空间两点间的距离公式有

$$\sqrt{x^2+y^2+z^2}=a,$$

两边同时平方得

$$x^2+y^2+z^2=a^2,$$

即为点 M 的轨迹方程，其轨迹为球心在原点、半径为 a 的球面.

例 2　在 Ox 轴上求一点使得该点到点(1,−2,2)的距离为 3.

解　设 Ox 轴上点 $M(x,0,0)$ 到点(1,−2,2)的距离为 3，则

$$\sqrt{(x-1)^2+(0+2)^2+(0-2)^2}=3,$$

解得 $x=2$ 或 $x=-1$，于是所求的点为(2,0,0)和(−1,0,0).

二、曲面与方程

在平面解析几何中，我们曾建立了坐标平面上曲线与方程 $F(x,y)=0$ 的对应关系.同样地，在空间解析几何中也可建立空间曲面 S 与三元方程 $F(x,y,z)=0$ 间的对应关系.

定义 2　对于曲面 S 和方程 $F(x,y,z)=0$ 来说，如果

(1) 曲面 S 上任意一点的坐标必满足方程 $F(x,y,z)=0$，

(2) 不在曲面 S 上的点的坐标不满足方程 $F(x,y,z)=0$，

则称方程 $F(x,y,z)=0$ 为**曲面 S 的方程**,称曲面 S 为方程 $F(x,y,z)=0$ 的图形.

例 3 研究方程 $z=c(c\neq 0)$ 所表示的图形.

解 在空间直角坐标系中,方程 $z=c$ 的解对应的点为 $M(x,y,c)$,其中 x,y 为任意实数. 由点 $M(x,y,c)$ 坐标的构造可知,图 5-2 中 A 点的坐标为 $(x,y,0)$,

$$|MA|=\sqrt{(x-x)^2+(y-y)^2+(0-c)^2}=|c|,$$

即点 M 到 xOy 面的距离都为 $|c|$,也就是方程 $z=c$ 所表示的图形是由到 xOy 面的距离为 $|c|$ 的点组成的,由于与 xOy 面等距离的点的图形是一个与 xOy 面平行的平面,因此方程 $z=c$ 所表示的图形是与 xOy 面平行且距离为 $|c|$ 的平面.

类似地,空间方程 $x=a\ (y=b)$ 分别表示与 yOz 面(zOx 面)平行且距离为 $|a|$($|b|$)的平面.

一般地,在空间中三元一次方程 $Ax+By+Cz+D=0$(A,B,C 不全为零)表示平面.

例 4 研究方程 $x^2+y^2=z$ 所表示的图形.

解 用坐标面及与坐标面平行的平面与曲面相截,观察截痕的形状,然后对所得的截痕加以综合,得出曲面的形状.

先观察曲面与 xOy 面的截痕,由 $x^2+y^2=0$,得 $x=0$,$y=0$,因此截痕是一点 $(0,0,0)$;再用平面 $z=c$ 来截该曲面,其截痕为平面 $z=c$ 上的 $x^2+y^2=c$,当 $c<0$ 时,截痕不存在;当 $c>0$ 时,截痕存在,其截痕是平面 $z=c$ 上圆心在 $(0,0,c)$,半径为 $\sqrt{c}$ 的圆,当平面 $z=c$ 往 z 轴正向平移时圆愈来愈大.

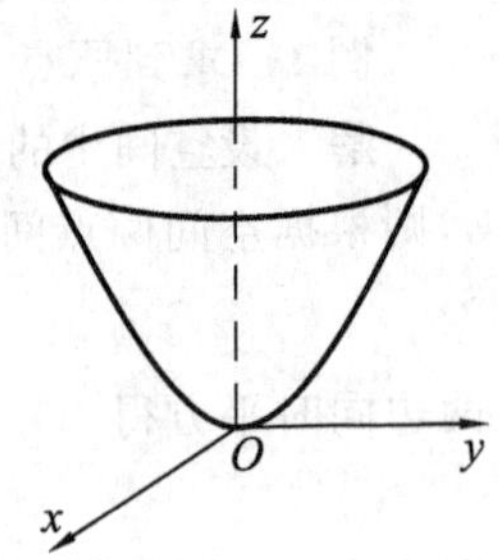

图 5-3

曲面与 yOz 面的截痕 $y^2=z$ 是 yOz 面上的抛物线;再用平面 $x=a$ 来截该曲面,得 $y^2=z-a^2$,它是平面 $x=a$ 上一开口向 z 轴正向的抛物线.

类似地,用平面 $y=b$ 来截曲面也会得出同样的结果.

综上可知,该曲面的图形如图 5-3 所示.

三、二元函数的基本概念

1. 二元函数的概念

在日常生活中,我们经常会遇到许多量的变化和计算并不是由单个因素决定的,而常常与多个因素有关. 例如,库柏—道格拉斯(Cobo-Douglas)生产函数为

$$Y=CK^{\alpha}L^{\beta},$$

其中 K,L 分别表示劳动力数量和资本数量,函数 Y 表示生产量,$C,\alpha,\beta(0<\alpha,\beta<1)$ 均为正的常数,生产量 Y 随着劳动力数量 K 和资本数量 L 的变化而变化,这就

是一个关于 K,L 的二元函数.

由此可见,二元函数是指因变量依赖于两个自变量的函数关系.类似于一元函数的定义,我们有下述二元函数的定义.

定义 3　设 D 是二元有序数组构成的集合,E 是实数集,如果对于 D 中的每一个元素 (x,y),按照某一对应关系 f,在 E 中都有唯一确定的实数 z 与之对应,则称变量 z 为 x,y 的**二元函数**,记作

$$z=f(x,y),$$

其中 x,y 为函数的**自变量**,z 为函数的**因变量**,f 为函数的**对应法则**,称自变量 x,y 的变化范围 D 为函数的**定义域**,称全体函数值的集合 $R(f)=\{z \mid z=f(x,y),(x,y)\in D\}$ 为函数的**值域**.

该定义可以推广到三元及三元以上函数的情形.二元及二元以上的函数统称为**多元函数**.这里主要研究二元函数.

2. 二元函数的定义域

类似于一元函数,当我们用具体算式表达二元函数时,凡是使算式有意义的自变量所组成的点集称为该二元函数的定义域.

二元函数定义域的求法与一元函数类似,其定义域在几何上表示平面上的一个点集.

例 5　求函数 $z=\sqrt{x-y}+y$ 的定义域 D,并画出 D 的示意图.

解　要使该函数有意义,须满足

$$x-y\geqslant 0,$$

所以该函数的定义域为

$$D=\{(x,y) \mid x\geqslant y\},$$

它所表示的平面点集见图 5-4 阴影部分所示.

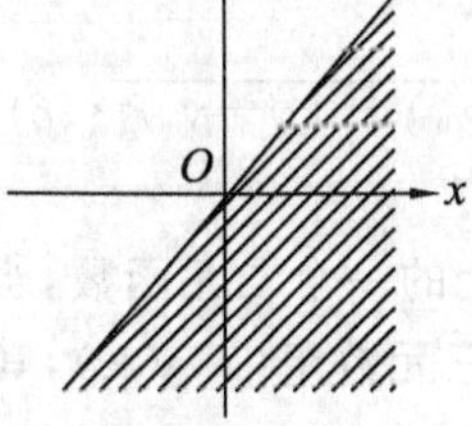

图 5-4

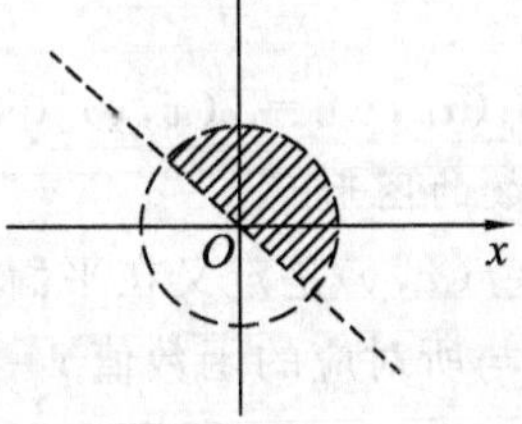

图 5-5

例 6　求函数 $z=\ln(x+y)+\dfrac{x+y}{\sqrt{4-x^2-y^2}}$ 的定义域,并画出 D 的示意图.

解　要使该函数有意义,须满足

$$\begin{cases} x+y>0, \\ \sqrt{4-x^2-y^2}\neq 0, \\ 4-x^2-y^2\geqslant 0, \end{cases}$$

即
$$\begin{cases} x+y>0, \\ x^2+y^2<4, \end{cases}$$

所以该函数的定义域为

$$D=\{(x,y)\mid x+y>0 \text{ 且 } x^2+y^2<4\},$$

它所表示的平面点集见图 5-5 中阴影部分所示.

二元函数的定义域是平面上的点集,它往往是由一条或几条曲线所围成的.围成点集的曲线称为**点集的边界**,包含边界在内的点集称为**闭区域**,不含边界在内的点集称为**开区域**(简称**区域**).如例 6 中的定义域即为区域.如果一个区域(或闭区域)可以全部包含在一个以原点为圆心,以适当大的正数为半径的圆内,则称该区域为**有界区域**(或**有界闭区域**),否则称为**无界区域**(或**无界闭区域**).如例 5 中的定义域是一个无界闭区域,例 6 中的定义域是一个有界区域.

3. 平面上的邻域

定义 4 设(x_0,y_0)为平面上一点,δ为一正数,称集合

$$\{(x,y)\mid \sqrt{(x-x_0)^2+(y-y_0)^2}<\delta\}$$

为点(x_0,y_0)的 δ **邻域**,记作 $U_\delta(x_0,y_0)$,即

$$U_\delta(x_0,y_0)=\{(x,y)\mid \sqrt{(x-x_0)^2+(y-y_0)^2}<\delta\}.$$

在几何上,点(x_0,y_0)的 δ 邻域 $U_\delta(x_0,y_0)$表示以(x_0,y_0)为圆心,以 δ 为半径的圆内区域(不含圆周).

邻域 $U_\delta(x_0,y_0)$中除去点(x_0,y_0)的区域称为点(x_0,y_0)的**去心 δ 邻域**,记作

$\mathring{U}_\delta(x_0,y_0)$,即

$$\mathring{U}_\delta(x_0,y_0)=\{(x,y)\mid 0<\sqrt{(x-x_0)^2+(y-y_0)^2}<\delta\}.$$

4. 二元函数的图形

设函数 $z=f(x,y)$是定义在平面点集 D 上的一个二元函数,当(x,y)在 D 内任意取值时,它与所对应的函数值 z 一起组成三元数组(x,y,z),其全体是空间的点集:

$$S=\{(x,y,z)\mid z=f(x,y),(x,y)\in D\},$$

它在空间表示一个曲面.

如二元函数 $z=2-3x-4y$ 的图形是一个平面,$z=\sqrt{1-x^2-y^2}$ 的图形是球心在原点,半径为 1 的上半球面(在 xOy 面上方的部分).

习题 5-1

1. 在空间直角坐标系中,写出各坐标轴,坐标面上点的坐标.

2. 在空间直角坐标系中,指出下列各点所在的卦限:

$M_1(1,2,3)$,$M_2(1,-2,3)$,$M_3(1,-2,-3)$,$M_4(-1,-2,-3)$.

3. 在空间直角坐标系中,过点 $M(x_0,y_0,z_0)$ 分别作三个坐标面的垂线,写出三个垂足的坐标.

4. 求球心在原点且过点 $(2,-1,2)$ 的球面方程.

5. 根据已知条件,写出二元函数的表达式:

(1) 已知 $f(x+y,x-y)=x^2+y^2+e^{xy}$,求 $f(x,y)$.

(2) 已知 $f\left(x+y,\dfrac{y}{x}\right)=x^2-y^2$,求 $f(x,y)$.

6. 求下列函数的定义域:

(1) $f(x,y)=\dfrac{x}{\sqrt{4-x^2-y^2}}+\ln x$;

(2) $f(x,y)=\sqrt{\sin(x^2+y^2)}$;

(3) $f(x,y)=\dfrac{x}{\sqrt{x-y}}+\dfrac{y}{\sqrt{x+y}}$;

(4) $f(x,y)=\arccos(x^2-y)$;

(5) $f(x,y)=\dfrac{1}{4-\sqrt{x^2+y^2}}$;

(6) $f(x,y)=\ln(9-x^2-y^2)+\sqrt[3]{x^2-y^2}$.

第二节 二元函数的极限和连续

一、二元函数的极限

与一元函数极限的概念类似,二元函数的极限是反映函数值随自变量变化而变化的趋势.

定义 1 设点 (x_0,y_0) 是二元函数 $z=f(x,y)$ 的定义域 D 内的点或边界上的点,如果当点 $(x,y)\in D$ 无限趋近于点 (x_0,y_0) 时,函数 $z=f(x,y)$ 无限靠近某一个常数 A,则称 A 为当点 (x,y) 无限趋近于点 (x_0,y_0) 时函数 $f(x,y)$ 的**极限**.记作

$$\lim_{(x,y)\to(x_0,y_0)} f(x,y)=A \text{ 或 } f(x,y)\to A\ ((x,y)\to(x_0,y_0)).$$

虽然二元函数极限的定义与一元函数极限的定义很相似,但是它们又有很大的区别.在一元函数极限中,$x\to x_0$ 只有两种方式:$x\to x_0^+$ 和 $x\to x_0^-$.当左、右极限

都存在且相等时，$x\to x_0$ 时函数的极限存在；而在二元函数极限中，由于点(x,y)和(x_0,y_0)均是平面上的点，点(x,y)趋向于点(x_0,y_0)会有无数多种方式，而只有沿这无数多种方式的极限均存在且都相等时，二元函数的极限才存在. 可见二元函数的极限比一元函数的极限复杂得多. 如果当点(x,y)以不同方式趋于点(x_0,y_0)时，$f(x,y)$趋于不同的值，则可断定此时函数 $f(x,y)$的极限不存在.

为区别一元函数的极限，称二元函数的极限为**二重极限**.

例 1 求极限 $\lim\limits_{(x,y)\to(0,0)}\sqrt{4-x^2-y^2}$.

解 当$(x,y)\to(0,0)$时，$x^2+y^2\to 0$，所以$\sqrt{4-x^2-y^2}\to 2$，即

$$\lim_{(x,y)\to(0,0)}\sqrt{4-x^2-y^2}=2.$$

例 2 说明极限 $\lim\limits_{(x,y)\to(0,0)}\dfrac{xy}{x^2+y^2}$不存在.

解 当(x,y)沿 x 轴趋于$(0,0)$时，$y=0$，有

$$\lim_{(x,y)\to(0,0)}\frac{xy}{x^2+y^2}=\lim_{x\to 0}\frac{x\cdot 0}{x^2+0^2}=0;$$

而当(x,y)沿直线 $y=x$ 趋于$(0,0)$时，有

$$\lim_{(x,y)\to(0,0)}\frac{xy}{x^2+y^2}=\lim_{x\to 0}\frac{x\cdot x}{x^2+x^2}=\frac{1}{2};$$

由于当(x,y)以两种不同的方式趋于$(0,0)$时，$f(x,y)$趋于不同的值，因此 $\lim\limits_{(x,y)\to(0,0)}\dfrac{xy}{x^2+y^2}$不存在.

一元函数的极限运算法则都可以平行地推广到二元函数中来.

例 3 求极限 $\lim\limits_{(x,y)\to(2,0)}\dfrac{\sin(xy)}{y}$.

解
$$\lim_{(x,y)\to(2,0)}\frac{\sin(xy)}{y}=\lim_{(x,y)\to(2,0)}\frac{\sin(xy)}{xy}\cdot x$$
$$=\lim_{(x,y)\to(2,0)}\frac{\sin(xy)}{xy}\cdot\lim_{(x,y)\to(2,0)}x=1\cdot 2=2.$$

例 4 求极限 $\lim\limits_{(x,y)\to(2,0)}\dfrac{x^2+y+ye^{xy}}{x^2+y}$.

解
$$\lim_{(x,y)\to(2,0)}\frac{x^2+y+ye^{xy}}{x^2+y}=\lim_{(x,y)\to(2,0)}\left(\frac{x^2+y}{x^2+y}+\frac{ye^{xy}}{x^2+y}\right)$$
$$=\lim_{(x,y)\to(2,0)}\left(1+\frac{ye^{xy}}{x^2+y}\right)=1+\lim_{(x,y)\to(2,0)}\frac{ye^{xy}}{x^2+y}$$
$$=1+\frac{\lim\limits_{(x,y)\to(2,0)}ye^{xy}}{\lim\limits_{(x,y)\to(2,0)}(x^2+y)}=1+\frac{0}{4}=1.$$

二、二元函数的连续性

定义 2 设函数 $f(x,y)$ 在点 (x_0,y_0) 的某一邻域内有定义，如果

$$\lim_{(x,y)\to(x_0,y_0)} f(x,y)=f(x_0,y_0),$$

则称函数 $f(x,y)$ **在点** (x_0,y_0) **处连续**，否则称函数 $f(x,y)$ **在点** (x_0,y_0) **处不连续或间断**.

如果二元函数 $f(x,y)$ 在区域 D(闭区域 D)上的每个点处都连续，则称**二元函数 $f(x,y)$ 在区域 D(闭区域 D)上连续**.

例 5 讨论函数 $f(x,y)=\sqrt{4-x^2-y^2}$ 在点 $(0,0)$ 处的连续性.

解 由本节例 1 可知

$$\lim_{(x,y)\to(0,0)} \sqrt{4-x^2-y^2}=2,$$

而

$$f(0,0)=2,$$

即

$$\lim_{(x,y)\to(0,0)} \sqrt{4-x^2-y^2}=f(0,0),$$

所以函数 $f(x,y)=\sqrt{4-x^2-y^2}$ 在点 $(0,0)$ 处连续.

例 6 讨论函数 $f(x,y)=\begin{cases}\dfrac{xy}{x^2+y^2}, & (x,y)\neq(0,0),\\ 0, & (x,y)=(0,0)\end{cases}$ 在点 $(0,0)$ 处的连续性.

解 由本节例 2 知极限 $\lim\limits_{(x,y)\to(0,0)}\dfrac{xy}{x^2+y^2}$ 不存在，即 $\lim\limits_{(x,y)\to(0,0)} f(x,y)$ 不存在，所以函数 $f(x,y)$ 在点 $(0,0)$ 处不连续.

与一元函数类似，二元连续函数的和、差、积、商(在分母不为零处)仍是连续函数.

习题 5-2

1. 求下列函数的极限：

(1) $\lim\limits_{(x,y)\to(2,0)}(x^2+xe^y)$；　　(2) $\lim\limits_{(x,y)\to(0,1)}\dfrac{\tan(xy)}{x}$；

(3) $\lim\limits_{(x,y)\to(2,0)}\dfrac{\sin(xy)}{x}$；　　(4) $\lim\limits_{(x,y)\to(2,2)}\dfrac{2}{x-y}$；

(5) $\lim\limits_{(x,y)\to(0,0)}\dfrac{1-\sqrt{1+xy}}{xy}$；　　(6) $\lim\limits_{(x,y)\to(0,1)}\dfrac{xy+x+y}{x+y}$.

2. 讨论函数 $f(x,y)=\begin{cases}\dfrac{\sin(xy)}{x}, & x\neq0,\\ 0, & x=0\end{cases}$ 在点 $(2,0)$ 处的连续性.

第三节　偏导数和全微分

一、偏导数

在一元函数微分学中,由函数的变化率引入了导数的概念,一元函数的变化率是函数的改变量与自变量的改变量之比当自变量的改变量趋于零时的极限.二元函数有两个自变量,因此我们分别考虑函数的改变量与一个自变量的改变量之比当该自变量的改变量趋于零时的极限.二元函数对于其中一个自变量的变化率引出了二元函数偏导数的概念.

1. 偏增量与全增量

设二元函数 $z=f(x,y)$ 在点 (x_0,y_0) 的某一邻域内有定义,当 $y=y_0$ 保持不变时,$z=f(x,y_0)$ 可看作自变量 x 的一元函数.当自变量 x 在点 x_0 取改变量 Δx 时,则相应的函数 z 的改变量 $f(x_0+\Delta x,y_0)-f(x_0,y_0)$ 称为二元函数 $z=f(x,y)$ 在点 (x_0,y_0) 关于自变量 x 的**偏增量**,记作 $\Delta_x z$,即

$$\Delta_x z=f(x_0+\Delta x,y_0)-f(x_0,y_0).$$

同理,可以定义函数 $z=f(x,y)$ 关于自变量 y 的偏增量

$$\Delta_y z=f(x_0,y_0+\Delta y)-f(x_0,y_0).$$

函数 $z=f(x,y)$ 在点 (x_0,y_0) 的**全增量**,记作 Δz,即

$$\Delta z=f(x_0+\Delta x,y_0+\Delta y)-f(x_0,y_0).$$

2. 偏导数的定义

定义 1　设二元函数 $z=f(x,y)$ 在点 (x_0,y_0) 的某一邻域内有定义,如果极限

$$\lim_{\Delta x\to 0}\frac{\Delta_x z}{\Delta x}=\lim_{\Delta x\to 0}\frac{f(x_0+\Delta x,y_0)-f(x_0,y_0)}{\Delta x}$$

存在,则称该极限值为**函数** $z=f(x,y)$ **在点** (x_0,y_0) **关于自变量** x **的偏导数**,记作

$$f'_x(x_0,y_0)\text{或 }z'_x\Big|_{(x_0,y_0)}\text{或}\frac{\partial z}{\partial x}\Big|_{(x_0,y_0)}\text{或}\frac{\partial f(x_0,y_0)}{\partial x}.$$

同理,如果极限

$$\lim_{\Delta y\to 0}\frac{\Delta_y z}{\Delta y}=\lim_{\Delta y\to 0}\frac{f(x_0,y_0+\Delta y)-f(x_0,y_0)}{\Delta y}$$

存在,则称该极限值为**函数** $z=f(x,y)$ **在点** (x_0,y_0) **关于自变量** y **的偏导数**,记作

$$f'_y(x_0,y_0)\text{或 }z'_y\Big|_{(x_0,y_0)}\text{或}\frac{\partial z}{\partial y}\Big|_{(x_0,y_0)}\text{或}\frac{\partial f(x_0,y_0)}{\partial y}.$$

由定义可以看出,$\frac{\partial z}{\partial x}\Big|_{(x_0,y_0)}$ 是一元函数 $z=f(x,y_0)$ 在点 x_0 处的导数;$\frac{\partial z}{\partial y}\Big|_{(x_0,y_0)}$ 是一元函数 $z=f(x_0,y)$ 在点 y_0 处的导数.

如果函数 $z=f(x,y)$ 在平面区域 D 内的每一个点 (x,y) 处对 x（对 y）的偏导数都存在，则称函数 $f(x,y)$ 在 D 内任意一点 (x,y) 处对 x（对 y）的偏导数为**偏导函数**，简称为**偏导数**，记作 $f'_x(x,y)$，z'_x，$\frac{\partial z}{\partial x}$，$\frac{\partial f}{\partial x}$ 和 $f'_y(x,y)$，z'_y，$\frac{\partial z}{\partial y}$，$\frac{\partial f}{\partial y}$.

类似于点 (x_0,y_0) 处的偏导数，$\frac{\partial z}{\partial x}$ 是将二元函数 $z=f(x,y)$ 中的变量 y 看成常数，对 x 求导数；$\frac{\partial z}{\partial y}$ 是将二元函数 $z=f(x,y)$ 中的变量 x 看成常数，对 y 求导数. 因此二元函数的求导公式、四则运算法则等都与一元函数一样.

例 1 设 $f(x,y)=x^3+2xy$，求 $f'_x(1,2)$，$f'_y(1,2)$.

解
$$f'_x(1,2)=\frac{\mathrm{d}}{\mathrm{d}x}(x^3+2x\times 2)\Big|_{x=1}=(3x^2+4)\Big|_{x=1}=7,$$
$$f'_y(1,2)=\frac{\mathrm{d}}{\mathrm{d}y}(1^3+2\times 1\times y)\Big|_{y=2}=(0+2)\Big|_{y=2}=2.$$

例 2 设 $f(x,y)=x^2-3xy^2+2y^3$，求 $f'_x(x,y)$，$f'_y(x,y)$.

解
$$f'_x(x,y)=2x-3y^2,\ f'_y(x,y)=-6xy+6y^2.$$

例 3 设 $z=x^y$，求 z'_x，z'_y.

解
$$z'_x=yx^{y-1},\ z'_y=x^y\ln x.$$

例 4 设 $z=x\sin\frac{y}{x}$，求 $\frac{\partial z}{\partial x}$，$\frac{\partial z}{\partial y}$.

解
$$\frac{\partial z}{\partial x}=\sin\frac{y}{x}+x\cos\frac{y}{x}\cdot\left(-\frac{y}{x^2}\right)=\sin\frac{y}{x}-\frac{y}{x}\cos\frac{y}{x},$$
$$\frac{\partial z}{\partial y}=x\cos\frac{y}{x}\cdot\frac{1}{x}=\cos\frac{y}{x}.$$

与一元函数不同的是，二元函数中两个偏导数都存在但函数未必连续.

例 5 设 $f(x,y)=\begin{cases}\frac{xy}{x^2+y^2}, & (x,y)\neq(0,0),\\ 0, & (x,y)=(0,0),\end{cases}$ 讨论函数 $f(x,y)$ 在点 $(0,0)$ 处的连续性和偏导数的存在性.

解 由本章第二节例 6 知函数 $f(x,y)$ 在 $(0,0)$ 点处不连续.

由偏导数的定义，得
$$\frac{\partial f}{\partial x}\Big|_{(0,0)}=\lim_{\Delta x\to 0}\frac{f(\Delta x,0)-f(0,0)}{\Delta x}=\lim_{\Delta x\to 0}\frac{\frac{\Delta x\cdot 0}{(\Delta x)^2+0^2}-0}{\Delta x}=0,$$
$$\frac{\partial f}{\partial y}\Big|_{(0,0)}=\lim_{\Delta y\to 0}\frac{f(0,\Delta y)-f(0,0)}{\Delta y}=\lim_{\Delta y\to 0}\frac{\frac{0\cdot\Delta y}{0^2+(\Delta y)^2}-0}{\Delta y}=0.$$

由上可知，函数 $f(x,y)$ 在点 $(0,0)$ 处不连续但两个偏导数都存在.

3. 高阶偏导数

一般地,二元函数 $z=f(x,y)$ 的偏导数 $f'_x(x,y)$, $f'_y(x,y)$ 仍然是 x,y 的二元函数,如果它们对 x,y 的偏导数存在,则称其为函数 $z=f(x,y)$ 的**二阶偏导数**,记作

$$f''_{xx}(x,y)=z''_{xx}=\frac{\partial^2 z}{\partial x^2}=\frac{\partial}{\partial x}\left(\frac{\partial z}{\partial x}\right),$$

$$f''_{xy}(x,y)=z''_{xy}=\frac{\partial^2 z}{\partial x\partial y}=\frac{\partial}{\partial y}\left(\frac{\partial z}{\partial x}\right),$$

$$f''_{yx}(x,y)=z''_{yx}=\frac{\partial^2 z}{\partial y\partial x}=\frac{\partial}{\partial x}\left(\frac{\partial z}{\partial y}\right),$$

$$f''_{yy}(x,y)=z''_{yy}=\frac{\partial^2 z}{\partial y^2}=\frac{\partial}{\partial y}\left(\frac{\partial z}{\partial y}\right),$$

称其中的 $f''_{xy}(x,y)$ 和 $f''_{yx}(x,y)$ 为函数 $z=f(x,y)$ 的**二阶混合偏导数**.

类似地,可以定义三阶、四阶以及更高阶的偏导数.二阶及二阶以上的偏导数统称为**高阶偏导数**.

例 6 设函数 $z=x^3-2x^2y+3y^4$,求函数 z 的二阶偏导数.

解 因为 $\frac{\partial z}{\partial x}=3x^2-4xy$, $\frac{\partial z}{\partial y}=-2x^2+12y^3$,

所以

$$\frac{\partial^2 z}{\partial x^2}=\frac{\partial}{\partial x}(3x^2-4xy)=6x-4y,\ \frac{\partial^2 z}{\partial x\partial y}=\frac{\partial}{\partial y}(3x^2-4xy)=-4x,$$

$$\frac{\partial^2 z}{\partial y\partial x}=\frac{\partial}{\partial x}(-2x^2+12y^3)=-4x,\ \frac{\partial^2 z}{\partial y^2}=\frac{\partial}{\partial y}(-2x^2+12y^3)=36y^2.$$

例 7 设 $z=x\sin(x+y)$,求 $\frac{\partial^2 z}{\partial x^2}$, $\frac{\partial^2 z}{\partial x\partial y}$, $\frac{\partial^2 z}{\partial y\partial x}$, $\frac{\partial^2 z}{\partial y^2}$.

解 因为 $\frac{\partial z}{\partial x}=\sin(x+y)+x\cos(x+y)$, $\frac{\partial z}{\partial y}=x\cos(x+y)$,

所以

$$\frac{\partial^2 z}{\partial x^2}=\frac{\partial}{\partial x}[\sin(x+y)+x\cos(x+y)]=2\cos(x+y)-x\sin(x+y),$$

$$\frac{\partial^2 z}{\partial x\partial y}=\frac{\partial}{\partial y}[\sin(x+y)+x\cos(x+y)]=\cos(x+y)-x\sin(x+y),$$

$$\frac{\partial^2 z}{\partial y\partial x}=\frac{\partial}{\partial x}[x\cos(x+y)]=\cos(x+y)-x\sin(x+y),$$

$$\frac{\partial^2 z}{\partial y^2}=\frac{\partial}{\partial y}[x\cos(x+y)]=-x\sin(x+y).$$

在例 6 和例 7 中,函数 $z=f(x,y)$ 的两个混合二阶偏导数 $\frac{\partial^2 z}{\partial x\partial y}$, $\frac{\partial^2 z}{\partial y\partial x}$ 相等,这

并不是偶然的，有如下定理.

定理 1 如果二元函数 $z=f(x,y)$ 的两个二阶混合偏导数 $\frac{\partial^2 z}{\partial x\partial y}$，$\frac{\partial^2 z}{\partial y\partial x}$ 在区域 D 上连续，则在区域 D 上，必有 $\frac{\partial^2 z}{\partial x\partial y}=\frac{\partial^2 z}{\partial y\partial x}$.

在一般情形下，函数 $z=f(x,y)$ 的两个混合二阶偏导数 $\frac{\partial^2 z}{\partial x\partial y}$，$\frac{\partial^2 z}{\partial y\partial x}$ 并不总是相等的.

二、全微分

把一元函数的微分概念推广到二元函数即得全微分.

1. 全微分的概念

定义 2 如果函数 $z=f(x,y)$ 在点 (x,y) 的全增量

$$\Delta z=f(x+\Delta x,y+\Delta y)-f(x,y)$$

可以表示为

$$\Delta z=A\Delta x+B\Delta y+o(\rho),$$

其中 A,B 与 Δx 和 Δy 无关，仅与 x 和 y 有关，$\rho=\sqrt{(\Delta x)^2+(\Delta y)^2}$，则称二元函数 $z=f(x,y)$ 在点 (x,y) 处**可微**，并称 $A\Delta x+B\Delta y$ 为函数 $f(x,y)$ 在点 (x,y) 处的**全微分**，记作 $\mathrm{d}z$ 或 $\mathrm{d}f(x,y)$，即

$$\mathrm{d}z=A\Delta x+B\Delta y.$$

二元函数可微性与偏导数的存在性有如下关系.

定理 2 如果函数 $z=f(x,y)$ 在点 (x,y) 处可微分，则函数 $f(x,y)$ 在点 (x,y) 处的偏导数 $\frac{\partial z}{\partial x}$，$\frac{\partial z}{\partial y}$ 必存在，且函数 $f(x,y)$ 在点 (x,y) 处的全微分为

$$\mathrm{d}z=\frac{\partial z}{\partial x}\Delta x+\frac{\partial z}{\partial y}\Delta y.$$

二元函数中两个偏导数都存在但函数未必连续. 只有当函数 $z=f(x,y)$ 在点 (x,y) 处可微时，函数 $z=f(x,y)$ 在点 (x,y) 处才连续.

类似于一元函数，自变量的改变量等于自变量的微分，即 $\mathrm{d}x=\Delta x$，$\mathrm{d}y=\Delta y$，于是二元函数的全微分记作

$$\mathrm{d}z=\frac{\partial z}{\partial x}\mathrm{d}x+\frac{\partial z}{\partial y}\mathrm{d}y.$$

例 8 求函数 $z=y^2+x\mathrm{e}^{xy}$ 在点 $(1,1)$ 处的全微分 $\mathrm{d}z$.

解 因为 $\frac{\partial z}{\partial x}=(1+xy)\mathrm{e}^{xy}$，$\frac{\partial z}{\partial y}=2y+x^2\mathrm{e}^{xy}$，

所以

$$dz=\left.\frac{\partial z}{\partial x}\right|_{(1,1)}dx+\left.\frac{\partial z}{\partial y}\right|_{(1,1)}dy=2e dx+(2+e)dy.$$

例 9 求函数 $z=\arctan\dfrac{y}{x}$ 的全微分 dz.

解 因为 $$\frac{\partial z}{\partial x}=\frac{1}{1+\left(\frac{y}{x}\right)^2}\cdot\left(-\frac{y}{x^2}\right)=-\frac{y}{x^2+y^2},$$

$$\frac{\partial z}{\partial y}=\frac{1}{1+\left(\frac{y}{x}\right)^2}\cdot\frac{1}{x}=\frac{x}{x^2+y^2},$$

所以

$$dz=-\frac{y}{x^2+y^2}dx+\frac{x}{x^2+y^2}dy=\frac{-ydx+xdy}{x^2+y^2}.$$

在一元函数中,“可微必可导,可导必可微”. 但在二元函数中,函数 $z=f(x,y)$ 在点 (x,y) 的两个偏导数 $\dfrac{\partial z}{\partial x}$ 和 $\dfrac{\partial z}{\partial y}$ 都存在,而函数 $z=f(x,y)$ 在点 (x,y) 处不一定可微. 只有偏导数 $\dfrac{\partial z}{\partial x}$ 和 $\dfrac{\partial z}{\partial y}$ 都连续时,函数 $z=f(x,y)$ 在点 (x,y) 处才可微.

定理 3 如果函数 $z=f(x,y)$ 在点 (x,y) 的某邻域内偏导数 $\dfrac{\partial z}{\partial x}$ 和 $\dfrac{\partial z}{\partial y}$ 连续,则函数 $z=f(x,y)$ 在点 (x,y) 处可微.

2. 全微分的应用

由全微分的定义知,

$$\Delta z=dz+o(\rho).$$

当 $|\Delta x|$ 和 $|\Delta y|$ 都很小时,有全微分近似计算的公式:

$$\Delta z\approx dz.$$

于是

$$f(x+\Delta x,y+\Delta y)-f(x,y)\approx f'_x(x,y)dx+f'_y(x,y)dy,$$

令 $x=x_0,y=y_0$,得近似计算的公式

$$f(x_0+\Delta x,y_0+\Delta y)\approx f(x_0,y_0)+f'_x(x_0,y_0)dx+f'_y(x_0,y_0)dy.$$

例 10 求 $1.97^{1.05}$ 的近似值.

解 设 $f(x,y)=x^y$,则

$$f(x+\Delta x,y+\Delta y)=(x+\Delta x)^{y+\Delta y}\approx x^y+yx^{y-1}\Delta x+xy\ln x\cdot\Delta y.$$

取 $x=2,y=1,\Delta x=-0.03,\Delta y=0.05$,可得

$$1.97^{1.05}\approx 2-0.03+2\ln 2\cdot 0.05\approx 2.039.$$

习题 5-3

1. 求函数在给定点处的偏导数：

(1) $z=x+2y+4xy$，求 $z'_x(1,1)$，$z'_y(1,1)$；

(2) $z=e^{x^2+y^2}$，求 $z'_x(1,0)$，$z'_y(0,1)$；

(3) $z=\ln(1+x^2+y^2)$，求 $z'_x(-1,0)$，$z'_y(1,0)$；

(4) $z=\arctan\dfrac{y}{x}$，求 $z'_x(-1,1)$，$z'_y(1,-1)$.

2. 求下列函数的偏导数：

(1) $z=\sqrt{xy}$；　　(2) $z=x^2+y^2-\sin x\sin y$；

(3) $z=(1+x)^y$；　　(4) $z=\sin(xy)-\cos(xy)$.

3. 求下列函数的二阶偏导数：

(1) $z=x^2+y^2$；　　(2) $z=e^{x^2y}$；

(3) $z=x^y$；　　(4) $z=\dfrac{x^2-y^2}{x^2+y^2}$.

4. 求函数 $z=2x^2-y^3$ 当 $x=1,y=1,\Delta x=0.01,\Delta y=0.02$ 时的全增量和全微分.

5. 求函数 $z=2x^2+e^{xy}$ 在点 $(1,1)$ 处的全微分.

6. 求下列函数的全微分：

(1) $z=\sqrt{x+y}$；　　(2) $z=x^2+y^2-\sin x\sin y$；

(3) $z=(1+x)^y$；　　(4) $z=e^x\sin(x+y)$.

7. 求下列近似值：

(1) $1.04^{2.02}$；　　(2) $\sqrt{2.02^3+0.97^3}$.

8. 设函数 $z=xy+xf\left(\dfrac{y}{x}\right)$，其中函数 $f(t)$ 可微，证明：$x\dfrac{\partial z}{\partial x}+y\dfrac{\partial z}{\partial y}=z+xy$.

9. 证明函数 $z=\ln\sqrt{x^2+y^2}$ 满足拉普拉斯方程 $\dfrac{\partial^2 z}{\partial x^2}+\dfrac{\partial^2 z}{\partial y^2}=0$.

第四节　复合函数与隐函数的偏导数

一、复合函数的求导法则

1. 二元复合函数的概念

如果变量 z 是变量 u 和 v 的函数，$z=f(u,v)$，而 u,v 又是 x,y 的函数：$u=\varphi(x,y)$，$v=\psi(x,y)$，则称函数 $z=f[\varphi(x,y),\psi(x,y)]$ 为 x,y 的**复合函数**，其中 u,v

称为**中间变量**. 例如,$z=\mathrm{e}^u\cos v, u=x+2y, v=xy$,复合得函数 $z=\mathrm{e}^{x+2y}\cos(xy)$.

上述复合函数中变量间的关系可用图 5-6 表示.

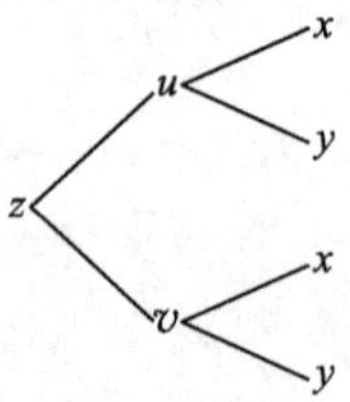

图 5-6

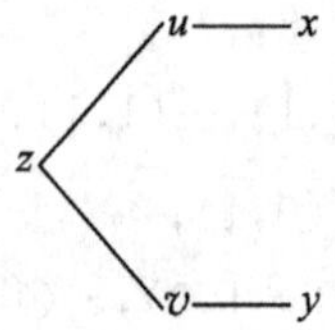

图 5-7

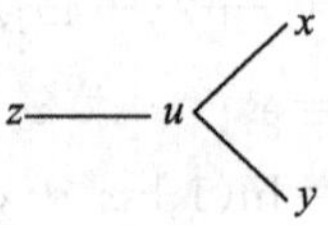

图 5-8

二元复合函数有两种特殊情形:

(1) 如果 $z=f(u,v), u=\varphi(x), v=\psi(x)$,则复合函数 $z=f[\varphi(x),\psi(x)]$为一元函数,其复合关系如图 5-7 所示,称这种复合函数的导数为**全导数**;

(2) 如果 $z=f(u), u=\varphi(x,y)$,则复合函数为 $z=f[\varphi(x,y)]$,其复合关系如图 5-8 所示.

2. 复合函数的求导法则

定理 1 若函数 $u=\varphi(x,y), v=\psi(x,y)$在点$(x,y)$处的偏导数都存在,函数 $z=f(u,v)$在对应的点(u,v)处有连续的偏导数,则复合函数 $z=f[\varphi(x,y),\psi(x,y)]$在点$(x,y)$处的偏导数存在,且

$$\frac{\partial z}{\partial x}=\frac{\partial z}{\partial u}\frac{\partial u}{\partial x}+\frac{\partial z}{\partial v}\frac{\partial v}{\partial x},$$

$$\frac{\partial z}{\partial y}=\frac{\partial z}{\partial u}\frac{\partial u}{\partial y}+\frac{\partial z}{\partial v}\frac{\partial v}{\partial y}.$$

上述公式称为复合函数的**链式法则**.

例 1 设 $z=\mathrm{e}^u\cos v, u=x+2y, v=xy$,求$\frac{\partial z}{\partial x},\frac{\partial z}{\partial y}$.

解
$$\begin{aligned}\frac{\partial z}{\partial x}&=\frac{\partial z}{\partial u}\frac{\partial u}{\partial x}+\frac{\partial z}{\partial v}\frac{\partial v}{\partial x}=\mathrm{e}^u\cos v\cdot 1-\mathrm{e}^u\sin v\cdot y\\&=\mathrm{e}^{x+2y}[\cos(xy)-y\sin(xy)],\\\frac{\partial z}{\partial y}&=\frac{\partial z}{\partial u}\frac{\partial u}{\partial y}+\frac{\partial z}{\partial v}\frac{\partial v}{\partial y}=\mathrm{e}^u\cos v\cdot 2-\mathrm{e}^u\sin v\cdot x\\&=\mathrm{e}^{x+2y}[2\cos(xy)-x\sin(xy)].\end{aligned}$$

例 2 设 $z=(x^2+3y)^{3x-2y}$,求$\frac{\partial z}{\partial x},\frac{\partial z}{\partial y}$.

解 设 $u=x^2+3y, v=3x-2y$,则 $z=u^v$ 是 x,y 的复合函数,

$$\begin{aligned}\frac{\partial z}{\partial x}&=\frac{\partial z}{\partial u}\frac{\partial u}{\partial x}+\frac{\partial z}{\partial v}\frac{\partial v}{\partial x}\\&=vu^{v-1}\cdot 2x+u^v\ln u\cdot 3\end{aligned}$$

$$=2x(3x-2y)(x^2+3y)^{3x-2y-1}+3(x^2+3y)^{3x-2y}\ln(x^2+3y)$$

$$\frac{\partial z}{\partial y}=\frac{\partial z}{\partial u}\frac{\partial u}{\partial y}+\frac{\partial z}{\partial v}\frac{\partial v}{\partial y}$$

$$=vu^{v-1}\cdot 3+u^v\ln u\cdot(-2)$$

$$=3(3x-2y)(x^2+3y)^{3x-2y-1}-2(x^2+3y)^{3x-2y}\ln(x^2+3y).$$

由复合关系图 5-7 可得全导数公式

$$\frac{\mathrm{d}z}{\mathrm{d}x}=\frac{\partial z}{\partial u}\frac{\mathrm{d}u}{\mathrm{d}x}+\frac{\partial z}{\partial v}\frac{\mathrm{d}v}{\mathrm{d}x}.$$

例 3　设 $z=u^3\ln v$，而 $u=\mathrm{e}^x$，$v=\cos x$，求 $\frac{\mathrm{d}z}{\mathrm{d}x}$.

解　由全导数公式得

$$\frac{\mathrm{d}z}{\mathrm{d}x}=\frac{\partial z}{\partial u}\frac{\mathrm{d}u}{\mathrm{d}x}+\frac{\partial z}{\partial v}\frac{\mathrm{d}v}{\mathrm{d}x}=3u^2\ln v\cdot\mathrm{e}^x+\frac{u^3}{v}\cdot(-\sin x)$$

$$=3\mathrm{e}^{2x}\ln\cos x\cdot\mathrm{e}^x-\frac{\mathrm{e}^{3x}}{\cos x}\cdot\sin x=\mathrm{e}^{3x}(3\ln\cos x-\tan x).$$

例 4　设 $z=\sin u^2+x^2+y^2$，而 $u=xy$，求 $\frac{\partial z}{\partial x},\frac{\partial z}{\partial y}$.

解　设 $z=f(u,x,y)=\sin u^2+x^2+y^2$，

由复合函数偏导数公式得

$$\frac{\partial z}{\partial x}=\frac{\partial f}{\partial u}\frac{\partial u}{\partial x}+\frac{\partial f}{\partial x}=2u\cos u^2\cdot y+2x=2xy^2\cos(xy)^2+2x,$$

$$\frac{\partial z}{\partial y}=\frac{\partial f}{\partial u}\frac{\partial u}{\partial y}+\frac{\partial f}{\partial y}=2u\cos u^2\cdot x+2y=2x^2y\cos(xy)^2+2y.$$

例 5　设 $z=\mathrm{e}^{x+y}\sin(x-y)$，求 $\frac{\partial z}{\partial x},\frac{\partial z}{\partial y}$.

解　设 $u=x+y$，$v=x-y$，则 $z=\mathrm{e}^u\sin v$.

$$\frac{\partial z}{\partial u}=\mathrm{e}^u\sin v,\ \frac{\partial z}{\partial v}=\mathrm{e}^u\cos v,$$

$$\frac{\partial u}{\partial x}=1,\ \frac{\partial u}{\partial y}=1,\ \frac{\partial v}{\partial x}=1,\ \frac{\partial v}{\partial y}=-1,$$

由复合函数偏导数公式得

$$\frac{\partial z}{\partial x}=\frac{\partial z}{\partial u}\frac{\partial u}{\partial x}+\frac{\partial z}{\partial v}\frac{\partial v}{\partial x}=\mathrm{e}^u\sin v\cdot 1+\mathrm{e}^u\cos v\cdot 1$$

$$=\mathrm{e}^{x+y}[\sin(x-y)+\cos(x-y)],$$

$$\frac{\partial z}{\partial y}=\frac{\partial z}{\partial u}\frac{\partial u}{\partial y}+\frac{\partial z}{\partial v}\frac{\partial v}{\partial y}=\mathrm{e}^u\sin v\cdot 1+\mathrm{e}^u\cos v\cdot(-1)$$

$$=\mathrm{e}^{x+y}[\sin(x-y)-\cos(x-y)].$$

例 6　设函数 $f(u)$ 可导，$z=f(x^2-y^2)$，证明 $y\frac{\partial z}{\partial x}+x\frac{\partial z}{\partial y}=0$.

证 设$u=x^2-y^2$，则$z=f(u)$是以u为中间变量的二元复合函数，

$$\frac{\partial z}{\partial x}=\frac{\mathrm{d}z}{\mathrm{d}u}\frac{\partial u}{\partial x}=\frac{\mathrm{d}z}{\mathrm{d}u}\cdot 2x=2x\frac{\mathrm{d}z}{\mathrm{d}u},$$

$$\frac{\partial z}{\partial y}=\frac{\mathrm{d}z}{\mathrm{d}u}\frac{\partial u}{\partial y}=\frac{\mathrm{d}z}{\mathrm{d}u}\cdot(-2y)=-2y\frac{\mathrm{d}z}{\mathrm{d}u},$$

所以

$$y\frac{\partial z}{\partial x}+x\frac{\partial z}{\partial y}=2xy\frac{\mathrm{d}z}{\mathrm{d}u}-2xy\frac{\mathrm{d}z}{\mathrm{d}u}=0.$$

二、隐函数的求导法则

1. 隐函数的概念

在第二章中，我们已给出隐函数的概念：方程$F(x,y)=0$确定一个函数$y=f(x)$，且$F[x,f(x)]\equiv 0$. 类似地，方程$F(x,y,z)=0$确定一个函数$z=f(x,y)$，且$F[x,y,f(x,y)]\equiv 0$.

2. 隐函数的微分法

前面曾利用一元复合函数求导法则讨论过一元隐函数的导数. 下面利用偏导数给出求其导数的公式.

将方程$F(x,y)=0$的两边同时对x求导数，且把变量y看成变量x的函数，得

$$\frac{\partial F}{\partial x}+\frac{\partial F}{\partial y}\frac{\mathrm{d}y}{\mathrm{d}x}=0,$$

当$\frac{\partial F}{\partial y}\neq 0$时，解上述方程得一元隐函数$y=f(x)$的导数公式

$$\frac{\mathrm{d}y}{\mathrm{d}x}=-\frac{\frac{\partial F}{\partial x}}{\frac{\partial F}{\partial y}}.$$

定理 2(隐函数存在定理 1) 设二元函数$F(x,y)$在区域D内有连续的偏导数，点$(x_0,y_0)\in D$且满足$F(x_0,y_0)=0$，$F_y(x_0,y_0)\neq 0$，则方程$F(x,y)=0$在点(x_0,y_0)的某邻域内确定唯一的具有连续导数的一元函数$y=f(x)$，满足条件$y_0=f(x_0)$，使得$F[x,f(x)]\equiv 0$，且有

$$\frac{\mathrm{d}y}{\mathrm{d}x}=-\frac{\frac{\partial F}{\partial x}}{\frac{\partial F}{\partial y}}.$$

例 7 设函数$y=f(x)$是由方程$x+y-\mathrm{e}^{-xy^2}=0$所确定的函数，求函数$y=f(x)$的导数.

解 设$F(x,y)=x+y-\mathrm{e}^{-xy^2}$，

因为

$$\frac{\partial F}{\partial x}=1+y^2\mathrm{e}^{-xy^2},\ \frac{\partial F}{\partial y}=1+2xy\mathrm{e}^{-xy^2},$$

于是

$$\frac{\mathrm{d}y}{\mathrm{d}x}=-\frac{\frac{\partial F}{\partial x}}{\frac{\partial F}{\partial y}}=-\frac{1+y^2\mathrm{e}^{-xy^2}}{1+2xy\mathrm{e}^{-xy^2}}.$$

对于由方程 $F(x,y,z)=0$ 所确定的隐函数 $z=f(x,y)$，将方程 $F(x,y,z)=0$ 两边分别对 x 和 y 求偏导数，且将变量 z 看作 x 和 y 的函数，得

$$\frac{\partial F}{\partial x}+\frac{\partial F}{\partial z}\frac{\partial z}{\partial x}=0,\ \frac{\partial F}{\partial y}+\frac{\partial F}{\partial z}\frac{\partial z}{\partial y}=0,$$

当 $\frac{\partial F}{\partial z}\neq 0$ 时，得公式

$$\frac{\partial z}{\partial x}=-\frac{\frac{\partial F}{\partial x}}{\frac{\partial F}{\partial z}},\ \frac{\partial z}{\partial y}=-\frac{\frac{\partial F}{\partial y}}{\frac{\partial F}{\partial z}}.$$

定理 3(隐函数存在定理 2)　设三元函数 $F(x,y,z)$ 在区域 Ω 内有连续的偏导数，点 $(x_0,y_0,z_0)\in\Omega$ 且满足 $F(x_0,y_0,z_0)=0$，$F_z(x_0,y_0,z_0)\neq 0$，则方程 $F(x,y,z)$ 在点 (x_0,y_0,z_0) 的某邻域内可确定唯一的具有连续偏导数的二元函数 $z=f(x,y)$，满足条件 $z_0=f(x_0,y_0)$，使得 $F[x,y,f(x,y)]\equiv 0$，且有

$$\frac{\partial z}{\partial x}=-\frac{\frac{\partial F}{\partial x}}{\frac{\partial F}{\partial z}},\ \frac{\partial z}{\partial y}=-\frac{\frac{\partial F}{\partial y}}{\frac{\partial F}{\partial z}}.$$

例 8　设函数 $z=f(x,y)$ 是由方程 $x^3\mathrm{e}^z+y^2=xyz$ 所确定的二元函数，求函数 $z=f(x,y)$ 的偏导数.

解　设 $F=x^3\mathrm{e}^z+y^2-xyz$，则

$$\frac{\partial F}{\partial x}=3x^2\mathrm{e}^z-yz,\ \frac{\partial F}{\partial y}=2y-xz,\ \frac{\partial F}{\partial z}=x^3\mathrm{e}^z-xy,$$

于是

$$\frac{\partial z}{\partial x}=-\frac{\frac{\partial F}{\partial x}}{\frac{\partial F}{\partial z}}=-\frac{3x^2\mathrm{e}^z-yz}{x^3\mathrm{e}^z-xy}=\frac{yz-3x^2\mathrm{e}^z}{x^3\mathrm{e}^z-xy},$$

$$\frac{\partial z}{\partial y}=-\frac{\frac{\partial F}{\partial y}}{\frac{\partial F}{\partial z}}=-\frac{2y-xz}{x^3\mathrm{e}^z-xy}=\frac{xz-2y}{x^3\mathrm{e}^z-xy}.$$

例 9 设函数 $z=f(x,y)$ 是由方程 $\sin z-xyz=0$ 所确定的二元函数,求函数 $z=f(x,y)$ 的全微分.

解 设 $F(x,y,z)=\sin z-xyz$,则

$$\frac{\partial F}{\partial x}=-yz,\frac{\partial F}{\partial y}=-xz,\frac{\partial F}{\partial z}=\cos z-xy,$$

于是

$$\frac{\partial z}{\partial x}=-\frac{\frac{\partial F}{\partial x}}{\frac{\partial F}{\partial z}}=\frac{yz}{\cos z-xy},\frac{\partial z}{\partial y}=-\frac{\frac{\partial F}{\partial y}}{\frac{\partial F}{\partial z}}=\frac{xz}{\cos z-xy}.$$

所以

$$dz=\frac{\partial z}{\partial x}dx+\frac{\partial z}{\partial y}dy=\frac{yz}{\cos z-xy}dx+\frac{xz}{\cos z-xy}dy.$$

习题 5-4

1. 求下列复合函数的全导数:

(1) $z=u\sin(u+v),u=e^x,v=x^2$;

(2) $z=\arcsin(xy),y=\ln x$.

2. 求下列复合函数的偏导数:

(1) $z=u\sin(u+v),u=x+y,v=x-y$;

(2) $z=u^v,u=x^2+y^2,v=xy$;

(3) $z=ue^v+ve^u,u=xy,v=\frac{y}{x}$;

(4) $z=u^2v+uv^2,u=e^x+y,v=xy$.

3. 求下列函数的偏导数:

(1) $z=e^{x^2+y}\cos(x-y^2)$; (2) $z=(x^2+y^2)^{xy}$.

4. 求下列方程所确定的隐函数 $y=f(x)$ 的导数:

(1) $x+xy+y^2=\sin x$; (2) $x^3+y^3-3xy=0$;

(3) $ye^x+\cos(xy)=0$; (4) $\ln(x^2+y^2)=x+y$.

5. 求下列方程所确定的隐函数 $z=f(x,y)$ 的偏导数:

(1) $xy+z^2=e^{xz}$; (2) $x^3+y^3-3xz+\sin z=0$;

(3) $z-x\ln\frac{z}{y}=0$; (4) $z^2-x-y+xe^{x+y-z}=0$.

6. 设 $2\sin(x+2y-3z)=x+2y-3z$,证明 $\frac{\partial z}{\partial x}+\frac{\partial z}{\partial y}=1$.

7. 设 $u=f(z)$,而 z 是由方程 $z-x-y\varphi(z)=0$ 确定的函数 $z=z(x,y)$,f,φ

均为可微函数,证明:$\frac{\partial u}{\partial y}-\varphi(z)\frac{\partial u}{\partial x}=0$.

第五节 二元函数的极值

在实际问题中,常常会遇到二元函数的极值和最值问题.本节主要利用二元函数的偏导数讨论二元函数的极值.

一、多元函数的极值

1. 极值的概念

定义1 设二元函数 $z=f(x,y)$ 在点 (x_0,y_0) 的某个邻域 $U_\delta(x_0,y_0)$ 内有定义,如果对于任意 $(x,y)\in\mathring{U}_\delta(x_0,y_0)$,都有

$$f(x,y)>f(x_0,y_0)$$

成立,则称 $f(x_0,y_0)$ 为函数 $z=f(x,y)$ 的**极小值**,点 (x_0,y_0) 称为**极小值点**.如果对于任意 $(x,y)\in\mathring{U}_\delta(x_0,y_0)$,都有

$$f(x,y)<f(x_0,y_0)$$

成立,则称 $f(x_0,y_0)$ 为函数 $z=f(x,y)$ 的**极大值**,点 (x_0,y_0) 称为**极大值点**.

函数的极大值与极小值统称为函数的**极值**,函数的极大值点与极小值点统称为函数的**极值点**.

例如,函数 $z=x^2+y^2$,对给定的 $\delta>0$,任意 $(x,y)\in\mathring{U}_\delta(0,0)$,有 $f(x,y)=x^2+y^2>0=f(0,0)$,所以函数 $z=x^2+y^2$ 在 $(0,0)$ 点有极小值,$(0,0)$ 为该函数的极小值点. 函数 $z=1-\sqrt{x^2+y^2}$,对给定的 $\delta>0$,对任意 $(x,y)\in\mathring{U}_\delta(0,0)$,有 $f(x,y)=1-\sqrt{x^2+y^2}<1=f(0,0)$,所以函数 $z=1-\sqrt{x^2+y^2}$ 在 $(0,0)$ 点有极大值,$(0,0)$ 为该函数的极大值点.而函数 $z=xy$ 在 $(0,0)$ 点处的值为 0,而在 $(0,0)$ 点的任意邻域总能取到正值和负值,所以 $(0,0)$ 不是该函数的极值点.

2. 极值的必要条件

定理1(极值的必要条件) 如果函数 $z=f(x,y)$ 在点 (x_0,y_0) 处存在偏导数,且在点 (x_0,y_0) 取得极值,则必有 $f'_x(x_0,y_0)=0$,$f'_y(x_0,y_0)=0$.

称使 $f'_x(x_0,y_0)=0$,$f'_y(x_0,y_0)=0$ 的点 (x_0,y_0) 为函数 $z=f(x,y)$ 的**驻点**.

定理1仅是取得极值的必要条件,并非充分条件,即驻点不一定都是极值点.

例如,$(0,0)$ 是函数 $z=x^2+y^2$ 的极小值点,也是函数的驻点.$(0,0)$ 是函数 $z=1-\sqrt{x^2+y^2}$ 的极大值点,但不是函数的驻点.而 $(0,0)$ 是函数 $z=xy$ 的驻点,

但不是函数的极值点.

3. 极值的充分条件

定理2 设二元函数 $z=f(x,y)$ 在点 (x_0,y_0) 的某一邻域内有连续的二阶偏导数，且点 (x_0,y_0) 为函数 $f(x,y)$ 的驻点. 设 $p(x,y)=[f''_{xy}(x,y)]^2-f''_{xx}(x,y)\cdot f''_{yy}(x,y)$.

(1) 如果 $p(x_0,y_0)<0$，则点 (x_0,y_0) 是 $f(x,y)$ 的极值点. 且

① 当 $f''_{xx}(x_0,y_0)>0$ 时，点 (x_0,y_0) 为 $f(x,y)$ 的极小值点；

② 当 $f''_{xx}(x_0,y_0)<0$ 时，点 (x_0,y_0) 为 $f(x,y)$ 的极大值点.

(2) 如果 $p(x_0,y_0)>0$，则点 (x_0,y_0) 必不是 $f(x,y)$ 的极值点.

(3) 如果 $p(x_0,y_0)=0$，则点 (x_0,y_0) 有可能是 $f(x,y)$ 的极值点，但也有可能不是 $f(x,y)$ 的极值点，需另行判定.

求二元函数极值的一般步骤如下：

(1) 求二元函数的偏导数，令两个偏导数为零，求出驻点；

(2) 求出二阶偏导数和 $p(x,y)$；

(3) 将驻点分别代入 $p(x,y)$，求出其值，根据定理2判断出极值点. 然后根据 $f''_{xx}(x,y)$ 在极值点处值的符号确定是极大值点还是极小值点；

(4) 求出极值点的函数值，即为函数的极值.

例1 求二元函数 $f(x,y)=3xy+x^3-y^3$ 的极值.

解 $f'_x(x,y)=3y+3x^2$，$f'_y(x,y)=3x-3y^2$.

令 $\begin{cases} f'_x(x,y)=0, \\ f'_y(x,y)=0, \end{cases}$ 得方程组 $\begin{cases} 3y+3x^2=0, \\ 3x-3y^2=0. \end{cases}$

解得函数 $f(x,y)$ 的驻点 $(0,0)$，$(1,-1)$.

求二阶偏导数得

$$f''_{xx}(x,y)=6x,\ f''_{xy}(x,y)=3,\ f''_{yy}(x,y)=-6y,$$
$$p(x,y)=3^2-6x\cdot(-6y)=9+36xy.$$

将点 $(0,0)$ 代入得 $p(0,0)=9>0$，所以点 $(0,0)$ 不是函数的极值点；再将 $(1,-1)$ 代入得 $p(1,-1)=-27<0$，所以点 $(1,-1)$ 是极值点，又 $f''_{xx}(1,-1)=6>0$，所以点 $(1,-1)$ 是极小值点，函数的极小值为 $f(1,-1)=-1$.

二、函数的最值

定理3(最大值和最小值定理) 如果二元函数在有界闭区域 D 上连续，则该函数在 D 上至少取得它的最大值和最小值各一次.

关于闭区域 D 上的二元连续函数 $f(x,y)$ 的最大(小)值的求法与闭区间上连续函数的最大(小)值求法类似.

例2 求二元函数 $f(x,y)=x^2y(4-x-y)$ 在直线 $x+y=6$，x 轴和 y 轴所围成的闭区域 D 上的最大值与最小值.

解 先求函数 $f(x,y)$ 在闭区域 D 内的驻点，

令 $\begin{cases} f_x'(x,y)=2xy(4-x-y)-x^2y=0, \\ f_y'(x,y)=x^2(4-x-y)-x^2y=0, \end{cases}$

解得 $x=2,y=1$，对应的函数值为 $f(2,1)=4$.

再求函数 $f(x,y)$ 在 D 边界上的最值，闭区域 D 的边界由三部分组成(如图 5-9 所示)：

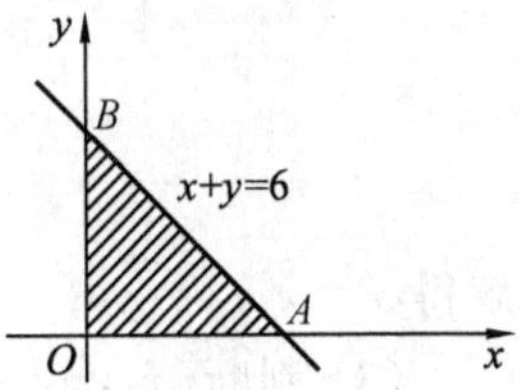

图 5-9

直线段 OA：$y=0(0\leqslant x\leqslant 6)$，$f(x,y)=0$；

直线段 OB：$x=0(0\leqslant y\leqslant 6)$，$f(x,y)=0$；

直线段 AB：$y=6-x(0\leqslant x\leqslant 6)$，$f(x,y)=-2x^2(6-x)$.

令 $\dfrac{\mathrm{d}}{\mathrm{d}x}[-2x^2(6-x)]=4x(x-6)+2x^2=0$，解得 $x_1=0,x_2=4$.

对应的函数值为 $f(0,0)=0,f(4,2)=-64$.

所以函数 $f(x,y)$ 在 D 上的最大值为 $M=\max\{0,4,-64\}=4$，在 D 上的最小值为 $m=\min\{0,4,-64\}=-64$.

三、条件极值

1. 条件极值的概念

前面讨论的极值问题，自变量在定义域内不受限制，可以自由取值. 但在实际中会遇到如表面积一定的情况下求长方体体积的最大值，求二元函数在闭区域的边界上的最值等问题. 这一类极值问题可归纳为：求函数 $z=f(x,y)$ 在条件 $\varphi(x,y)=0$ 下的极值. 这种带有约束条件的函数极值称为**条件极值**. 一般称 $z=f(x,y)$ 为**目标函数**，称 $\varphi(x,y)=0$ 为**约束条件**.

2. 条件极值的求法

在条件极值中，可以从约束条件 $\varphi(x,y)=0$ 中解出变量 $y=h(x)$（或变量 x），代入目标函数 $z=f(x,y)$ 中就变成一元函数 $z=f[x,h(x)]$，从而化成一元函数的极值问题，这种方法称为化无条件极值法. 但条件极值往往很难化为无条件极值. 因此下面介绍一种直接求条件极值的方法——**拉格朗日乘数法**.

设函数 $f(x,y)$，$\varphi(x,y)$ 在区域 D 内有连续的一阶偏导数，求函数 $z=f(x,y)$ 在约束条件 $\varphi(x,y)=0$ 下的极值，可以转化为求拉格朗日函数

$$F(x,y,\lambda)=f(x,y)+\lambda\varphi(x,y)\ (\text{其中 }\lambda\text{ 为参数})$$

的无条件极值. 因此条件极值问题可按下述方法进行.

(1) 构造拉格朗日函数

$$F(x,y,\lambda)=f(x,y)+\lambda\varphi(x,y)\ (\text{其中 }\lambda\text{ 为参数})；$$

(2) 分别求 $F(x,y,\lambda)$ 对 x,y,λ 的偏导数，建立方程组

$$\begin{cases} F'_x = f'_x(x,y) + \lambda\varphi'_x(x,y) = 0, \\ F'_y = f'_y(x,y) + \lambda\varphi'_y(x,y) = 0, \\ F'_\lambda = \varphi(x,y) = 0, \end{cases}$$

解得 $x=x_0, y=y_0$；

(3) 判断(x_0, y_0)是否为极值点，一般根据实际问题的具体情况判定. 即如果实际问题中有极大值，而(x_0, y_0)是拉格朗日函数的唯一驻点，则(x_0, y_0)就是条件极值的极大值点.

例 3 求函数 $z=xy^2$ 在 $x^2+y^2=1(x>0, y>0)$下的极大值.

解 设拉格朗日函数为 $F(x,y,\lambda)=xy^2+\lambda(x^2+y^2-1)$（其中 λ 为参数），

令
$$\begin{cases} F'_x = y^2 + 2x\lambda = 0, \\ F'_y = 2xy + 2y\lambda = 0, \\ F'_\lambda = x^2 + y^2 - 1 = 0, \end{cases}$$

解得
$$\begin{cases} x=\frac{\sqrt{3}}{3}, \\ y=\frac{\sqrt{6}}{3}, \\ \lambda=-\frac{\sqrt{3}}{3}, \end{cases} \begin{cases} x=\frac{\sqrt{3}}{3}, \\ y=-\frac{\sqrt{6}}{3}\ (\text{舍去}), \\ \lambda=-\frac{\sqrt{3}}{3}, \end{cases} \begin{cases} x=-\frac{\sqrt{3}}{3}, \\ y=\frac{\sqrt{6}}{3}\quad(\text{舍去}), \\ \lambda=\frac{\sqrt{3}}{3}, \end{cases} \begin{cases} x=-\frac{\sqrt{3}}{3}, \\ y=-\frac{\sqrt{6}}{3}\ (\text{舍去}), \\ \lambda=\frac{\sqrt{3}}{3}. \end{cases}$$

即拉格朗日函数满足条件的驻点只有一个$\left(\frac{\sqrt{3}}{3}, \frac{\sqrt{6}}{3}, -\frac{\sqrt{3}}{3}\right)$，因此函数 $z=xy^2$ 在点$\left(\frac{\sqrt{3}}{3}, \frac{\sqrt{6}}{3}\right)$处取得在条件 $x^2+y^2=1(x>0, y>0)$下的极大值$\frac{2\sqrt{3}}{9}$.

例 4 在平面上求定点(x_0, y_0)到直线 $ax+by+c=0(a^2+b^2\neq 0)$的最短距离.

解 设(x,y)为直线 $ax+by+c=0$ 上任意一点，则定点(x_0, y_0)到点(x,y)的距离为

$$d=\sqrt{(x-x_0)^2+(y-y_0)^2}.$$

所以，定点(x_0, y_0)到直线 $ax+by+c=0$ 的最短距离问题就转化为求 d 在条件 $ax+by+c=0$ 下的最小值.

因为 $d\geqslant 0$，所以求 d 的最小值等价于求 d^2 的最小值.

设拉格朗日函数为

$$F(x,y,\lambda)=(x-x_0)^2+(y-y_0)^2+\lambda(ax+by+c)\ (\text{其中 } \lambda \text{ 为参数}),$$

令
$$\begin{cases} F'_x = 2(x-x_0) + a\lambda = 0, \\ F'_y = 2(y-y_0) + b\lambda = 0, \\ F'_\lambda = ax + by + c = 0, \end{cases}$$

解得
$$\begin{cases} x=x_0-a\cdot\dfrac{ax_0+by_0+c}{a^2+b^2}, \\ y=y_0-b\cdot\dfrac{ax_0+by_0+c}{a^2+b^2}, \\ \lambda=\dfrac{2(ax_0+by_0+c)}{a^2+b^2}. \end{cases}$$

由于点到直线的最小值存在且拉格朗日函数只有一个驻点，所以 d^2 的最小值为$\dfrac{(ax_0+by_0+c)^2}{a^2+b^2}$，即定点 (x_0,y_0) 到直线 $ax+by+c=0$ 的最短距离为$\dfrac{|ax_0+by_0+c|}{\sqrt{a^2+b^2}}$.

习题 5-5

1. 求下列函数的极值：

(1) $z=x^4+y^4-4xy$；

(2) $z=x^3-3x^2+2y^3-3y^2-12y+8$；

(3) $z=(x^2-6x)(y^2-4y)$；

(4) $z=(x+y^2)e^{\frac{1}{2}x}$.

2. 求函数 $z=xy$ 在条件 $x+y=2$ 下的极大值.

3. 求函数 $z=x+y+1$ 在条件 $x+y=xy(x>0,y>0)$ 下的极小值.

4. 求函数 $z=e^{-xy}$ 在闭区域 $x^2+4y^2\leqslant 1$ 上的最大值和最小值.

5. 求曲线 $y=\sqrt{x}$ 上的动点到点 $\left(\dfrac{1}{2},0\right)$ 的最小距离.

第六节　二重积分

本节将介绍二重积分的概念、性质及在直角坐标系中的计算方法.

一、二重积分的概念与性质

1. 二重积分的概念

引例　(曲顶柱体的体积)以 xOy 面上闭区域 D 为底面，曲面 $z=f(x,y)$ $((x,y)\in D)$ 为顶，过闭区域 D 的边界曲线，母线平行于 z 轴的柱面为侧面的立体图形称为**曲顶柱体**(如图 5-10 所示). 下面我们来计算曲顶柱体的体积 V.

设 $z=f(x,y)$ 在有界闭区域 D 上连续，且在 D 上恒有 $f(x,y)\geqslant 0$. 仿照求曲边梯形面积的方法，将求曲顶柱体体积的过程分为四个步骤：

(1) 区域分割

用一些连续的曲线(称为分割线)将闭区域 D 分割成 n 个小区域(任意分)

$$\Delta D_1,\Delta D_2,\cdots,\Delta D_n,$$

分别记小区域的面积为 $\Delta\sigma_1,\Delta\sigma_2,\cdots,\Delta\sigma_n$. 然后用平行于 z 轴的直线沿分割线平行移动,将曲顶柱体分割成 n 个小曲顶柱体,小曲顶柱体的体积分别记为

$$\Delta V_1,\Delta V_2,\cdots,\Delta V_n,$$

则曲顶柱体的体积为

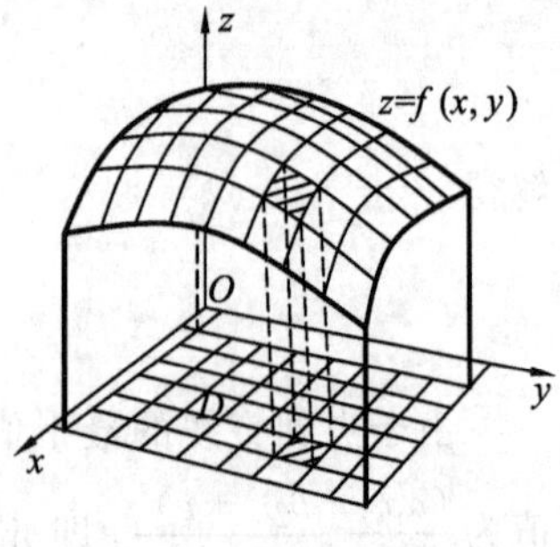

图 5-10

$$V=\sum_{i=1}^{n}\Delta V_i.$$

(2) 近似代替

由于小曲顶柱体的底面很小,所以小的曲顶面起伏不会很大,因而可以近似地将其看作平面,即用小平顶柱体的体积来近似代替小曲顶柱体的体积. 在第 i 个小区域 ΔD_i 上任取一点 $(\xi_i,\eta_i)(i=1,2,\cdots,n)$,以 $f(\xi_i,\eta_i)$ 为高,以 $\Delta\sigma_i$ 为其底面积的小平顶柱体的体积为 $f(\xi_i,\eta_i)\Delta\sigma_i(i=1,2,\cdots,n)$,则有

$$\Delta V_i\approx f(\xi_i,\eta_i)\Delta\sigma_i(i=1,2,\cdots,n).$$

(3) 作和

将这 n 个小曲顶柱体体积的近似值相加,就得到曲顶柱体体积的近似值

$$V=\sum_{i=1}^{n}\Delta V_i\approx\sum_{i=1}^{n}f(\xi_i,\eta_i)\Delta\sigma_i.$$

(4) 取极限

区域 D 分割得越细,其近似程度就越高. 记区域 ΔD_i 内任意两点间距离的最大值(称为该区域的直径)为 $\lambda_i(i=1,2,\cdots,n)$,令 $\lambda=\max\limits_{1\leqslant i\leqslant n}\{\lambda_i\}\to 0$,得到曲顶柱体的体积

$$V=\lim_{\lambda\to 0}\sum_{i=1}^{n}f(\xi_i,\eta_i)\Delta\sigma_i.$$

定义 1 设函数 $z=f(x,y)$ 在闭区域 D 上有定义,将闭区域 D 任意分成 n 个小区域 $\Delta D_1,\Delta D_2,\cdots,\Delta D_n$,小区域的面积分别记为 $\Delta\sigma_1,\Delta\sigma_2,\cdots,\Delta\sigma_n$. 在每个小区域中任取一点 $(\xi_i,\eta_i)\in\Delta D_i(i=1,2,\cdots,n)$,作乘积 $f(\xi_i,\eta_i)\Delta\sigma_i(i=1,2,\cdots,n)$ 并作和 $\sum\limits_{i=1}^{n}f(\xi_i,\eta_i)\Delta\sigma_i$,如果当各小区域直径的最大值 $\lambda=\max\limits_{1\leqslant i\leqslant n}\{\lambda_i\}$ 趋于零时,和式的极限 $\lim\limits_{\lambda\to 0}\sum\limits_{i=1}^{n}f(\xi_i,\eta_i)\Delta\sigma_i$ 存在,且此极限值与区域 D 的分割法及点 (ξ_i,η_i) 的取法无关,则称**二元函数** $f(x,y)$ **在闭区域** D **上可积**,并称该极限值为函数 $f(x,y)$

在闭区域 D 上的**二重积分**，记作 $\iint\limits_D f(x,y)\mathrm{d}\sigma$，即

$$\iint\limits_D f(x,y)\mathrm{d}\sigma=\lim_{\lambda\to 0}\sum_{i=1}^{n} f(\xi_i,\eta_i)\Delta\sigma_i,$$

其中“$\iint$”称为**二重积分号**，$f(x,y)$ 称为**被积函数**，$f(x,y)\mathrm{d}\sigma$ 称为**积分表达式**，$\mathrm{d}\sigma$ 称为**面积元素**，D 称为**积分区域**，$\sum\limits_{i=1}^{n} f(\xi_i,\eta_i)\Delta\sigma_i$ 称为**积分和**.

定理 1　如果二元函数 $f(x,y)$ 在有界闭区域 D 上连续，则它在有界闭区域 D 上可积.

由于可以对闭区域 D 进行任意分割，所以在直角坐标系中不妨用平行于 x 轴和 y 轴的一组直线将闭区域 D 进行分割，于是在直角坐标系中有

$$\iint\limits_D f(x,y)\mathrm{d}\sigma=\iint\limits_D f(x,y)\mathrm{d}x\mathrm{d}y.$$

2. 二重积分的几何意义

曲顶柱体的体积 V 就是函数 $z=f(x,y)$ 在闭区域 D 上的二重积分，即 $V=\iint\limits_D f(x,y)\mathrm{d}\sigma$. 反之，若在闭区域 D 上二元函数 $f(x,y)\geqslant 0$，则二重积分 $\iint\limits_D f(x,y)\mathrm{d}\sigma$ 在几何上就表示以曲面 $z=f(x,y)$ 为顶，以积分区域 D 为底面，以母线平行于 z 轴的柱面为侧面的曲顶柱体的体积.

3. 二重积分的性质

二重积分有许多类似于定积分的性质.

性质 1　如果函数 $f(x,y)$ 在闭区域 D 上可积，k 为常数，则

$$\iint\limits_D kf(x,y)\mathrm{d}\sigma=k\iint\limits_D f(x,y)\mathrm{d}\sigma.$$

性质 2　如果函数 $f(x,y)$，$g(x,y)$ 在闭区域 D 上都可积，则

$$\iint\limits_D [f(x,y)\pm g(x,y)]\mathrm{d}\sigma=\iint\limits_D f(x,y)\mathrm{d}\sigma\pm\iint\limits_D g(x,y)\mathrm{d}\sigma.$$

性质 3　如果函数 $f(x,y)$ 在闭区域 D 上可积，用曲线将 D 分割成两个闭区域 D_1 和 D_2，则函数 $f(x,y)$ 在 D_1 和 D_2 都上可积，且

$$\iint\limits_D f(x,y)\mathrm{d}\sigma=\iint\limits_{D_1} f(x,y)\mathrm{d}\sigma+\iint\limits_{D_2} f(x,y)\mathrm{d}\sigma.$$

这个性质表示二重积分对于区域具有可加性.

性质 4　如果函数 $f(x,y)$，$g(x,y)$ 在闭区域 D 上可积，且在 D 上有 $f(x,y)\geqslant g(x,y)$ 成立，则

$$\iint\limits_D f(x,y)\mathrm{d}\sigma\geqslant\iint\limits_D g(x,y)\mathrm{d}\sigma.$$

性质 5 如果在闭区域 D 上恒有 $f(x,y)\equiv 1$，A 为闭区域 D 的面积，则

$$\iint\limits_D \mathrm{d}\sigma = A.$$

性质 6 如果函数 $f(x,y)$ 在有界闭区域 D 上满足 $m\leqslant f(x,y)\leqslant M$($m,M$ 为常数)，A 为闭区域 D 的面积，则

$$mA\leqslant \iint\limits_D f(x,y)\mathrm{d}\sigma\leqslant MA.$$

性质 7(中值定理) 如果函数 $f(x,y)$ 在有界闭区域 D 上连续，A 为闭区域 D 的面积，则在闭区域 D 内至少存在一点 (ξ,η)，使得

$$\iint\limits_D f(x,y)\mathrm{d}\sigma = f(\xi,\eta)A.$$

例 1 求二重积分 $\iint\limits_D 4\mathrm{d}x\mathrm{d}y$，其中 $D=\{(x,y)\mid |x|+|y|\leqslant 10\}$.

解 因为 D 的面积为 $\sigma=(10\sqrt{2})^2=200$，

因此

$$\iint\limits_D 4\mathrm{d}x\mathrm{d}y = 4\iint\limits_D \mathrm{d}x\mathrm{d}y = 4\sigma = 800.$$

例 2 利用二重积分的性质比较二重积分 $\iint\limits_D (x+y)\mathrm{d}x\mathrm{d}y$ 和 $\iint\limits_D (x+y)^2\mathrm{d}x\mathrm{d}y$ 的大小，其中 D 由直线 $x=0$，$y=0$ 和 $x+y-1=0$ 所围成的闭区域.

解 因为对任意 $(x,y)\in D$ 时，$x+y\leqslant 1$，所以

$$x+y\geqslant (x+y)^2,$$

因此

$$\iint\limits_D (x+y)\mathrm{d}x\mathrm{d}y \geqslant \iint\limits_D (x+y)^2\mathrm{d}x\mathrm{d}y.$$

例 3 利用二重积分的性质估计二重积分 $\iint\limits_D \frac{\mathrm{d}x\mathrm{d}y}{100+\cos^2 x+\cos^2 y}$ 的值，其中 $D=\{(x,y)\mid |x|+|y|\leqslant 10\}$.

解 如图 5-11 所示因为当 $(x,y)\in D$ 时，

$$\frac{1}{102}\leqslant \frac{1}{100+\cos^2 x+\cos^2 y}\leqslant \frac{1}{100},$$

而 D 的面积为 $\sigma=(10\sqrt{2})^2=200$，所以

$$\frac{200}{102}\leqslant \iint\limits_D \frac{\mathrm{d}x\mathrm{d}y}{100+\cos^2 x+\cos^2 y}\leqslant \frac{200}{100},$$

即 $$1.96\leqslant \iint\limits_D \frac{\mathrm{d}x\mathrm{d}y}{100+\cos^2 x+\cos^2 y}\leqslant 2.$$

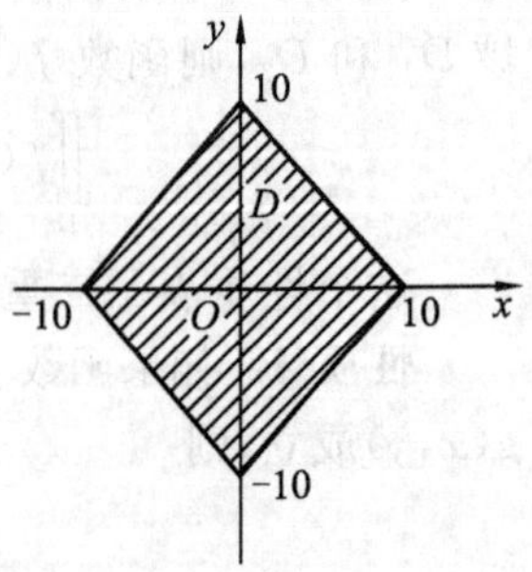

图 5-11

二、二重积分的计算

本书仅讨论在直角坐标系中二重积分的计算.

1. 在直角坐标系中积分区域的表示

由直线 $x=a$ 和 $x=b(a<b)$ 及曲线 $y=\varphi_1(x)$，$y=\varphi_2(x)(\varphi_1(x)<\varphi_2(x))$ 围成的闭区域 D（如图 5-12 所示），可用集合表示为

$$D=\{(x,y)\mid a\leqslant x\leqslant b,\varphi_1(x)\leqslant y\leqslant \varphi_2(x)\},$$

称 D 为 **x 型区域.**

类似地，由直线 $y=c$ 和 $y=d(c<d)$ 及曲线 $x=\psi_1(y)$，$x=\psi_2(y)(\psi_1(y)<\psi_2(y))$ 围成的闭区域 D（如图 5-13 所示），可用集合表示为

$$D=\{(x,y)\mid c\leqslant y\leqslant d,\psi_1(y)\leqslant x\leqslant \psi_2(y)\},$$

称 D 为 **y 型区域.**

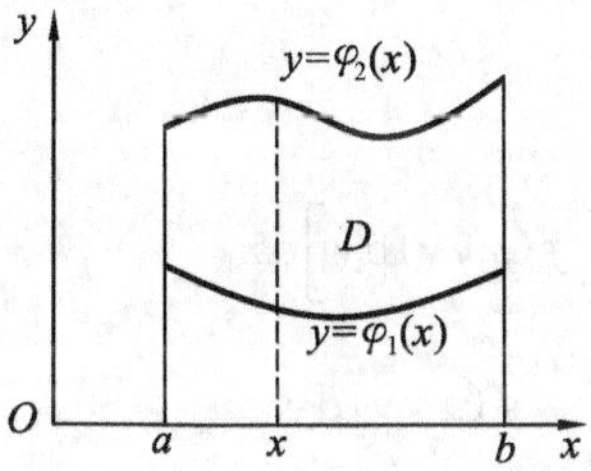

图 5-12

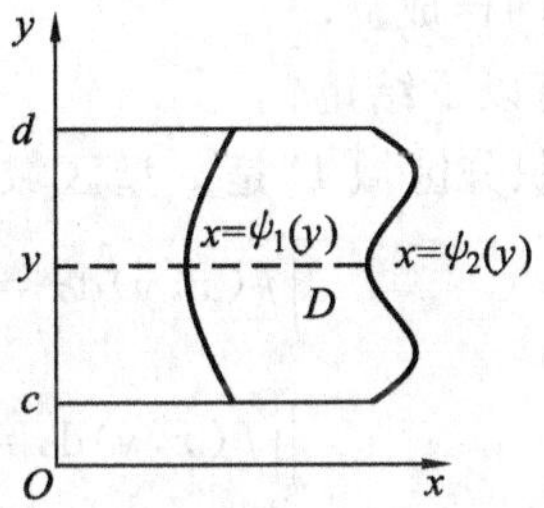

图 5-13

例 4　将由曲线 $y=x^2$，$y=2x$ 所围成的闭区域 D 分别用 x 型区域和 y 型区域表示.

解　先画出其图形（图 5-14 所示），

x 型区域：$D=\{(x,y)\mid 0\leqslant x\leqslant 2,\ x^2\leqslant y\leqslant 2x\}$，

y 型区域：$D=\left\{(x,y)\,\middle|\, 0\leqslant y\leqslant 4,\ \dfrac{y}{2}\leqslant x\leqslant \sqrt{y}\right\}$.

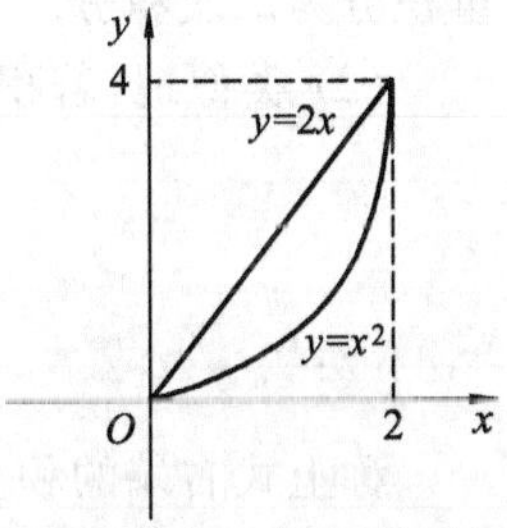

图 5-14

2. 化二重积分为累次积分

设函数 $f(x,y)\geqslant 0$ 在闭区域 D 上连续，D 可表示为

$$D=\{(x,y)\mid a\leqslant x\leqslant b,\ \varphi_1(x)\leqslant y\leqslant \varphi_2(x)\},$$

由二重积分的几何意义可知，$\iint\limits_D f(x,y)\mathrm{d}\sigma$ 表示以闭区域 D 为底，曲面 $z=f(x,y)$ 为顶的曲顶柱体的体积 V，下面我们通过定积分方法来计算体积 V.

如图 5-15 所示，对任意 $x_0\in[a,b]$，过点 $(x_0,0,0)$ 作垂直于 x 轴的平面 $x=x_0$，该平面与曲顶柱体相交所得截面是以区间 $[\varphi_1(x_0),\varphi_2(x_0)]$ 为底，$z=f(x_0,y)$ 为曲边的曲边梯形，利用定积分得这一截面的面积为

$$A(x_0)=\int_{\varphi_1(x_0)}^{\varphi_2(x_0)} f(x_0,y)\mathrm{d}y.$$

由 x_0 的任意性,对于任意 $x\in[a,b]$,过点 $(x,0,0)$ 作垂直于 x 轴的平面,该平面与曲顶柱体相交所得的曲边梯形的面积为

$$A(x)=\int_{\varphi_1(x)}^{\varphi_2(x)} f(x,y)\mathrm{d}y.$$

由上述讨论可知,曲顶柱体可以看成平行截面面积为 $A(x)$ 的立体,因此所求曲顶柱体的体积为

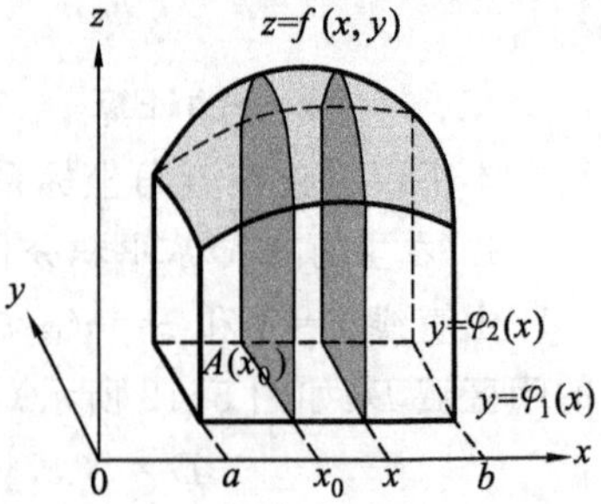

图 5-15

$$V=\int_a^b A(x)\mathrm{d}x=\int_a^b\int_{\varphi_1(x)}^{\varphi_2(x)} f(x,y)\mathrm{d}y\mathrm{d}x.$$

在上述讨论过程中,我们假定 $f(x,y)\geqslant 0$,但对于 $f(x,y)\leqslant 0$ 或 $f(x,y)$ 变号的情形上式同样成立.

因此,有以下结论:

(1) 若积分区域 D 是 x 型区域,则有

$$\iint_D f(x,y)\mathrm{d}\sigma=\int_a^b\left[\int_{\varphi_1(x)}^{\varphi_2(x)} f(x,y)\mathrm{d}y\right]\mathrm{d}x$$

或

$$\iint_D f(x,y)\mathrm{d}\sigma=\int_a^b\mathrm{d}x\int_{\varphi_1(x)}^{\varphi_2(x)} f(x,y)\mathrm{d}y.$$

上面将二重积分的计算化为先对 y,再对 x 的两次定积分的计算,称之为化二重积分为**二次积分**.

(2) 类似地,若积分区域 D 是 y 型区域,则有

$$\iint_D f(x,y)\mathrm{d}\sigma=\int_c^d\left[\int_{\psi_1(y)}^{\psi_2(y)} f(x,y)\mathrm{d}x\right]\mathrm{d}y$$

或

$$\iint_D f(x,y)\mathrm{d}\sigma=\int_c^d\mathrm{d}y\int_{\psi_1(y)}^{\psi_2(y)} f(x,y)\mathrm{d}x.$$

称上式右端的积分为先对 x,再对 y 的二次积分.

二次积分 $\int_c^d\mathrm{d}y\int_{\psi_1(y)}^{\psi_2(y)} f(x,y)\mathrm{d}x$ 的计算应从后往前进行. 如计算(1) 中的二次积分时,先将 x 看作常量,计算积分 $\int_{\varphi_1(x)}^{\varphi_2(x)} f(x,y)\mathrm{d}y$,此积分是积分变量为 y 的定积分,将该定积分的计算结果看作前面积分的被积函数,再计算第二次定积分 $\int_a^b\left[\int_{\varphi_1(x)}^{\varphi_2(x)} f(x,y)\mathrm{d}y\right]\mathrm{d}x$,即可得结果.

例 5 计算二重积分 $\iint_D xy\mathrm{d}\sigma$,其中 D 是由曲线 $y=x^2$ 和直线 $y=x$ 所围成的平面闭区域.

解　先画出闭区域 D 的图形(图 5-16 所示),闭区域 D 可表示为

$$D=\left\{(x,y)\,\middle|\,0\leqslant x\leqslant 1,\ x^2\leqslant y\leqslant x\right\},$$

于是

$$\iint_D xy\,\mathrm{d}\sigma=\int_0^1\mathrm{d}x\int_{x^2}^{x}xy\,\mathrm{d}y=\int_0^1\left[\frac{1}{2}xy^2\right]_{x^2}^{x}\mathrm{d}x$$

$$=\frac{1}{2}\int_0^1(x^3-x^5)\mathrm{d}x=\frac{1}{2}\left[\frac{1}{4}x^4-\frac{1}{6}x^6\right]_0^1$$

$$=\frac{1}{24}.$$

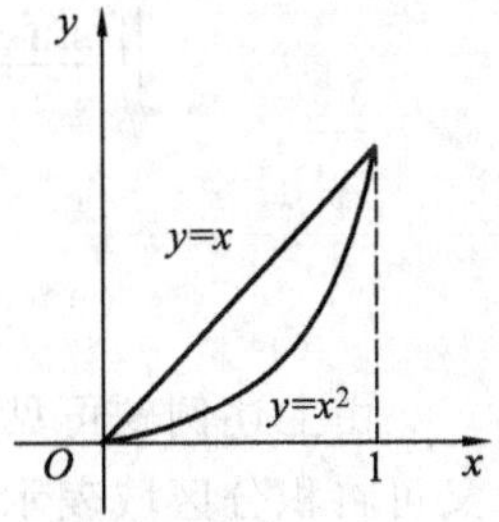

图 5-16

例 6　计算二重积分 $\iint\limits_D(x+y)\mathrm{d}x\mathrm{d}y$,其中 D 是由直线 $2x-y+3=0$, $y=1$ 及 $x+y-3=0$ 所围成的平面闭区域.

解　先画出积分区域 D (图 5-17 所示). 闭区域 D 可表示为

$$D=\left\{(x,y)\,\middle|\,1\leqslant y\leqslant 3,\ \frac{y-3}{2}\leqslant x\leqslant 3-y\right\},$$

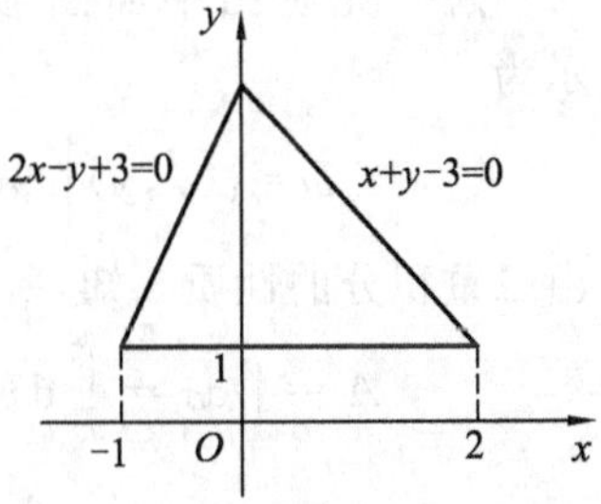

图 5-17

于是

$$\iint_D(x+y)\mathrm{d}x\mathrm{d}y=\int_1^3\mathrm{d}y\int_{\frac{y-3}{2}}^{3-y}(x+y)\mathrm{d}x=\int_1^3\left[\frac{1}{2}x^2+xy\right]_{\frac{y-3}{2}}^{3-y}\mathrm{d}y$$

$$=-\frac{9}{8}\int_1^3(y^2-2y-3)\mathrm{d}y=-\frac{9}{8}\left[\frac{1}{3}y^3-y^2-3y\right]_1^3=6.$$

例 7　计算二重积分 $\iint\limits_D\dfrac{\sin x}{x}\mathrm{d}x\mathrm{d}y$,其中 D 是由曲线 $y=x^2$ 和直线 $y=x$ 所围成的平面闭区域.

解　从 $\iint\limits_D\dfrac{\sin x}{x}\mathrm{d}x\mathrm{d}y$ 的被积函数看,如果先对 x 积分,则会遇到积分 $\int\dfrac{\sin x}{x}\mathrm{d}x$,从不定积分可知,它的原函数不能用初等函数表示,因此我们要将二重积分化为先对 y 再对 x 的二次积分.

画出积分区域(图 5-18 所示). 闭区域 D 可表示为

$$D=\left\{(x,y)\,\middle|\,0\leqslant x\leqslant 1,\ x^2\leqslant y\leqslant x\right\},$$

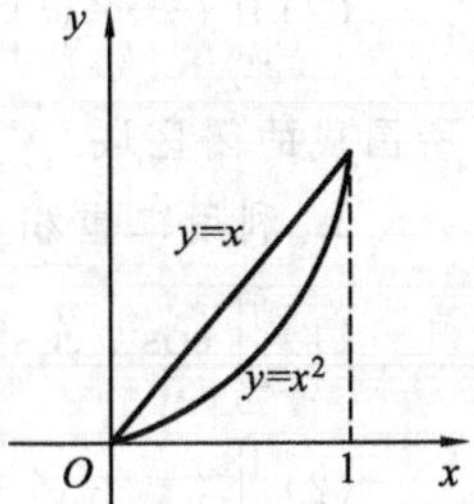

图 5-18

于是

$$\iint_D \frac{\sin x}{x}\mathrm{d}x\mathrm{d}y=\int_0^1\mathrm{d}x\int_{x^2}^{x}\frac{\sin x}{x}\mathrm{d}y$$
$$=\int_0^1(\sin x-x\sin x)\mathrm{d}x$$
$$=[x\cos x-\sin x-\cos x]_0^1=1-\sin 1.$$

由上述例题可见,计算二重积分时既可将积分区域表示为 x 型区域来计算,又可将积分区域表示为 y 型区域来计算,但有时其中一种计算较繁琐或无法计算,故做题时应注意选择.

例 8 利用二重积分求由曲线 $y=x^2$ 和 $x=y^2$ 所围成的平面图形的面积.

解 先画出平面图形(图 5-19 所示),平面图形可表示为

$$D=\left\{(x,y)\,\middle|\,0\leqslant x\leqslant 1,\ x^2\leqslant y\leqslant\sqrt{x}\right\},$$

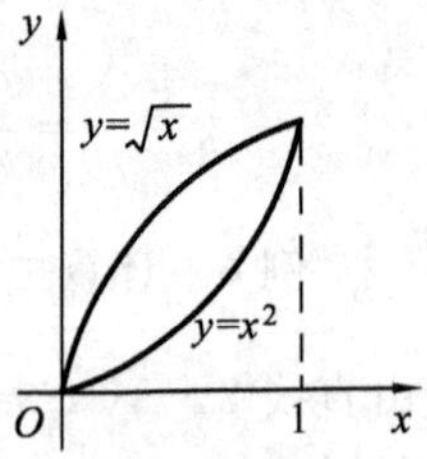

图 5-19

由二重积分的性质 5 知,所求的面积

$$A=\iint_D\mathrm{d}\sigma=\int_0^1\mathrm{d}x\int_{x^2}^{\sqrt{x}}\mathrm{d}y=\int_0^1(\sqrt{x}-x^2)\mathrm{d}x$$
$$=\left(\frac{2}{3}x^{\frac{3}{2}}-\frac{1}{3}x^3\right)\Big|_0^1=\frac{1}{3}.$$

习题 5-6

1. 利用二重积分的性质比较下列积分的大小:

(1) $\iint_D(x+y)^2\mathrm{d}x\mathrm{d}y$ 和 $\iint_D(x+y)^3\mathrm{d}x\mathrm{d}y$,其中 D 是由圆周 $(x-2)^2+(y-1)^2=2$ 所围成的闭区域;

(2) $\iint_D(x^2+y^2)\,\mathrm{d}x\mathrm{d}y$ 和 $\iint_D(x+y)\mathrm{d}x\mathrm{d}y$,其中 D 由圆周 $x^2+y^2=2$ 和 $x^2+y^2=4$ 所围成的闭区域.

2. 利用二重积分的性质估计下列积分的值:

(1) $\iint_D\cos^2x\cos^2y\mathrm{d}x\mathrm{d}y$,其中 $D=\left\{(x,y)\,\middle|\,0\leqslant x\leqslant\frac{\pi}{4},0\leqslant y\leqslant\pi\right\}$;

(2) $\iint_D(x^2+y^2+4)\mathrm{d}x\mathrm{d}y$,其中 $D=\{(x,y)\,|\,x^2+y^2\leqslant 1\}$.

3. 计算下列二重积分:

(1) $\iint_D xy\mathrm{d}x\mathrm{d}y$,其中 D 是由曲线 $y=x^2$ 和 $y=2x$ 所围成的闭区域;

(2) $\iint\limits_D (x^2+y^2)\mathrm{d}x\mathrm{d}y$，其中 D 是由直线 $x=0,x=1,y=0$ 和 $y=2$ 所围成的闭区域；

(3) $\iint\limits_D x\mathrm{e}^y\mathrm{d}x\mathrm{d}y$，其中 D 是由点(0,0)，(4,2)和(0,6)组成的三角形闭区域；

(4) $\iint\limits_D (x^2-y)\mathrm{d}x\mathrm{d}y$，其中 D 是由曲线 $y=x^2$ 和 $y=3-2x^2$ 所围成的闭区域；

(5) $\iint\limits_D x^2\sin(xy)\mathrm{d}x\mathrm{d}y$，其中 D 是由直线 $y=0,x=\sqrt{\frac{\pi}{2}}$ 和 $y=x$ 所围成的闭区域；

(6) $\iint\limits_D \mathrm{e}^{x+y}\mathrm{d}x\mathrm{d}y$，其中 D 是由直线 $x=1,y=0$ 和 $y=x$ 所围成的闭区域；

(7) $\iint\limits_D xy\mathrm{e}^{x^2+y^2}\mathrm{d}x\mathrm{d}y$，其中 D 是由直线 $x=0,y=0,x=2$ 和 $y=1$ 所围成的闭区域.

4. 利用二重积分求由曲线 $y=x^2$ 和 $y=x$ 所围成的平面图形的面积.

第七节　应　　用

一、近似计算

例 1　设有一圆柱体，受热后发生形变，它的半径由 20 cm 变为 20.05 cm，高度由 100 cm 变为 100.10 cm，求该圆柱体体积变化的近似值.

解　设圆柱体的半径为 r cm，高为 h cm，则圆柱体的体积为

$$V(r,h)=\pi r^2h,$$

因此该圆柱体体积变化的值为

$$\Delta V=V(r+\Delta r,h+\Delta h)-V(r,h)$$

$$\mathrm{d}V=\frac{\partial V}{\partial r}\mathrm{d}r+\frac{\partial V}{\partial h}\mathrm{d}h=2\pi rh\mathrm{d}r+\pi r^2\mathrm{d}h.$$

当 $r=20,h=100,\Delta r=0.05,\Delta h=0.10$ 时，

$$\Delta V\approx\mathrm{d}V=2\pi\times20\times100\times0.05+\pi\times20^2\times0.10=240\pi,$$

即此圆柱体受热后体积增加了 $240\pi\ \mathrm{cm}^3$.

二、几何应用

例 2　求两个底圆半径相等的直交圆柱面 $x^2+y^2=a^2(a>0)$ 与 $x^2+z^2=a^2$ 所围成的立体的体积.

解 如图 5-20 所示,由对称性,所求立体的体积 V 是该立体位于第一卦限部分的体积的 8 倍.

立体位于第一卦限的部分是一个以曲面 $z=\sqrt{a^2-x^2}$ 为顶,以 xOy 面上 $D=\{(x,y)\mid x^2+y^2\leqslant a^2,x\geqslant 0,y\geqslant 0\}$ 为底的曲顶柱体,其体积为

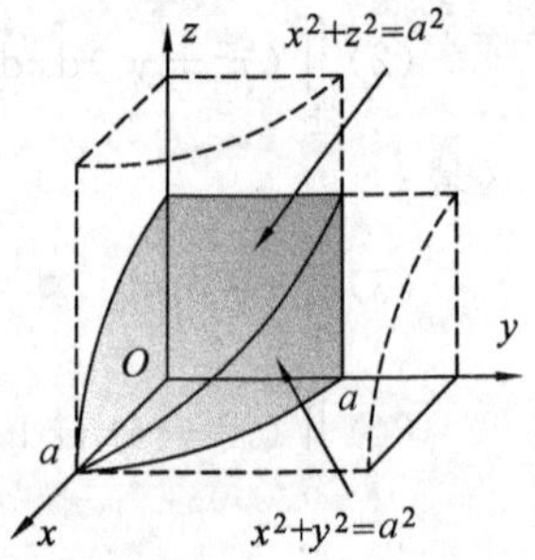

图 5-20

$$V_1=\iint\limits_D\sqrt{a^2-x^2}\,\mathrm{d}x\mathrm{d}y$$

$$=\int_0^a\mathrm{d}x\int_0^{\sqrt{a^2-x^2}}\sqrt{a^2-x^2}\,\mathrm{d}y$$

$$=\frac{2}{3}a^3.$$

所以所求立体的体积为 $8V_1=\frac{16}{3}a^3$.

例 3 在斜边为 10 的所有直角三角形中,求周长最大的直角三角形.

解 设直角三角形的两直角边之长分别为 x,y,且 $x^2+y^2=100$,则周长为

$$S=x+y+10\ (0<x,y<10).$$

由题意,只要求周长 S 在条件 $x^2+y^2=100$ 下的条件极值.

设拉格朗日函数为

$$F(x,y,\lambda)=x+y+10+\lambda(x^2+y^2-100)\ (\lambda\text{ 为参数}),$$

令

$$\begin{cases}F'_x=1+2\lambda x=0,\\F'_y=1+2\lambda y=0,\\F'_\lambda=x^2+y^2-100=0,\end{cases}$$

解得

$$\begin{cases}x=5\sqrt{2},\\y=5\sqrt{2}.\end{cases}$$

因为点$(5\sqrt{2},5\sqrt{2})$是拉格朗日函数 $F(x,y,\lambda)$ 的唯一驻点,而最大周长的直角三角形是存在的,所以在斜边为 10 的所有直角三角形中,最大周长的直角三角形是等腰直角三角形.

例 4 某厂要用钢板做成一个体积为 V 的有盖方体水箱,问长、宽、高各取怎样的尺寸时,才能使用材料最省?

解 设水箱的长为 $x(x>0)$,宽为 $y(y>0)$,则其高为$\frac{V}{xy}$. 此水箱所用材料的面积为

$$S=2\left(xy+y\cdot\frac{V}{xy}+x\cdot\frac{V}{xy}\right)=2\left(xy+\frac{V}{x}+\frac{V}{y}\right),$$

令
$$\begin{cases} S'_x=2\left(y-\dfrac{V}{x^2}\right)=0, \\ S'_y=2\left(x-\dfrac{V}{y^2}\right)=0, \end{cases}$$

解得
$$\begin{cases} x=\sqrt[3]{V}, \\ y=\sqrt[3]{V}. \end{cases}$$

根据题意可知，水箱所用材料面积的最小值一定存在，而函数 S 在 $x>0,y>0$ 时只有唯一一个驻点，因此当 $x=\sqrt[3]{V},y=\sqrt[3]{V}$ 时，S 取得最小值，即水箱当长、宽、高都为 $\sqrt[3]{V}$ 时所用材料最省.

三、经济应用

1. 边际函数

二元函数 $z=f(x,y)$ 的偏导数 $f'_x(x,y)$ 和 $f'_y(x,y)$，分别称为函数 $z=f(x,y)$ 对变量 x 和 y 的**边际函数**.

设某企业只生产一种产品，这种产品的生产数量取决于投资的资本数量及可获得的劳动力数量. 通常假定满足库柏—道格拉斯生产函数
$$Q=CK^{\alpha}L^{\beta},$$
其中 C,α,β 为常数，且 $0<\alpha,\beta<1$，资本的边际产量与劳力的边际产量函数分别为
$$\frac{\partial Q}{\partial K}=C\alpha K^{\alpha-1}L^{\beta}=\alpha\frac{Q}{K},$$
$$\frac{\partial Q}{\partial L}=C\beta K^{\alpha}L^{\beta-1}=\beta\frac{Q}{L}.$$

例 5　某工厂的生产函数是 $Q=200K^{\frac{1}{2}}L^{\frac{2}{3}}$，其中 Q 是产量(单位：件)，K 是资本投入(单位：千元)，L 是劳力投入(单位：千工时)，求当 $K=9,L=8$ 时的边际产量.

解　资本的边际产量为
$$\frac{\partial Q}{\partial K}=100K^{-\frac{1}{2}}L^{\frac{2}{3}}=\frac{1}{2}\frac{Q}{K},$$
劳力的边际产量为
$$\frac{\partial Q}{\partial L}=\frac{400}{3}K^{\frac{1}{2}}L^{-\frac{1}{3}}=\frac{2}{3}\frac{Q}{L}.$$

当 $K=9,L=8$ 时，产量为
$$Q\Big|_{\substack{K=9\\L=8}}=200\times3\times4=2\ 400,$$
边际产量为
$$\frac{\partial Q}{\partial K}\Big|_{\substack{K=9\\L=8}}=\frac{400}{3},\frac{\partial Q}{\partial L}\Big|_{\substack{K=9\\L=8}}=200.$$

2. 边际成本与边际利润

当厂商生产 A,B 两种不同的产品时，总成本、总收入和总利润均为两种产品产量 Q_1,Q_2 的二元函数，总成本函数为 $C(Q_1,Q_2)$，总收入函数为 $R(Q_1,Q_2)$，总利润函数为 $L(Q_1,Q_2)$，这三个函数分别对 Q_1,Q_2 的偏导数就是两种不同产品的**边际成本**、**边际收益**和**边际利润**.

例 6 某工厂生产甲、乙两种产品，产量分别为 Q_1,Q_2，总成本为

$$C(Q_1,Q_2)=3Q_1^2+\frac{3}{2}Q_1Q_2+2Q_2^2+7Q_1+6Q_2.$$

(1) 求每种产品的边际成本；

(2) 当 $Q_1=5,Q_2=3$ 时，求每种产品的边际成本；

(3) 当出售两种产品的单价分别为 30 元和 20 元时，求每种产品的边际利润.

解 (1) 对产品 Q_1 的边际成本为

$$\frac{\partial C}{\partial Q_1}=6Q_1+\frac{3}{2}Q_2+7,$$

对产品 Q_2 的边际成本为

$$\frac{\partial C}{\partial Q_2}=\frac{3}{2}Q_1+4Q_2+6;$$

(2) 当 $Q_1=5,Q_2=3$ 时，Q_1 产品的边际成本为

$$\left.\frac{\partial C}{\partial Q_1}\right|_{\substack{Q_1=5\\Q_2=3}}=\left.\left(6Q_1+\frac{3}{2}Q_2+7\right)\right|_{\substack{Q_1=5\\Q_2=3}}=41.5,$$

Q_2 产品的边际成本为

$$\left.\frac{\partial C}{\partial Q_2}\right|_{\substack{Q_1=5\\Q_2=3}}=\left.\left(\frac{3}{2}Q_1+4Q_2+6\right)\right|_{\substack{Q_1=5\\Q_2=3}}=25.5;$$

(3) 当出售两种产品的单价分别为 30 元和 20 元时，利润函数为

$$\begin{aligned}L(Q_1,Q_2)&=30Q_1+20Q_2-C(Q_1,Q_2)\\&=23Q_1+14Q_2-3Q_1^2-\frac{3}{2}Q_1Q_2-2Q_2^2.\end{aligned}$$

Q_1 产品的边际利润为

$$\frac{\partial L}{\partial Q_1}=23-6Q_1-\frac{3}{2}Q_2,$$

Q_2 产品的边际利润为

$$\frac{\partial L}{\partial Q_2}=14-\frac{3}{2}Q_1-4Q_2.$$

3. 最优问题

例 7 设某企业生产两种产品 Q_1 和 Q_2，已知其总成本 C(万元)与 Q_1,Q_2 两种产品的产量 x(百件)与 y(百件)之间具有如下关系：

$$C(x,y)=x^2+xy+\frac{3}{2}y^2-4x-7y+17,$$

试问 Q_1,Q_2 两种产品的产量分别为多少时可以使得总成本最低？

解　$C'_x(x,y)=2x+y-4$, $C'_y(x,y)=x+3y-7$,

令
$$C'_x(x,y)=0,\ C'_y(x,y)=0,$$

解方程组 $\begin{cases}2x+y-4=0,\\ x+3y-7=0,\end{cases}$ 得驻点(1, 2).

$$C''_{xx}=2,\ C''_{xy}=1,\ C''_{yy}=3,\ p(x,y)=-5,$$

即
$$p(1,2)=-5<0,$$

又
$$C''_{xx}(1,2)=2>0,$$

所以(1,2)为函数的极小值点，又由于仅有唯一一个极值点，因而它也是最小值点. 此时，$C(1,2)=5$(万元). 故 Q_1,Q_2 两种产品的产量分别为 100 件和 200 件时，可使总成本最低.

例 8　某化妆品公司计划通过报纸和电视台做化妆品的促销广告. 根据统计资料，销售收入 R 与报纸广告费用 x(百万元)和电视广告费用 y(百万元)之间有如下关系：

$$R=15+14x+32y-8xy-2x^2-10y^2.$$

(1) 若不限制广告费的支出，求最佳广告策略；

(2) 若可供使用的广告费为 150 万元，求相应的最佳广告策略.

解　纯销售收入＝销售收入－广告费支出. 因此

(1) 该公司的纯销售收入为

$$\begin{aligned}f(x,y)&=15+14x+32y-8xy-2x^2-10y^2-(x+y)\\&=15+13x+31y-8xy-2x^2-10y^2,\end{aligned}$$

于是，该问题即转化为求使得函数 $f(x,y)$ 达到最大值时的 x 和 y 值. 显然它是无条件极值问题，解方程组

$$\begin{cases}f'_x=13-8y-4x=0,\\ f'_y=31-8x-20y=0,\end{cases}$$

得驻点(0.75, 1.25). 由实际问题可知，纯销售收入一定有最大值，现仅有唯一一个驻点，所以它必是最大值点. 即报纸广告费投入 75 万元，电视广告费投入 125 万元为最佳广告策略. 此时该公司纯销售收入最高.

(2) 如果限定广告费支出为 150 万元. 则问题转化为求函数

$$f(x,y)=15+13x+31y-8xy-2x^2-10y^2$$

在条件 $x+y=1.5$ 限制下的条件极值问题. 用拉格朗日乘数法求解如下：

构造拉格朗日函数

$$F(x,y,\lambda)=15+13x+31y-8xy-2x^2-10y^2+\lambda(x+y-1.5),$$

求偏导数,建立方程组得

$$\begin{cases}F'_x=13-8y-4x+\lambda=0,\\F'_y=31-8x-20y+\lambda=0,\\F'_\lambda=x+y-1.5=0,\end{cases}$$

解得

$$x=0,\ y=1.5.$$

根据该问题的实际意义知,此时将广告费全部用于电视广告,可使得该公司获得最大的纯销售收入.

4. 二重积分的应用

例 9 设某公司销售商品甲 x 件,商品乙 y 件的利润为

$$R(x,y)=-(x-200)^2-(y-100)^2+5\,000,$$

现已知一周销售商品甲在 150~200 之间变化,销售商品乙在 80~100 之间变化,试求销售这两种产品一周的平均利润.

解 由题意知 x,y 的变化范围分别为 $150\leqslant x\leqslant 200,80\leqslant y\leqslant 100$,记

$$D=\{(x,y)\mid 150\leqslant x\leqslant 200,80\leqslant y\leqslant 100\},$$

这个区域 D 的面积为 $\sigma=(200-150)\times(100-80)=1\,000$.

因此这家公司销售这两种产品一周的平均利润为

$$\begin{aligned}\frac{1}{\sigma}\iint_D R(x,y)\mathrm{d}x\mathrm{d}y&=\frac{1}{1\,000}\int_{80}^{100}\mathrm{d}y\int_{150}^{200}[-(x-200)^2-(y-100)^2+5\,000]\mathrm{d}x\\&=4\,033.\end{aligned}$$

*例 10** 某城市 2008 年的人口密度(单位:万人/km^2)近似为

$$\rho(x,y)=\frac{20}{\sqrt{x^2+y^2+96}},$$

其中(x,y)表示以市中心为原点的平面坐标系中某点的坐标(单位:km),试求距市中心 2 km 区域内的人口数.

解 距市中心 2 km 的区域可表示为

$$D=\{(x,y)\mid x^2+y^2\leqslant 4\},$$

距市中心 2 km 区域内的人口数为

$$\begin{aligned}\iint_D\rho(x,y)\mathrm{d}x\mathrm{d}y&=\iint_D\frac{20}{\sqrt{x^2+y^2+96}}\mathrm{d}x\mathrm{d}y\\&=\int_0^{2\pi}\left[\int_0^2\frac{20}{\sqrt{r^2+96}}r\mathrm{d}r\right]\mathrm{d}\theta\\&=\int_0^{2\pi}20(10-4\sqrt{6})\mathrm{d}\theta\\&=80(5-2\sqrt{6})\pi\approx 25.4(\text{万人}).\end{aligned}$$

所以距市中心 2 km 区域内的人口数为 25.4 万人.

习题 5-7

1. 已知一长方形的长为 6 m，宽为 8 m，当长增加 5 cm，宽减少 10 cm 时，求长方形对角线长度变化的近似值.

2. 将周长为 12 的长方形绕它的一边旋转构成一个圆柱体，问长方形的边长各为多少时，才可使圆柱体的体积最大？

3. 某厂要用钢板做成一个体积为 V 的无盖长方体水箱，问长、宽、高各取怎样的尺寸，才能使用材料最省？

4. 在椭圆 $x^2+4y^2=4$ 上求一点，使其到直线 $2x+3y-6=0$ 的距离最短.

5. 求上半球面 $z=\sqrt{1-x^2-y^2}$ 与 xOy 面所围立体的体积.

6. 某工厂的生产函数是 $Q=400K^{\frac{1}{4}}L^{\frac{2}{3}}$，其中 Q 是产量（单位：件），K 是资本投入（单位：千元），L 是劳力投入（单位：千工时），求当 $K=16$，$L=8$ 时的边际产量.

7. 某工厂生产甲、乙两种产品，产量分别为 x,y，总成本为

$$C=-x^2-4y^2+6x+16y-2.$$

(1) 求每种产品的边际成本；

(2) 当 $x=2$，$y=1$ 时，求每种产品的边际成本；

(3) 当出售两种产品的单价分别为 20 元和 30 元时，求每种产品的边际利润.

8. 设某工厂生产甲、乙两种产品，产量分别为 x 千件和 y 千件，利润函数为

$$L(x,y)=8x-x^2+16y-4y^2-2.$$

已知生产这两种产品时，每件产品均需消耗某种原料 2 000 kg，现有该原料 18 000 kg，问两种产品各生产多少千件时总利润最大？最大利润为多少？

9. 某养鱼塘放养两种鱼，若放养甲种鱼 x、乙种鱼 y，收获时两种鱼的收获量分别为 $(3-\alpha x-\beta y)x$ 和 $(4-\beta x-2\alpha y)y$，其中 $\alpha>\beta>0$，求使产鱼量最大的放养数（单位为万尾）.

10. 某工厂预估其生产函数为 $P(K,L)=100K^{\frac{1}{4}}L^{\frac{3}{4}}$，其中 K 与 L 分别代表资本和劳动力的单位数量. 每单位的资本成本为 200 元，每单位的劳动力成本为 100 元. 若每日所能使用的资本及劳动力成本限制为 8 000 元，求日产量达到最大时资本与劳动力的配置数量.

总习题五

1. 求函数 $z=\dfrac{\sqrt{4x-y^2}}{\ln(1-x^2-y^2)}$ 定义域.

2. 求 $\lim\limits_{\substack{x\to 0\\ y\to 0}}(x^2+y^2)\sin\dfrac{1}{xy}$.

3. 设函数 $z=u\arctan(uv)$，$u=x^2$，$v=xe^y$，求 z 的偏导数.

4. 设函数 $z=e^{u^2+v^2}$，$u=\sin x$，$v=x^2$，求全导数 $\dfrac{dz}{dx}$.

5. 设函数 $z=f(x,y)$ 由 $\dfrac{x}{z}=\ln\dfrac{z}{y}$ 确定，求 $\dfrac{\partial z}{\partial x}$ 和 $\dfrac{\partial z}{\partial y}$.

6. 求函数 $z=e^{2y}(x^2+2x+y)$ 的极值.

7. 计算 $\iint\limits_D x^{\frac{1}{2}}y\,dx\,dy$，其中 D 是由曲线 $y=x^2$ 和 $x=y^2$ 所围成的闭区域.

8. 计算 $\iint\limits_D \dfrac{\cos y}{y}\,dx\,dy$，其中 D 是由直线 $y=x$，$x=0$ 和直线 $y=\dfrac{\pi}{4}$ 所围成的闭区域.

9. 求抛物线 $y=x^2$ 与直线 $x-y-2=0$ 之间的最短距离.

10. 设某企业在两个相互分割的市场上出售同一种产品，两个市场的需求函数分别为 $P_1=18-2Q_1$，$P_2=12-Q_2$，其中 P_i，$Q_i(i=1,2)$ 分别为该产品在两个市场的售价和销售量，且该企业生产这种产品的总成本函数是 $C=2(Q_1+Q_2)+5$，如果该企业实行价格无差别政策，试确定两个市场上该产品的销售量和统一的价格，使该企业的总利润最大.

第六章 微分方程

微分方程已经成为经济学研究的重要工具.例如,英国人口统计学家马尔萨斯(1766—1834)在查看了教堂100多年人口出生统计资料后发现,人口出生率是一个常数,于是产生了著名的马尔萨斯人口模型.他假设:在人口自然增长过程中,净增长率(出生率与死亡率之差)为常数,即单位时间内人口的增长量与人口数量成正比,比例系数为r.在此假设下推导出人口函数$N(t)$的方程为

$$\frac{\mathrm{d}N}{\mathrm{d}t}=rN, \tag{1}$$

由此得出人口将以指数方式增长,地球很快将不堪负担.这是一个含有未知函数$N(t)$及其导数的方程.

第一节 微分方程的基本概念

定义 称含有未知函数及其导数(包括高阶导数)的方程为**微分方程**.

在微分方程中,未知函数的导数的最高阶数称为**微分方程的阶**.如果微分方程中未知函数及其各阶导数全为一次的,就称其为**线性微分方程**.在线性微分方程中,若未知函数及其各阶导数的系数全是常数,则称为**常系数线性微分方程**.如(1)式为一阶常系数线性微分方程,$y''+2y'+3y=\mathrm{e}^x$为二阶常系数线性微分方程.

微分方程的解是这样一个函数,将其代入微分方程可使方程成为恒等式.

比如,将函数$N(t)=Ce^{rt}$(其中C为常数)代入(1)式成为$Cre^{rt}=Cre^{rt}$,此式显然恒等,故函数$N(t)=Ce^{rt}$为微分方程(1)式的解,它带有一个任意常数C.

如果微分方程的解带有任意常数,且独立的任意常数的个数与方程的阶数相同,则称这样的解为**微分方程的通解**.

所以函数$N(t)=Ce^{rt}$(带有一个任意常数C)为微分方程(1)式的通解.

不带任意常数的解,称为**微分方程的特解**.

如果我们对未知函数及其各阶导数预设一些条件,由它们可以确定通解中的任意常数,就称为**初始条件**.带有初始条件的微分方程问题称为**初值问题**,例如,

$$\begin{cases} y'+p(x)y=f(x), \\ y(x_0)=y_0. \end{cases}$$

例 1 验证函数 $y=C_1\mathrm{e}^x+C_2\mathrm{e}^{-x}$($C_1,C_2$ 为任意常数)为二阶微分方程 $y''-y=0$ 的通解,并求此方程满足初始条件 $y(0)=0,y'(0)=1$ 的特解.

解 $y=C_1\mathrm{e}^x+C_2\mathrm{e}^{-x},y'=C_1\mathrm{e}^x-C_2\mathrm{e}^{-x},y''=C_1\mathrm{e}^x+C_2\mathrm{e}^{-x}$,则

$$y''-y=C_1\mathrm{e}^x+C_2\mathrm{e}^{-x}-(C_1\mathrm{e}^x+C_2\mathrm{e}^{-x})=0.$$

所以,函数 $y=C_1\mathrm{e}^x+C_2\mathrm{e}^{-x}$ 是所给微分方程的解.又因为这个解中有两个独立的任意常数,与方程的阶数相同,所以它是方程的通解.

由初始条件 $y(0)=0,y'(0)=1$,得 $C_1+C_2=0,C_1-C_2=1$,所以 $C_1=\frac{1}{2},C_2=-\frac{1}{2}$.于是,满足所给初始条件的特解为 $y=\frac{1}{2}(\mathrm{e}^x-\mathrm{e}^{-x})$.

注 独立的任意常数意味着无论表达式怎样变形,都不可能减少任意常数的个数.例如,函数 $y=C_1\mathrm{e}^x+C_2\mathrm{e}^x$ 虽然也为例 1 中方程的解,但这时的 C_1,C_2 不是两个独立的任意常数,因为我们令 $C_1+C_2=C$,该函数能写成 $y=(C_1+C_2)\mathrm{e}^x=C\mathrm{e}^x$,只有一个任意常数 C.所以 $y=C_1\mathrm{e}^x+C_2\mathrm{e}^x$ 不是通解.

习题 6-1

1. 判断下列各题中的函数是否为所给微分方程的解:

(1) $\frac{\mathrm{d}y}{\mathrm{d}x}=-y\cot\frac{x}{2}$, $y=\frac{1}{1-\cos x}$;

(2) $y''=1+y'^2$, $y=C_1-\ln\cos(x+C_2)$.

2. 确定下列各题的函数关系式中的参数,使函数满足所给的初始条件:

(1) $x^2-2y^2=C,y|_{x=0}=3$;

(2) $y=C_1\cos x+C_2\sin x$, $y|_{x=\frac{\pi}{2}}=1$, $y'|_{x=\frac{\pi}{2}}=2$.

第二节 一阶微分方程

一阶微分的方程一般形式为 $y'=f(x,y)$.有时我们也把它写成微分的形式,即

$$\mathrm{d}y=f(x,y)\mathrm{d}x \text{ 或 } g(x,y)\mathrm{d}y=f(x,y)\mathrm{d}x.$$

一、可分离变量的一阶微分方程

如果右端变量可分离,即形如

$$\frac{\mathrm{d}y}{\mathrm{d}x}=f(x)g(y) \tag{2}$$

的方程,称为**可分离变量的一阶微分方程**,或**可分离变量方程**.这种方程可以化为等式一边只含变量 y,而另一边只含变量 x 的形式,即

$$\frac{dy}{g(y)}=f(x)dx,$$

其中 $g(y)\neq 0$,两边积分得

$$\int\frac{dy}{g(y)}=\int f(x)dx\ ,$$

求出不定积分就得到方程(2)的解.这种求解过程叫做**分离变量法**.

例 1 求微分方程 $(xy+x)dx+(1-x)dy=0$ 的通解.

解 方程变形为 $$\frac{1}{y+1}dy=\frac{x}{x-1}dx,$$

两边积分 $$\int\frac{1}{y+1}dy=\int\frac{x}{x-1}dx,$$

即 $$\ln(y+1)=x+\ln(x-1)+\ln C=\ln C(x-1)e^{x},$$

所以 $$y=C(x-1)e^{x}-1.$$

例 2 求解初值问题 $\begin{cases}y'+xy^2=0,\\ y(0)=2.\end{cases}$

解 先求通解,方程变形为 $$\frac{dy}{dx}=-xy^2,$$

分离变量得 $$\frac{dy}{y^2}=-xdx,$$

两边积分得 $$\int\frac{dy}{y^2}=-\int xdx,$$

即 $$-\frac{1}{y}=-\frac{1}{2}x^2+C_1\quad(\text{两边积分只需一个积分常数})$$

故方程的通解为

$$y=\frac{2}{x^2+C}\quad(\text{其中 }C=-2C_1\text{ 为任意常数}).$$

由初始条件 $y(0)=2$,即 $2=\frac{2}{0^2+C}$,故 $C=1$,所以满足初始条件 $y(0)=2$ 的特解为

$$y=\frac{2}{x^2+1}.$$

注 当我们预知任意常数在化简时有变形,可以先以适当形式写出,如本节例 1 中的 $\ln C$,比较例 2 处理常数的方法,显得更简洁.

由于导数在几何上表示切线的斜率,所以利用微分方程可以解决一些与斜率有关的几何问题.

例 3 已知一曲线过点(0,1),且在横坐标 x 处的斜率等于它的纵坐标 y,求曲线方程.

解 设曲线方程为 $y=f(x)$,则由题意知,$y'=y$.

分离变量得
$$\frac{dy}{y}=dx,$$
两边积分得
$$\ln y=x+\ln C,$$
即
$$y=Ce^{x}.$$

再由 $y(0)=1$,得 $C=1$. 所以曲线方程为 $y=e^{x}$.

二、一阶线性微分方程

形如
$$\frac{dy}{dx}+P(x)y=Q(x) \tag{3}$$
的方程,称为**一阶线性方程**,其中 $P(x)$,$Q(x)$为已知函数. 当 $Q(x)\equiv 0$ 时,
$$\frac{dy}{dx}+P(x)y=0 \tag{4}$$
称为**齐次线性方程**;相应地称方程(3)为**非齐次线性方程**.

齐次线性方程(4)是可分离变量的方程. 分离变量得
$$\frac{dy}{y}=-P(x)dx,$$
两边积分得
$$\ln|y|=-\int P(x)dx+C_1,$$
通解为
$$y=Ce^{-\int P(x)dx}, \tag{5}$$
这就是方程(4)的通解.

注 这里$\int P(x)dx$ 理解为 $P(x)$ 的一个原函数,即不含积分常数.

我们再来求非齐次线性方程(3)的通解. 方程(3)与(4)有相似之处,我们设它的解为
$$y=C(x)e^{-\int P(x)dx},$$
再求 $C(x)$ 或许较容易. 事实上 $y'=C'(x)e^{-\int P(x)dx}-C(x)P(x)e^{-\int P(x)dx}$,代入方程(3) 有
$$C'(x)=Q(x)e^{\int P(x)dx}.$$
两边积分得
$$C(x)=\int Q(x)e^{\int P(x)dx}dx+C,$$
于是得方程(3)的通解为
$$y=\left[\int Q(x)e^{\int P(x)dx}dx+C\right]e^{-\int P(x)dx}. \tag{6}$$

上述求解方法称为**常数变易法**. 式(5)和式(6)是一阶齐次与非齐次线性方程的通解公式,比较简单,应记住它们. 不喜欢死记公式的读者,须掌握上述求解步

骤.常数变易法的本质是换元,将求 y 的问题转换为求 $C(x)$.

例 4 求方程 $y'-\frac{1}{x}y=\ln x$ 的通解.

解 这是一阶非齐次线性方程,$P(x)=-\frac{1}{x}$,$Q(x)=\ln x$,通解为

$$y=\mathrm{e}^{\int\frac{1}{x}\mathrm{d}x}\left[C+\int\mathrm{e}^{-\int\frac{1}{x}\mathrm{d}x}\ln x\mathrm{d}x\right]=x\left(C+\int\frac{\ln x}{x}\mathrm{d}x\right)=x\left[C+\frac{1}{2}(\ln x)^2\right].$$

因此,原方程的通解为 $y=Cx+\frac{x}{2}\ln^2 x$.

例 5 求解初值问题:$y'-\frac{y}{x+1}=x$,$y(0)=1$.

解

$$\begin{aligned}y&=\mathrm{e}^{\int\frac{1}{x+1}\mathrm{d}x}\left(C+\int x\mathrm{e}^{-\int\frac{1}{x+1}\mathrm{d}x}\mathrm{d}x\right)=(x+1)\left(C+\int\frac{x}{x+1}\mathrm{d}x\right)\\&=(x+1)[C+x-\ln(x+1)].\end{aligned}$$

又

$$y(0)=C=1,$$

所以,特解为

$$y=(x+1)[1+x-\ln(x+1)].$$

所谓常数变易法,其实就是一种换元方法.善加利用可以帮助我们解一些更复杂的方程.

例 6 求 $y'=\frac{y}{x}+\mathrm{e}^{\frac{y}{x}}$ 的通解.

解 观察方程,令 $z=\frac{y}{x}$,则 $y=xz$.将 $y'=z+xz'$ 代入原方程得

$$z+xz'=z+\mathrm{e}^z,$$

即

$$\mathrm{e}^{-z}\mathrm{d}z=\frac{\mathrm{d}x}{x},$$

两边积分得 $-\mathrm{e}^{-z}=\ln|Cx|$.

因此,原方程的通解为 $\mathrm{e}^{-\frac{y}{x}}=-\ln|Cx|$.

如果方程可以写成 $y'=f\left(\frac{y}{x}\right)$,即一阶齐次方程,通常可以利用换元 $z=\frac{y}{x}$ 求解.当一个方程的解难以表示成 $y=f(x)$ 形式时,可以用隐函数形式表示通解,称为**隐式通解**.

习题 6-2

1. 求下列微分方程的通解:

(1) $(xy^2+x)\mathrm{d}x+(y-x^2y)\mathrm{d}y=0$;　　(2) $(1+x^2)y'=1+y^2$;

(3) $\sec^2 x\tan y\mathrm{d}x+\sec^2 y\tan x\mathrm{d}y=0$；(4) $xy'-y\ln y=0$.

2. 求下列微分方程满足初始条件的特解：

(1) $(1+\mathrm{e}^x)yy'=\mathrm{e}^x, y|_{x=1}=1$；　　(2) $(1+x^2)y'=\arctan x, y|_{x=0}=0$.

3. 求下列微分方程的通解：

(1) $xy'+y=x\mathrm{e}^x$；　　(2) $y'+y\tan x=\sin 2x$；

(3) $y'+\dfrac{1}{x}y=\dfrac{\sin x}{x}$；　　(4) $\dfrac{\mathrm{d}y}{\mathrm{d}x}=\dfrac{y}{x+y^3\mathrm{e}^y}$.

4. 求下列微分方程满足初始条件的特解：

(1) $y'\cos y+\sin y=x, y|_{x=0}=\dfrac{\pi}{4}$；

(2) $(2x+1)\mathrm{e}^y y'+2\mathrm{e}^y=4, y|_{x=0}=0$.

5. 求方程 $y'=\dfrac{y}{x}\ln\dfrac{y}{x}$ 的通解.

6. 曲线上任意一点处切线的斜率等于该点两坐标之和，求此曲线方程.

第三节　可降阶二阶微分方程

一、$y''=f(x)$型的微分方程

这类方程只需通过两次积分就可得到其通解.

例 1　求方程 $y''=\mathrm{e}^x$ 的通解.

解
$$y'=\int \mathrm{e}^x\mathrm{d}x=\mathrm{e}^x+C_1,$$
$$y=\int(\mathrm{e}^x+C_1)\mathrm{d}x=\mathrm{e}^x+C_1x+C_2,$$
即为原方程的通解.

二、$y''=f(x,y')$型的微分方程

这类方程的特点是方程右端不显含未知函数 y，可用换元法求解. 令 $y'=p(x)$，则 $y''=p'(x)$，代入方程得 $p'=f(x,p)$. 于是通过解两个一阶方程得到原方程的通解.

例 2　求方程 $2xy'y''=1+(y')^2$ 的通解.

解　令 $y'=p(x)$，代入方程有
$$2xpp'=1+p^2,$$
分离变量得
$$\frac{2p\mathrm{d}p}{1+p^2}=\frac{\mathrm{d}x}{x},$$
两边积分得
$$\ln(1+p^2)=\ln x+\ln C_1,$$

即
$$1+p^2=C_1x,$$
故
$$y'=p=\pm\sqrt{C_1x-1},$$
所以
$$y=\pm\int\sqrt{C_1x-1}\mathrm{d}x=\pm\frac{2}{3C_1}(C_1x-1)^{\frac{3}{2}}+C_2.$$

三、$y''=f(y,y')$型的微分方程

这类方程右端不显含自变量 x，可令 $y'=p(y)$，则
$$y''=\frac{\mathrm{d}y'}{\mathrm{d}x}=\frac{\mathrm{d}p(y)}{\mathrm{d}y}\frac{\mathrm{d}y}{\mathrm{d}x}=p\frac{\mathrm{d}p}{\mathrm{d}y},$$
于是方程化为
$$p\frac{\mathrm{d}p}{\mathrm{d}y}=f(y,p),$$
这是关于 y 和 p 的一阶微分方程，求出其解 $p=\varphi(y,C_1)$，再对$\frac{\mathrm{d}y}{\mathrm{d}x}=\varphi(y,C_1)$用分离变量法可求出原方程的解.

例 3 求初值问题$\begin{cases}y'-y^2y''=0,\\y(0)=1,y'(0)=1\end{cases}$的解.

解 方程不显含自变量 x，令 $y'=p(y)$，则 $y''=p\frac{\mathrm{d}p}{\mathrm{d}y}$，代入原方程得
$$p-py^2\frac{\mathrm{d}p}{\mathrm{d}y}=0,$$
分离变量得
$$\frac{\mathrm{d}p}{\mathrm{d}y}=\frac{1}{y^2},$$
两边积分得
$$p=C_1-\frac{1}{y}.$$
当 $x=0$ 时，$y=1$，$y'=p=C_1-1=1$，$C_1=2$. 于是
$$\frac{\mathrm{d}y}{\mathrm{d}x}=2-\frac{1}{y}\text{或}\ \mathrm{d}x=\frac{y\mathrm{d}y}{2y-1},$$
解得
$$x=\frac{1}{2}y+\frac{1}{4}\ln(2y-1)+C_2.$$
再由 $y(0)=1$，即 $0=\frac{1}{2}+C_2$，得 $C_2=-\frac{1}{2}$，即解为 $x=\frac{1}{2}(y-1)+\frac{1}{4}\ln(2y-1)$.

习题 6-3

1. 求下列各微分方程的通解：

(1) $y''=x\sin x$；　　(2) $y''=\frac{1}{1+x^2}$；

(3) $y''-y'=x$；　　(4) $xy''+y'=0$；

(5) $yy''+(y')^2=y'$；　　　　(6) $y''(1+e^x)+y'=0$.

2. 求下列初值问题的解：

(1) $y''=xe^x, y(0)=1, y'(0)=0$；　　　　(2) $y^3y''+1=0, y(1)=1, y'(1)=0$.

第四节　二阶常系数齐次线性微分方程

n 阶线性微分方程的一般形式为：

$$a_n(x)y^{(n)}+a_{n-1}(x)y^{(n-1)}+\cdots+a_1(x)y'+a_0(x)y=f(x), \tag{7}$$

当右端为零时，

$$a_n(x)y^{(n)}+a_{n-1}(x)y^{(n-1)}+\cdots+a_1(x)y'+a_0(x)y=0 \tag{8}$$

称为 **n 阶齐次线性微分方程**. 相应地，(7)式称为 **n 阶非齐次线性微分方程**.

一、线性微分方程解的性质

定理　如果 $y_1(x), y_2(x)$ 是方程(8)的两个解，则对任意常数 C_1, C_2，$C_1y_1(x)+C_2y_2(x)$ 也是方程(8)的解；

如果 $y(x)$ 是方程(8)的通解，$y^*(x)$ 是方程(7)的一个特解，则 $y(x)+y^*(x)$ 是方程(7)的通解；

如果 $y_1(x), y_2(x)$ 依次为方程(7)的右端分别是 $f_1(x), f_2(x)$ 时的解，则 $y_1(x)+y_2(x)$ 是方程(7)的右端为 $f_1(x)+f_2(x)$ 时的解.

本定理容易通过代入方程验证.

二、二阶常系数齐次线性微分方程

下面仅介绍二阶常系数齐次线性微分方程

$$y''+py'+q=0 \tag{9}$$

的解法. 由定理知，如果得到方程(9)的两个解 $y_1(x), y_2(x)$，则 $C_1y_1(x)+C_2y_2(x)$ 也是它的解. 只要两个任意常数独立，它就是方程(9)的通解. 根据函数 e^{rx} 各阶导数以及方程(9)的形式，把 $y=e^{rx}$ 代入(9)式，可得 $(r^2+pr+q)e^{rx}=0$，可见只要 r 满足二次方程 $r^2+pr+q=0$，$y=e^{rx}$ 就是方程(9)的解. 由此，称

$$r^2+pr+q=0$$

为方程(9)的**特征方程**，它的根称为**特征根**. 下面我们依据方程(9)的特征根的不同情形讨论二阶常系数齐次线性微分方程的解.

(1) 当特征根是两个互异实数 r_1, r_2 时，方程(9)有两个特解 $y=e^{r_1x}$，$y=e^{r_2x}$，此时

$$y=C_1e^{r_1x}+C_2e^{r_2x}$$

的两个任意常数独立，即为通解；

(2) 当特征根是重根，即 $r_1=r_2=r$ 时，方程(9)只得到一个特解 $y_1=e^{rx}$，但可以验证(请读者自己验证) $y_2=xe^{rx}$ 也是一个特解，此时

$$y=C_1e^{r_1x}+C_2xe^{r_2x}=(C_1+C_2x)e^{rx}$$

的两个任意常数独立，即为通解；

(3) 当特征根是一对共轭复根，即 $r=\alpha\pm i\beta$(其中 α,β 为实数且 $\beta\neq0$)时，可以证明

$$y=e^{\alpha x}(C_1\cos\beta x+C_2\sin\beta x)$$

为通解(较简洁的证明方法需要利用复数理论).

根据如上讨论，求二阶常系数齐次线性微分方程通解的步骤为：

(1) 写出常系数齐次线性微分方程的特征方程 $r^2+pr+q=0$；

(2) 求出特征根；

(3) 根据特征根的情况写出所求方程的通解.

例 1　求方程 $y''+5y'+6y=0$ 的通解.

解　所给方程的特征方程为

$$r^2+5r+6=0,$$

其特征根为

$$r_1=-2,r_2=-3,$$

所以 $y=C_1e^{-2x}+C_2e^{-3x}$ 为所给微分方程的通解.

例 2　求方程 $y''+2y'+y=0$ 的通解.

解　所给方程的特征方程为

$$r^2+2r+1=0,$$

其特征根为 $r_1=r_2=-1$，故所求通解为

$$y=(C_1+C_2x)e^{-x}.$$

例 3　求方程 $y''+2y'+3y=0$ 的通解.

解　所给方程的特征方程为 $r^2+2r+3=0$，特征根为 $r_{1,2}=-1\pm\sqrt{2}i$.

所以，所给方程的通解为

$$y=e^{-x}(C_1\cos\sqrt{2}x+C_2\sin\sqrt{2}x).$$

例 4　求解初值问题：$y''+4y=0,y(0)=y'(0)=1$.

解　所给方程的特征方程为 $r^2+4=0$，特征根为 $r=\pm2i$，

所给方程的通解为

$$y=C_1\cos2x+C_2\sin2x.$$

由初始条件 $y(0)=C_1=1,y'(0)=2C_2=1$，得特解为

$$y=\cos2x+\frac{1}{2}\sin2x.$$

习题 6-4

1. 求下列微分方程的通解：

(1) $y''-5y'=0$；　　(2) $y''-4y'+4y=0$；

(3) $y''+4y'+y=0$；　　(4) $y''-5y'+6y=0$.

2. 求下列微分方程满足初始条件的特解：

(1) $y''+2y'+10y=0, y|_{x=0}=1, y'|_{x=0}=2$；

(2) $\frac{d^2x}{dt}+2\frac{dx}{dt}-3x=0, x|_{t=0}=0, x'|_{t=0}=1$.

第五节　差分与差分方程

一、函数的差分

微积分主要研究的是函数 $y=f(x)$，它的自变量是连续变化的. 但是在实际问题中，往往不是这样的. 比如某种计件产品，以产量 Q 为自变量研究成本、利润等生产要素，这时自变量 Q 是正整数. 又如某变量随时间 t 变化，但是很多场合中不能得到变量的表达式 $x=f(t)$. 这时，一种方法是每隔一定时间间隔 Δt 做一次测量，取得变量 x 的一个值，即从某个时刻 t 开始，得到一列函数值 $x_{t+i}=f(t+i\Delta t), i=0,1,2,\cdots$. 现在一般要利用计算机进行复杂的计算，但是本质上计算机是不能处理连续变量的，当我们把一个函数 $y=f(x)$ 交给计算机时，实际上从一个起点 x，以某个自变量间隔 Δx，给它一个函数值表：

$$y_x=f(x+i\Delta x), i=0,1,2,\cdots, \tag{10}$$

它称为函数 $y=f(x)$ 在 x 处以步长 Δx 离散化. 传统的微积分不能处理离散化函数.

回忆导数的定义：$\frac{dy}{dx}=\lim\limits_{\Delta x\to 0}\frac{\Delta y}{\Delta x}=\lim\limits_{\Delta x\to 0}\frac{f(x+\Delta x)-f(x)}{\Delta x}$，当 Δx 较小的时候，有 $\frac{dy}{dx}\approx\frac{f(x+\Delta x)-f(x)}{\Delta x}$. 而在离散化函数中，$\Delta x$ 相对固定了，所以我们可用 $\Delta f(x)=f(x+\Delta x)-f(x)$ 表达函数在 x 处的变化率，称为函数在 x 处的**差分**.

由于 Δx 在离散化过程中是不变的，可以不失一般性地认为 $\Delta x=1$. 于是我们用如下记号表示离散化函数及其差分：

$$y_{x+i}=f(x+i), i=0,1,2,\cdots,$$

$$\Delta y_x=y_{x+1}-y_x \text{ 或 } \Delta f(x)=f(x+1)-f(x).$$

因此，下面讨论中我们不再强调步长 Δx. 但是应该了解，实际应用中离散化总是有一个步长的.

定义 1 对于形如(10)的离散化函数，称 $\Delta y_x = y_{x+1} - y_x$ 为 $y_x = f(x)$ 的**一阶差分**；称 $\Delta^2 y_x = \Delta(\Delta y_x) = \Delta y_{x+1} - \Delta y_x = y_{x+2} - 2y_{x+1} + y_x$ 为函数 $y_x = f(x)$ 的**二阶差分**；设 $\Delta^{n-1} y_x$ 为函数 $y_x = f(x)$ 的 $n-1$ 阶差分，则 $\Delta^n y_x = \Delta(\Delta^{n-1} y_x) = \Delta^{n-1} y_{x+1} - \Delta^{n-1} y_x$ 为函数 $y_x = f(x)$ 的 **n 阶差分**.

二阶及二阶以上的差分都称为**高阶差分**.由定义 1，可以得到差分的一些简单性质.

性质 1 $\Delta^n y_x = \sum\limits_{i=0}^{n} (-1)^n C_n^i \, y_{x+n-i}$.

即 n 阶差分是 $n+1$ 个离散点上的函数值的线性组合.

性质 2 $\Delta(Cy_x) = C\Delta y_x$.

性质 3 （四则运算性质）

$$\Delta(y_x \pm z_x) = \Delta y_x \pm \Delta z_x;$$

$$\Delta(y_x z_x) = z_x \Delta y_x + y_x \Delta z_x;$$

$$\Delta\left(\frac{y_x}{z_x}\right) = \frac{z_x \Delta y_x - y_x \Delta z_x}{z_{x+1} z_x} = \frac{z_{x+1} \Delta y_x - y_{x+1} \Delta z_x}{z_{x+1} z_x}.$$

这些性质都可以利用定义 1，通过初等的代数变形得到.值得注意的是，性质 2 和性质 3 与我们熟悉的导数性质有些类似.这恰好表示我们可以通过类似利用导数研究连续函数的方法，建立一些利用差分研究离散函数的方法.

例 1 设 $f(x) = C$，求 $\Delta f(x)$.

解 $\Delta f(x) = f(x+1) - f(x) = 0$.

即常数的差分为零.

例 2 求 Δx^n，n 为正整数.

解 $\Delta x^n = (x+1)^n - x^n = \sum\limits_{i=1}^{n} C_n^i \, x^{n-i}$.

注意到 Δx^n 是一个 $n-1$ 次多项式.实际上我们有如下性质.

性质 4 设 $P_n(x)$ 为一个 n 次多项式，则 $\Delta P_n(x)$ 是一个 $n-1$ 次多项式.

更一般地，结合性质 1 有：$m > n$ 时，$\Delta^m P_n(x) = 0$.

例 3 求 Δa^x.

解 $\Delta a^x = a^{x+1} - a^x = a^x(a-1)$.

二、差分方程

类似于微分方程，我们这样定义差分方程.

定义 2 含有自变量 x、未知函数 $y_x = f(x)$ 及其差分的方程称为**差分方程**.

方程中出现的最高阶差分的阶数称为方程的**阶**.显然，n 阶差分方程的一般形式为

$$F(x,y_x,\Delta y_x,\cdots,\Delta^n y_x)=0.$$

由性质 1 知,其等价形式为

$$G(x,y_x,y_{x+1},\cdots,y_{x+n})=0.$$

如果能够解出 $y_{x+n}=g(x,y_x,y_{x+1},\cdots,y_{x+n-1})$,于是就有一种类似于递推关系的表达式,应用中看到的差分方程经常是这种形式.但它只是函数在 x 处离散化得到的 $n+1$ 个点上的函数值以及自变量 x 的一个关系式.我们的求解也是在这种形式下进行的.

如果函数 $y_x=f(x)$满足一个差分方程,就称为该差分方程的解.

注 这里的所谓解 $f(x)$是一个函数,它在定义域所允许的任意 x 处离散化,都将满足差分方程.

如果解中含有与方程阶数相同个数的独立的任意常数,就称为**差分方程的通解**.给定通解 y_x 及其各阶差分 $y_x,\Delta y_x,\cdots,\Delta^{n-1}y_x$(或者等价地离散化函数值 y_x,$y_{x+1},\cdots,y_{x+n-1}$)之间的一些关系式以确定各个任意常数,这种关系式称为**初始条件**.确定了任意常数的解称为**差分方程的一个特解**.

差分方程的初值根据具体问题设定,它比微分方程初值问题更多样化,例如,已知函数在 $x,x+1,\cdots,x+n-1$ 处的值,就可以作为一种初始条件.求差分方程在给定初始条件时的解,称为**差分方程初值问题**.在此不讨论一般地求解初值问题,但在部分例题中有所体现.

如果差分方程中未知函数及其各阶差分都是一次的,就称其为**线性差分方程**.由性质 1 知,线性差分方程的一般形式为

$$y_{x+n}+a_1(x)y_{x+n-1}+\cdots+a_n(x)y_x=b(x), \tag{11}$$

称 $b(x)$为方程的右端.当右端 $b(x)\equiv 0$ 时,

$$y_{x+n}+a_1(x)y_{x+n-1}+\cdots+a_n(x)y_x=0 \tag{12}$$

称为**齐次线性差分方程**.相应地称(11)为**非齐次线性差分方程**.

如果系数 $a_1(x),a_2(x),\cdots,a_n(x)$均为常数 $a_1,a_2,\cdots,a_n$,就称其为**常系数线性差分方程**.

关于线性差分方程的解有如下结构定理.

定理 1 如果 $f_1(x),f_2(x)$是方程(12)的两个解,则对任意常数 C_1,C_2,$y_x=C_1f_1(x)+C_2f_2(x)$也是方程(12)的解;

如果 $f(x)$是方程(12)的通解,$f^*(x)$是方程(11)的一个特解,则 $y_x=f(x)+f^*(x)$是方程(11)的通解;

如果 $f_1(x),f_2(x)$依次为右端分别是 $b_1(x),b_2(x)$的线性差分方程的解,则 $y_x=f_1(x)+f_2(x)$是右端为 $b_1(x)+b_2(x)$的线性差分方程的解.这称为**线性差分方程解的叠加原理**.

本定理结论可以通过代入方程验证.

三、一阶常系数线性差分方程

一阶常系数线性差分方程的一般形式为

$$y_{x+1}+py_x=b(x)\ (p\neq 0).$$

我们首先考虑齐次方程 $y_{x+1}+py_x=0$，设其有解 $y_x=\lambda^x(\lambda>0)$，则

$$\lambda^{x+1}+p\lambda^x=0\Rightarrow\lambda=-p,$$

于是得到解 $y_x=(-p)^x$. 由定理 1 得，方程的通解为 $y_x=C(-p)^x$.

例 4 求差分方程 $3\Delta y_x-y_x=0$ 的通解.

解 这是差分形式的方程，一般要转化为常用的形式：

$$y_{x+1}-\frac{4}{3}y_x=0,$$

所以通解为

$$y_x=C\left(\frac{4}{3}\right)^x.$$

例 5 求差分方程 $2y_{x+1}-y_x=0$ 的通解.

解 原方程为 $y_{x+1}-\frac{1}{2}y_x=0$，所以通解为 $y_x=C\left(\frac{1}{2}\right)^x$.

然后考虑一阶非齐次线性差分方程 $y_{x+1}+py_x=b(x)$，由于齐次方程的通解已经求得，所以只需再求一个特解. 我们分以下几种情形来讨论：

(1) 右端为一个 n 次多项式 $P_n(x)$，$n\geqslant 0$，这时特解是一个 $n+1$ 次多项式 $P_{n+1}(x)$.

如果 $p=-1$，则方程可写为 $\Delta y_x=P_n(x)$. $P_{n+1}(x)$ 代入方程后 x^{n+1} 项被消去，由性质 1，此时常数项是任意的，取常数项为零，于是利用待定系数法可求出 $P_{n+1}(x)$；

如果 $p\neq -1$，直接代入方程，利用待定系数法可求出 $P_{n+1}(x)$.

(2) 右端为 $\lambda^xP_n(x)$，$\lambda\neq 0$，这时可以用变量替换法. 令 $y_x=\lambda^xz_x$，代入方程得

$$\lambda^{x+1}z_{x+1}+p\lambda^xz_x=\lambda^xP_n(x),$$

$$z_{x+1}+\frac{p}{\lambda}z_x=\frac{P_n(x)}{\lambda},$$

可以利用前述方法求解 z_x，得到 $y_x=\lambda^xz_x$. 注意，这时要区分是否有 $p=-\lambda$.

例 6 求差分方程 $y_{x+1}-y_x=x^2$ 的通解.

解 对应齐次方程通解为常数，这里 $p=-1$，设 $y_x^*=ax^3+bx^2+cx$，代入方程有

$$3ax^2+(3a+2b)x+(a+b+c)=x^2,$$

解得

$$a=\frac{1}{3},b=-\frac{1}{2},c=\frac{1}{6},$$

特解为 $y_x^*=\frac{1}{3}x^3-\frac{1}{2}x^2+\frac{1}{6}x$，于是通解为 $y_x=\frac{1}{3}x^3-\frac{1}{2}x^2+\frac{1}{6}x+C$.

例 7 求 $y_{x+1}-4y_x=x2^x$ 的通解.

解 令 $y_x=2^x z_x$,则有 $2^{x+1}z_{x+1}-4(2^x z_x)=x2^x$,即 $z_{x+1}-2z_x=\frac{x}{2}$.

对应齐次方程 $z_{x+1}-2z_x=0$ 的通解为 $z_x=2^x C$.

设特解为 $z_x^*=ax^2+bx+d$ (这里 $p\neq-\lambda$),则

$$z_{x+1}^*=a(x+1)^2+b(x+1)+d=ax^2+(2a+b)x+(a+b+d).$$

代入方程得

$$-ax^2+(2a-b)x+(a+b-d)=\frac{x}{2},$$

解得

$$a=0,b=d=-\frac{1}{2}.$$

故原方程通解为 $y_x=2^x\left[2^x C-\frac{1}{2}(x+1)\right]=4^x C-2^{x-1}(x+1)$.

四、二阶常系数齐次线性差分方程

显然,这里要解的方程是

$$y_{x+2}+py_{x+1}+qy_x=0, \tag{13}$$

称代数方程 $r^2+pr+q=0$ 为方程(13)的**特征方程**.

之所以称为特征方程,是因为有如下定理.

定理 2 如果 r 是方程(4)的特征方程的根,则 $y_x=r^x$ 为方程(13)的解.

这个定理很容易通过代入方程得到验证.下面讨论方程(13)的通解.由于特征方程的解可能是两个实根、重根或共轭复根,要分别讨论.

(1) 当特征方程有两个不同的实根,即 $p^2-4q>0$ 时,设两个根为 r_1,r_2,则根据定理 1 和定理 2,

$$y_x=C_1 r_1^x+C_2 r_2^x$$

是方程(13)的解,且两个常数是独立的,所以它是方程(13)的通解.

(2) 当特征方程有两个相同的实根,即 $r_1=r_2=r$ 时,这时 xr^x 是方程(13)的解(请读者自己验证),于是

$$y_x=C_1 r^x+C_2 xr^x=r^x(C_1+C_2 x)$$

是方程(13)的通解.

(3) 当特征方程有一对共轭复根,即 $r=a\pm ib$(其中 a,b 为实数且 $b\neq0$)时,$y=r^x$ 不是实值函数,但是可以证明(较简洁的证明需要利用复数理论)$\lambda^x\cos\theta x$ 和 $\lambda^x\sin\theta x$ 都是方程(13)的解(其中 λ,θ 分别为复数 $a+ib$ 的模和幅角).所以,此时方程(13)的通解为

$$y=\lambda^x(C_1\cos\theta x+C_2\sin\theta x).$$

根据上述讨论,求二阶常系数齐次线性差分方程通解的步骤为:

(1) 写出常系数齐次线性微分方程的特征方程 $r^2+pr+q=0$；

(2) 求出特征方程的根；

(3) 根据根的情况写出所求方程的通解.

例 8　求 $y_{x+2}-3y_{x+1}+2y_x=0$ 的通解.

解　特征方程为 $r^2-3r+2=0$，特征根为 $r_1=1, r_2=2$，故通解为

$$y_x=C_1+C_2 2^x.$$

例 9　求 $y_{x+2}-4y_{x+1}+4y_x=0$ 的通解.

解　特征方程 $r^2-4r+4=0$，特征根为 $r_1=r_2=2$，故通解为

$$y_x=2^x(C_1+C_2x).$$

例 10　求 $y_{x+2}+2y_x=0$ 的通解.

解　特征方程 $r^2+2=0$，其根为 $r_{1,2}=\pm\sqrt{2}\mathrm{i}$，故通解为

$$y_x=2^{\frac{x}{2}}\left(C_1\cos\frac{\pi x}{2}+C_2\sin\frac{\pi x}{2}\right).$$

注意这里的解与二阶常系数微分方程通解的区别.

五、三项递推式求解

细心的读者可能已经发现，前面讨论的几种差分方程的解都是 r^x 的形式，如果自变量 x 为实数，则必须有 $r>0$. 那么，很多差分方程都无法求解了，但是如果自变量 x 总是取正整数，差分方程就大有用武之地了.

设数列 $\{x_n\}$ 满足三项递推式 $x_{n+2}+px_{n+1}+qx_n=0, n=1,2,\cdots$，求其通项表达式.

显然，这个问题就是 $x=n(n\in\mathbf{N})$ 时的二阶常系数线性差分方程求解，利用差分方程的理论容易求出 x_n 的表达式.

例 11　某生物两个月成熟，第三个月开始每月产一个后代，新生物按同样规律成长，现有一个初生生物，求第 n 个月时的生物数量 F_n（这就是著名的斐波那契数列）.

解　由于上月出生的还未成熟，所以有

$$F_{n+2}=F_{n+1}+F_n, F_1=F_2=1,$$

这是二阶差分方程初值问题，自变量 $x=n(n\in\mathbf{N})$. 写成线性方程形式为

$$F_{n+2}-F_{n+1}-F_n=0,$$

特征方程 $r^2-r-1=0$ 的解为 $r_{1,2}=\dfrac{1\pm\sqrt{5}}{2}$，通解为

$$F_n=C_1\left(\frac{1+\sqrt{5}}{2}\right)^n+C_2\left(\frac{1-\sqrt{5}}{2}\right)^n.$$

由初始条件 $F_1=F_2=1$，可得

$$\begin{cases} F_1 = C_1 \dfrac{1+\sqrt{5}}{2} + C_2 \dfrac{1-\sqrt{5}}{2} = 1, \\ F_2 = C_1 \left(\dfrac{1+\sqrt{5}}{2}\right)^2 + C_2 \left(\dfrac{1-\sqrt{5}}{2}\right)^2 = 1, \end{cases}$$

解得

$$C_1 = -C_2 = \frac{1}{\sqrt{5}},$$

所以

$$F_n = \frac{1}{\sqrt{5}}\left[\left(\frac{1+\sqrt{5}}{2}\right)^n - \left(\frac{1-\sqrt{5}}{2}\right)^n\right].$$

一个正整数列借助包含无理数的一个复杂表达式构成,真是奇妙.

递推式求解是差分方程的一个重要应用,有时甚至称差分方程即递推式也是有道理的.

例 12 求解递推式 $a_{n+2} = 2a_{n+1} - a_n, a_1 = 2, a_2 = 3$.

解 特征方程 $r^2 - 2r + 1 = 0$ 有重根 1,所以通解为 $a_n = C_1 + C_2 n$,再由初始条件 $a_1 = 2, a_3 = 3$,得 $C_1 = C_2 = 1$,所以有 $a_n = n + 1$.

习题 6-5

1. 求下列函数的一阶差分:

(1) $y = x(x-1)\cdots(x-n)$; (2) $y = 3^x + 3^{-x}$;

(3) $y = \dfrac{e^x}{x}$; (4) $y = x\ln x$.

2. 求下列差分方程的通解或特解:

(1) $\Delta y_x - y_x = 2$; (2) $y_{x+1} - 5y_x = 2x$;

(3) $y_{x+1} + y_x = 3^x, y_0 = 1$; (4) $y_{x+2} - 2y_x = 0$;

(5) $y_{x+2} - 5y_{x+1} + 6y_x = 0, y_0 = -1, y_1 = 0$; (6) $\Delta^2 y_x + 4\Delta y_x + 4y_x = 0$;

(7) $a_{n+2} - 3a_{n+1} + 2a_n = 0$.

第六节 微分方程与差分方程的应用

一、产品销售模型

一种新产品上市,要取得成功需要许多条件,包括上市时机、产品性能以及宣传策略等.设上市后 t 时刻,销售量为 $x(t)$.据资料显示:一段时间内,边际销量 $x'(t)$ 与 $x(t)$ 成正比,也与可能购买而还没有购买的潜在销量成正比.分析称,成功的产品以其新奇优的性能、质量吸引人们的购买欲望.销量增加,影响力增大,导致边际销量增加.而随着销量增加,潜在市场缩小,边际销量下降.

设市场容量 N,则潜在市场 $N-x(t)$. 于是可以写出方程

$$x'(t)=kx(t)[N-x(t)],$$

其中 k 为比例常数. 这是一个一阶可分离变量方程,其通解为

$$x(t)=\frac{N}{1+Ce^{-kNt}}.$$

据此模型进行分析,显然 $x'(t)=\frac{CN^2ke^{-kNt}}{(1+Ce^{-kNt})^2}>0$,即 $x(t)$ 单调增加. 而

$$x''(t)=\frac{CN^3k^2(Ce^{-kNt}-1)e^{-kNt}}{(1+Ce^{-kNt})^3},$$

所以,当 $Ce^{-kNt}=1$,即销量 $x=\frac{N}{2}$(市场容量 N 的一半)时,达到销量增长的拐点 $x''(t)=0$. 此时边际销量(销售速度)$x'(t)$ 达到最大,此后销售速度由增转减. 可开展市场调查取得比例常数 k,然后依据本模型分析制定生产和销售计划.

二. 供需平衡

经济学的定律:价格下降时需求增加,供给减少. 反之亦然. 价格的变化速度(变化率)与供需差成正比.

设某商品的需求 Q 和供给 S 都是价格 P 的函数,即

$$Q(P)=\frac{a}{P^2},S(P)=bP,$$

且 P 是时间 t 的函数. 那么,根据上述定律有

$$\frac{dP}{dt}=k[Q(P)-S(P)],$$

其中 a,b,k 为常数. 试分析:

(1) 需求量与供给量相等时的均衡价格 P_e;

(2) 设 $t=0$ 时 $P=1$,求价格函数 $P(t)$;

(3) $\lim\limits_{t\to+\infty}P(t)$.

解 (1) 令 $Q(P)=S(P)$,即 $\frac{a}{P^2}=bP$,则均衡价格 $P_e=\sqrt[3]{\frac{a}{b}}$.

(2) 代入 $Q(P)=\frac{a}{P^2}$,$S(P)=bP$,得初值问题

$$\begin{cases}\frac{dP}{dt}=k\left(\frac{a}{P^2}-bP\right)=\frac{k(a-bP^3)}{P^2},\\ P(0)=1,\end{cases}$$

解得

$$P(t)=\sqrt[3]{\frac{a}{b}+\left(1-\frac{a}{b}\right)e^{-3bkt}}.$$

(3) $\lim\limits_{t\to+\infty}P(t)=\lim\limits_{t\to+\infty}\sqrt[3]{\frac{a}{b}+\left(1-\frac{a}{b}\right)e^{-3bkt}}=\sqrt[3]{\frac{a}{b}}=P_e$.

可见市场通过价格调节供需矛盾,逐渐趋于平衡.

三、供需平衡的差分方程模型

以上的供需平衡模型假定供需及价格都是随时变化的,实际运行中这种变化并非如此.比如供给方的生产周期,价格也不是每时每刻变化的,而是具有一定的周期性.所以,设计一个离散模型也许更合理.

设 t 期的需求、供给和价格分别为 Q_t,S_t,P_t,假设在一定范围内 Q_t,S_t 线性依赖于 P_t,则有如下模型:

$$\begin{cases}Q_t=a+bP_t,\\ S_t=c+dP_{t-1},\\ Q_t=S_t.\end{cases}$$

需求根据当前价格决定,而供给是由前期价格决定的,最后是供需平衡条件.为满足平衡条件,需要

$$a+bP_t=c+dP_{t-1},$$

这是一阶差分方程,通解为

$$P_t=A\left(\frac{d}{b}\right)^t+\frac{c-a}{b-d}.$$

如果初期价格为 P_0,并记 $P_e=\frac{c-a}{b-d}$,则 $A=P_0-P_e$,于是模型的解是

$$P_t=(P_0-P_e)\left(\frac{d}{b}\right)^t+P_e.$$

如果 $P_0=P_e$,则 $P_t=P_e$,即 P_e 是供需平衡价格.但是当 $d>b>0$ 时,它是不稳定的,即初始价格略微偏离平衡价格,最终 P_t 趋于无穷大;只有当 $\left|\frac{d}{b}\right|<1$ 时,P_t 趋于平衡价格 P_e.所以需求与供给的变化率 b 和 d 决定了市场的稳定性.它可以指导我们有的放矢地开展市场研究.

总习题六

1. 解下列一阶微分方程:

(1) $y'=\sqrt{\frac{1+y^2}{1-x^2}}$;　　(2) $y'=\frac{xy+y}{x+xy}$;

(3) $y'=10^{x+y}$;　　(4) $\frac{dy}{dx}=\frac{y}{x}+\sin^2\frac{y}{x}$;

(5) $(x^2+1)y'-2xy=1$；　　(6) $y'-2y=e^x$；

(7) $y'-\dfrac{y}{x+1}=(x+1),y(0)=1$.

2. 解下列高阶微分方程：

(1) $y''=xe^x$；　　(2) $y''+2y'=x$；

(3) $2y''=y'\sin 2y,y|_{x=0}=\dfrac{\pi}{2},y'|_{x=0}=\dfrac{1}{2}$.

3. 解下列二阶线性微分方程：

(1) $y''+2y'+y=0$；　　(2) $y''-7y'+6y=0$；

(3) $y''-2y'+5y=0$；　　(4) $y''+y=0$.

4. 已知 $y_x=C_1+C_2a^x$ 是差分方程 $y_{x+2}-3y_{x+1}+2y_x=0$ 的通解，求常数 a.

5. 解下列差分方程：

(1) $\Delta^2y_x-3\Delta y_x=0$；　　(2) $\Delta^2y_n+2\Delta y_n+2y_n=0$；

(3) $2y_{x+1}+y_x=3+x$；　　(4) $y_{x+2}-7y_{x+1}+12y_x=0$；

(5) $y_{x+2}=y_{x+1}+y_x$；　　(6) $y_{n+2}+2y_{n+1}-3y_n=0,y_0=-1,y_1=1$.

6. 已知某人欠款 25 000 元，月利率 1%，计划 12 个月分期还清. 试计算每月还款多少？(提示：设每月还款 p 元，y_n 为第 n 个月剩余欠款，建立差分方程使 $y_{12}=0$).

7. 某公司 t(年)净资产为 $W(t)$(万元)，且资产以每年 5% 的速度持续增长. 同时，每年需支付 30 万元职工工资.

(1) 建立关于 $W(t)$ 的微分方程；

(2) 设初始净资产($t=0$ 时)为 W_0(万元)，解此微分方程；

(3) 讨论 W_0 分别为 500,600,700 时，$W(t)$ 的变化特点.

8. 试利用差分方程研究第 7 题中的问题(取步长 $h=1$ 年).

附录Ⅰ　三角函数与反三角函数

一、三角函数的基本公式

在中学阶段已经学习过三角函数，了解了周期性、奇偶性、单调性等基本性质和诱导公式，以及三角函数最基本的关系式

$$\sin^2 x+\cos^2 x=1.$$

现将三角函数的一些基本公式进行整理，这些公式在微积分的学习中经常会涉及到.

1. 三角函数的和差公式

(1) 余弦函数的和差公式：

$$\cos(\alpha+\beta)=\cos\alpha\cos\beta-\sin\alpha\sin\beta,$$
$$\cos(\alpha-\beta)=\cos\alpha\cos\beta+\sin\alpha\sin\beta.$$

(2) 正弦函数的和差公式：

$$\sin(\alpha+\beta)=\sin\alpha\cos\beta+\cos\alpha\sin\beta,$$
$$\sin(\alpha-\beta)=\sin\alpha\cos\beta-\cos\alpha\sin\beta.$$

(3) 正切函数的和差公式：

$$\tan(\alpha+\beta)=\frac{\tan\alpha+\tan\beta}{1-\tan\alpha\tan\beta},$$
$$\tan(\alpha-\beta)=\frac{\tan\alpha-\tan\beta}{1+\tan\alpha\tan\beta}.$$

从上述公式中，容易得到倍角公式：

$$\sin 2\alpha=2\sin\alpha\cos\alpha,$$
$$\cos 2\alpha=\cos^2\alpha-\sin^2\alpha=2\cos^2\alpha-1=1-2\sin^2\alpha,$$
$$\tan 2\alpha=\frac{2\tan\alpha}{1-\tan^2\alpha}.$$

利用 $\cos^2\alpha=\frac{1+\cos 2\alpha}{2}$ 和 $\sin^2\alpha=\frac{1-\cos 2\alpha}{2}$，可以将三角函数的幂次降下来.

2. 三角函数的平方公式

公式 $\sin^2 x+\cos^2 x=1$ 还有两个常见的形式：

$$\sec^2 x=1+\tan^2 x,\csc^2 x=1+\cot^2 x,$$

其中 $\sec x=\frac{1}{\cos x}$ 称为正割函数，$\csc x=\frac{1}{\sin x}$ 称为余割函数.

例 1 设 $\tan\frac{\alpha}{2}=u$,证明万能公式:

$$\sin\alpha=\frac{2u}{1+u^2},\cos\alpha=\frac{1-u^2}{1+u^2},\tan\alpha=\frac{2u}{1-u^2}.$$

证 $\sin\alpha=2\sin\frac{\alpha}{2}\cos\frac{\alpha}{2}=2\tan\frac{\alpha}{2}\cdot\cos^2\frac{\alpha}{2}=\dfrac{2\tan\frac{\alpha}{2}}{\sec^2\frac{\alpha}{2}}=\dfrac{2\tan\frac{\alpha}{2}}{1+\tan^2\frac{\alpha}{2}}$,

$$\cos\alpha=2\cos^2\frac{\alpha}{2}-1=\frac{2}{\sec^2\frac{\alpha}{2}}-1=\frac{2}{1+\tan^2\frac{\alpha}{2}}-1=\frac{1-\tan^2\frac{\alpha}{2}}{1+\tan^2\frac{\alpha}{2}},$$

$$\tan\alpha=\frac{\sin\alpha}{\cos\alpha}=\frac{2\tan\frac{\alpha}{2}}{1-\tan^2\frac{\alpha}{2}}.$$

即

$$\sin\alpha=\frac{2u}{1+u^2},\cos\alpha=\frac{1-u^2}{1+u^2},\tan\alpha=\frac{2u}{1-u^2}.$$

3. 三角函数的积化和差与和差化积

在高等数学的学习中,有时需要把三角函数的积化为和差与和差化为积,相应的公式罗列如下.

积化和差公式:

$$\sin\alpha\cos\beta=\frac{1}{2}[\sin(\alpha+\beta)+\sin(\alpha-\beta)];$$

$$\cos\alpha\sin\beta=\frac{1}{2}[\sin(\alpha+\beta)-\sin(\alpha-\beta)];$$

$$\cos\alpha\cos\beta=\frac{1}{2}[\cos(\alpha+\beta)+\cos(\alpha-\beta)];$$

$$\sin\alpha\sin\beta=-\frac{1}{2}[\cos(\alpha+\beta)-\cos(\alpha-\beta)].$$

和差化积公式:

$$\sin\alpha+\sin\beta=2\sin\frac{\alpha+\beta}{2}\cos\frac{\alpha-\beta}{2};$$

$$\sin\alpha-\sin\beta=2\cos\frac{\alpha+\beta}{2}\sin\frac{\alpha-\beta}{2};$$

$$\cos\alpha+\cos\beta=2\cos\frac{\alpha+\beta}{2}\cos\frac{\alpha-\beta}{2};$$

$$\cos\alpha-\cos\beta=-2\sin\frac{\alpha+\beta}{2}\sin\frac{\alpha-\beta}{2}.$$

例 2 设 $\sin\frac{\alpha}{2}\neq 0$,$n$ 为正整数,证明:

$$\sin\alpha+\sin 2\alpha+\cdots+\sin n\alpha=\frac{\cos\dfrac{2n+1}{2}\alpha-\cos\dfrac{1}{2}\alpha}{2\sin\dfrac{\alpha}{2}}.$$

证　对任意正整数 k,由积化和差公式得

$$\sin\frac{\alpha}{2}\sin k\alpha=-\frac{1}{2}\left(\cos\frac{1+2k}{2}\alpha-\cos\frac{1-2k}{2}\right)=-\frac{1}{2}\left(\cos\frac{2k+1}{2}-\cos\frac{2k-1}{2}\right),$$

于是,

$$\begin{aligned}&\sin\frac{\alpha}{2}(\sin\alpha+\sin 2\alpha+\cdots+\sin n\alpha)\\&=-\frac{1}{2}\left(\cos\frac{3}{2}\alpha-\cos\frac{\alpha}{2}+\cos\frac{5}{2}\alpha-\cos\frac{3}{2}\alpha+\cdots+\cos\frac{2n+1}{2}\alpha-\cos\frac{2n-1}{2}\alpha\right)\\&=-\frac{1}{2}\left(\cos\frac{1}{2}\alpha-\cos\frac{2n+1}{2}\alpha\right)\\&=\frac{1}{2}\left(\cos\frac{2n+1}{2}\alpha-\cos\frac{1}{2}\alpha\right).\end{aligned}$$

当 $\sin\dfrac{\alpha}{2}\neq 0$ 时,有

$$\sin\alpha+\sin 2\alpha+\cdots+\sin n\alpha=\frac{\cos\dfrac{2n+1}{2}\alpha-\cos\dfrac{1}{2}\alpha}{2\sin\dfrac{\alpha}{2}}.$$

二、反三角函数

考虑函数 $y=\sin x$,对于值域$[-1,1]$中的每一个值,在定义域$(-\infty,+\infty)$内有无穷多个 x 与之对应,从而函数 $y=\sin x$ 的定义域是$(-\infty,+\infty)$时,不存在反函数.但是,如果我们把定义域限制在$\left[-\dfrac{\pi}{2},\dfrac{\pi}{2}\right]$,由于 $y=\sin x$ 在$\left[-\dfrac{\pi}{2},\dfrac{\pi}{2}\right]$上单调增加,所以 $y=\sin x$ 存在反函数,记为 $x=\arcsin y$,习惯上用 $y=\arcsin x$ 表示,称为反正弦函数.

可以验证:

$$\sin(\arcsin x)=x,x\in[-1,1];$$

$$\arcsin(\sin x)=x,x\in\left[-\frac{\pi}{2},\frac{\pi}{2}\right]$$

以及

$$\arcsin(-x)=-\arcsin x,x\in[-1,1].$$

同样,函数 $y=\cos x$ 在$[0,\pi]$上的反函数记为 $x=\arccos y$ 或 $y=\arccos x$,称为反余弦函数.

可以验证：

$$\cos(\arccos x)=x, x\in[-1,1];$$
$$\arccos(\cos x)=x, x\in[0,\pi]$$

以及

$$\arccos(-x)=\pi-\arccos x, x\in[-1,1],$$
$$\arcsin x+\arccos x\equiv\frac{\pi}{2}, x\in[-1,1].$$

例 3 求 $\arcsin\left(\sin\frac{3\pi}{4}\right)$的值.

解 注意到$\frac{3\pi}{4}\notin\left[-\frac{\pi}{2},\frac{\pi}{2}\right]$，所以 $\arcsin\left(\sin\frac{3\pi}{4}\right)\neq\frac{3\pi}{4}$.

$$\arcsin\left(\sin\frac{3\pi}{4}\right)=\arcsin\left(\sin\frac{\pi}{4}\right)=\frac{\pi}{4}.$$

例 4 求 $\cos\left(\arccos\frac{3}{5}-\arcsin\frac{5}{13}\right)$的值.

解 令 $\alpha=\arccos\frac{3}{5}$，$\beta=\arcsin\frac{5}{13}$，则

$$\cos\alpha=\frac{3}{5}, \sin\alpha=\frac{4}{5}, \sin\beta=\frac{5}{13}, \cos\beta=\frac{12}{13}.$$

于是，

$$\begin{aligned}\cos\left(\arccos\frac{3}{5}-\arcsin\frac{5}{13}\right)&=\cos(\alpha-\beta)\\&=\cos\alpha\cos\beta+\sin\alpha\sin\beta\\&=\frac{3}{5}\times\frac{12}{13}+\frac{4}{5}\times\frac{5}{13}=\frac{56}{65}.\end{aligned}$$

例 5 求 $y=\cos x(\pi\leqslant x\leqslant 2\pi)$的反函数.

解 由于 $y=\cos(2\pi-x)$，当 $\pi\leqslant x\leqslant 2\pi$ 时，$0\leqslant 2\pi-x\leqslant\pi$，所以

$$2\pi-x=\arccos y,$$
$$x=2\pi-\arccos y,$$

即所求反函数为

$$y=2\pi-\arccos x, x\in[-1,1].$$

再来介绍反正切函数与反余切函数.

函数 $y=\tan x$ 在$\left(-\frac{\pi}{2},\frac{\pi}{2}\right)$上的反函数记为 $x=\arctan y$，或 $y=\arctan x$，称为反正切函数.

可以验证：

$$\tan(\arctan x)=x, x\in(-\infty,+\infty);$$

$$\arctan(\tan x)=x, x\in\left(-\frac{\pi}{2},\frac{\pi}{2}\right)$$

以及

$$\arctan(-x)=-\arctan x, x\in(-\infty,+\infty).$$

函数 $y=\cot x$ 在$(0,\pi)$上的反函数记为 $x=\operatorname{arccot} y$,或 $y=\operatorname{arccot} x$,称为反余切函数.

可以验证:

$$\cot(\operatorname{arccot} x)=x, x\in(-\infty,+\infty);$$

$$\operatorname{arccot}(\cot x)=x, x\in(0,\pi)$$

以及

$$\operatorname{arccot}(-x)=\pi-\operatorname{arccot} x, x\in(-\infty,+\infty),$$

$$\arctan x+\operatorname{arccot} x\equiv\frac{\pi}{2}, x\in(-\infty,+\infty).$$

有关反三角函数,须特别注意其值域.

附录Ⅱ　数学归纳法

对于一个与自然数 n 相关的数学命题,用数学归纳法证明的步骤如下:

(1) 归纳检验,即验证当 n 取第一个值 n_0 时命题成立;

(2) 归纳假设,即假设 $n=k$ 时命题成立;

(3) 归纳证明,即证明 $n=k+1$ 时命题也成立.

完成了这三个步骤后,就可以断言命题对从 n_0 开始的一切自然数 n 都成立.

例 1　用数学归纳法证明:$1^3+2^3+\cdots+n^3=\frac{1}{4}n^2(n+1)^2, n\in\mathbf{N}_+$.

证　(1) 当 $n=1$ 时,左式 $=1^3=1$,右式 $=\frac{1}{4}\cdot 1^2\cdot(1+1)^2=1$,等式成立.

(2) 假设 $n=k$ 时等式成立,即 $1^3+2^3+\cdots+k^3=\frac{1}{4}k^2(k+1)^2$.

(3) 当 $n=k+1$ 时,

$$\begin{aligned}1^3+2^3+\cdots+k^3+(k+1)^3&=\frac{1}{4}k^2(k+1)^2+(k+1)^3\\&=\frac{1}{4}(k+1)^2(k^2+4k+4)\\&=\frac{1}{4}(k+1)^2(k+2)^2,\end{aligned}$$

即当 $n=k+1$ 时等式也成立,于是对一切自然数 n,等式成立.

例 2　证明:$\frac{1}{\sqrt{1}}+\frac{1}{\sqrt{2}}+\cdots+\frac{1}{\sqrt{n}}<2\sqrt{n}, n\in\mathbf{N}_+$.

证　(1) 当 $n=1$ 时,左式 $=1$,右式 $=2$,命题成立.

(2) 假设 $n=k$ 时命题成立,即 $\frac{1}{\sqrt{1}}+\frac{1}{\sqrt{2}}+\cdots+\frac{1}{\sqrt{k}}<2\sqrt{k}$.

(3) 当 $n=k+1$ 时,

$$\begin{aligned}\frac{1}{\sqrt{1}}+\frac{1}{\sqrt{2}}+\cdots+\frac{1}{\sqrt{k}}+\frac{1}{\sqrt{k+1}}&<2\sqrt{k}+\frac{1}{\sqrt{k+1}}\\&<2\sqrt{k}+\frac{2}{\sqrt{k+1}+\sqrt{k}},\end{aligned}$$

由于

$$2\sqrt{k}+\frac{2}{\sqrt{k+1}+\sqrt{k}}=2\sqrt{k}+\frac{2(\sqrt{k+1}-\sqrt{k})}{k+1-k}=2\sqrt{k+1},$$

所以当 $n=k+1$ 时,命题仍成立.

即对一切正整数 n,命题成立.

关于递归数列的一些问题,利用数学归纳法来处理,常常是很适合的.

例 3 已知数列$\{a_n\}$满足:$a_1=1,a_{n+1}=a_n+\dfrac{1}{a_n},n=1,2,\cdots$.

证明:不等式$\sqrt{2n-1}\leqslant a_n\leqslant\sqrt{3n-2}$对一切正整数 n 成立.

证 由已知易得,$\{a_n\}$的各项均为正,且为递增数列,于是有

$$a_n\geqslant 1,n=1,2,\cdots.$$

当 $n=1$ 时,$\sqrt{2-1}\leqslant 1\leqslant\sqrt{3-2}$,即不等式成立.

假设 $n=k$ 时,不等式成立,即有$\sqrt{2k-1}\leqslant a_k\leqslant\sqrt{3k-2}$.

当 $n=k+1$ 时,因为函数 $f(x)=x+\dfrac{1}{x}$在$[1,+\infty)$上单调增加,所以

$$a_{k+1}=a_k+\frac{1}{a_k}\leqslant\sqrt{3k-2}+\frac{1}{\sqrt{3k-2}}=\frac{3k-1}{\sqrt{3k-2}}\leqslant\sqrt{3k+1},$$

以及
$$a_{k+1}=a_k+\frac{1}{a_k}\geqslant\sqrt{2k-1}+\frac{1}{\sqrt{2k-1}}=\frac{2k}{\sqrt{2k-1}}\geqslant\sqrt{2k+1}.$$

于是,当 $n=k+1$ 时,不等式也成立.

故有
$$\sqrt{2n-1}\leqslant a_n\leqslant\sqrt{3n-2},n=1,2,\cdots.$$

最后,用数学归纳法来证明重要的二项式定理.

设 n 为正整数,则有

$$(a+b)^n=\mathrm{C}_n^0a^n+\mathrm{C}_n^1a^{n-1}b+\mathrm{C}_n^2a^{n-2}b^2+\cdots+\mathrm{C}_n^nb^n.$$

当 $n=1$ 时,关系式显然成立.

假设 $n=k$ 时,关系式成立,即有

$$(a+b)^k=\mathrm{C}_k^0a^k+\mathrm{C}_k^1a^{k-1}b+\mathrm{C}_k^2a^{k-2}b^2+\cdots+\mathrm{C}_k^kb^k.$$

当 $n=k+1$ 时,

$$\begin{aligned}(a+b)^{k+1}&=(a+b)(a+b)^k\\&=(a+b)(\mathrm{C}_k^0a^k+\mathrm{C}_k^1a^{k-1}b+\mathrm{C}_k^2a^{k-2}b^2+\cdots+\mathrm{C}_k^kb^k)\\&=\mathrm{C}_k^0a^{k+1}+(\mathrm{C}_k^0+\mathrm{C}_k^1)a^kb+(\mathrm{C}_k^1+\mathrm{C}_k^2)a^{k-1}b^2+\cdots+\\&\quad(\mathrm{C}_k^{k-1}+\mathrm{C}_k^k)ab^k+\mathrm{C}_k^kb^{k+1}\end{aligned}$$

由于 $\mathrm{C}_k^0=\mathrm{C}_{k+1}^0=1,\mathrm{C}_k^k=\mathrm{C}_{k+1}^{k+1}=1$,以及 $\mathrm{C}_k^{r-1}+\mathrm{C}_k^r=\mathrm{C}_{k+1}^r$,所以

$$(a+b)^{k+1}=\mathrm{C}_{k+1}^0a^{k+1}+\mathrm{C}_{k+1}^1a^kb+\mathrm{C}_{k+1}^2a^{k-1}b^2+\cdots+\mathrm{C}_{k+1}^{k+1}b^{k+1}.$$

即对一切正整数 n,有

$$(a+b)^n=\mathrm{C}_n^0a^n+\mathrm{C}_n^1a^{n-1}b+\mathrm{C}_n^2a^{n-2}b^2+\cdots+\mathrm{C}_n^nb^n.$$

其中,组合数 $\mathrm{C}_n^k=\dfrac{n!}{k!(n-k)!}$.

习题答案

第一章

习题 1-1

1. (1) $[2,3]$;　(2) $(0,1)\cup(1,+\infty)$;

(3) $\left\{x \mid x\neq\frac{k}{2}\pi,k\in\mathbf{Z}\right\}$;　(4) $(-\infty,-1]\cup[10,+\infty)$.

2. $f(x-1)=2(x-2)^2,f[f(x)]=2(2x^2-4x+1)^2$.

3. (1) 相同;(2) 不同;(3) 相同.

4. (1) $y=\sqrt{u},u=2x^2+1$;　(2) $y=\mathrm{e}^u,u=2x+5$;

(3) $y=\ln u,u=\sqrt{v},v=1+\sin x$;　(4) $y=(2\mathrm{e})^u,u=x^2$.

5. (1) 偶函数,无界;　(2) 非奇非偶,有界;

(3) 偶函数,有界;　(4) 奇函数,无界;

(5) 偶函数,有界;　(6) 偶函数,有界.

6. (1) $y=\frac{x^2-1}{3}$;　(2) $y=\frac{1}{2}(\ln x-5)$;

(3) $y=\frac{\ln(x-1)}{1+\ln 2}$;　(4) $y=\sin x,x\in\left[-\frac{\pi}{2},\frac{\pi}{2}\right]$.

习题 1-2

1. (1) $(-1)^{n+1}\frac{1}{2^{n-1}}$;　(2) $\frac{n+2}{n}$;

(3) $a_n=\begin{cases}n, & n=3k,\\ 1, & n=3k+1,\\ -1, & n=3k+2.\end{cases}$

2. (1) $\frac{1}{2n-1}$;　(2) $\frac{1}{2^n}$;

(3) $\frac{n}{n^2+1}$;　(4) $\frac{(-a)^{n+1}}{2n+1}$.

3. $x_1=1,x_2=\frac{1}{5}$.

4. (1) 发散；　(2) $\frac{3}{2}$；

(3) 发散；　(4) 发散；

(5) $\frac{1}{2}$.

5. (1) 2；(2) 3；(3) -2.

6. (1) 存在,极限为 1；　(2) 不存在.

习题 1-3

1. (1) 0；(2) 1；(3) $+\infty$.

2. (1) -1；(2) 1；(3) 4^-.

3. (1) 0；(2) ∞；(3) 0.

习题 1-4

(1) 1；　(2) $-\frac{3}{5}$；　(3) $\frac{2}{5}$；　(4) 0；　(5) 2；

(6) ∞；　(7) $-\frac{1}{4}$；　(8) $-\frac{2}{3}$；　(9) $\frac{1}{2}$；　(10) 0.

习题 1-5

(1) $\frac{2}{3}$；　(2) 3；　(3) $\frac{1}{e}$；　(4) e^3；　(5) $\frac{1}{e}$；

(6) $\frac{1}{3}$；　(7) 9；　(8) 0；　(9) 1；　(10) e；

(11) 0；　(12) 1.

习题 1-6

1. (1) $(-\infty,0)\cup(0,1)\cup(1,+\infty)$；　(2) $(-\infty,+\infty)$；

(3) $(-\infty,-2)\cup(2,+\infty)$；　(4) $(-\infty,1)\cup(2,+\infty)$.

2. (1) -5；　(2) 0；　(3) $\ln 2$；　(4) 0.

3. (1) $x=1$；　(2) $x=0$；　(3) $x=0$；　(4) $x=1$.

4—5. 略.

总习题一

1. $(-\infty,0)\cup(0,3]$.　2. $g(x)=\begin{cases}-\sqrt{\frac{1-x}{2}}, & x<-1\\ \sqrt[3]{x}, & x\geqslant -1.\end{cases}$

3. (1) $\frac{11}{2}$；(2) $\frac{2}{3}$；(3) 0；(4) e^{-6}.

4. $a=2,b=-1$.

5. (1) 发散；(2) 收敛.　6. 略.

第二章

习题 2-1

1. 略.　　　　2. $-A$.

3. (1) $-4x$； (2) $-\dfrac{2a}{x^3}$； (3) $\dfrac{2}{3}ax^{-\frac{1}{3}}$.

4. $x=0$ 或 $x=\dfrac{2}{3}$.

5. 函数在 $x=1$ 处不可导. 因为 $f(x)$ 在 $x=1$ 处左、右导数存在，但不相等.

6. 函数在 $x=0$ 处不可导. 因为 $y=|\sin x|$ 在 $x=0$ 处左、右导数存在，但不相等.

习题 2-2

1. (1) $(a+b)x^{a+b-1}$；　(2) $\dfrac{1}{\sqrt{x}}+\dfrac{1}{x^2}$；

(3) $-\dfrac{5x^3+1}{2x^{\frac{3}{2}}}$；　(4) $\dfrac{ab}{x}[x^a+x^b+(a+b)x^{a+b}]$.

2. (1) $x^{n-1}\log_a ex^n$；　(2) $\dfrac{1}{2x}\cdot\dfrac{1}{\ln a}$；

(3) $\dfrac{-ca^2x^{a-1}}{(b+cx^a)^2}$；　(4) $\dfrac{-2}{x(1+\ln x)^2}$.

3. (1) $x\cos x$；　(2) $\sec^2 x-\tan x-x\sec^2 x$；

(3) $\dfrac{5}{1+\cos x}$；　(4) $\sin x\cdot\ln x+\sin x+x\cos x\cdot\ln x$.

4. (1) $1+4x+6x^2+4x^3+5x^4$；　(2) $\dfrac{x(16+45x^2)}{\sqrt{1+5x^2}}$；

(3) $\dfrac{1}{\sqrt{(1-x^2)^3}}$；　(4) $\dfrac{2x}{(1+x^2)\ln a}$；

(5) $\dfrac{1+\sqrt{\ln x}}{2x\sqrt{\ln x}}$；　(6) $a\sin^{a-1} x\cdot\cos x$；

(7) $ax^{a-1}\cos x^a$；　(8) $-\dfrac{3}{4}\sin x\cdot\cos\dfrac{x}{2}$；

(9) $\dfrac{1}{x\ln x}$；

(10) $\dfrac{2}{a}\left(\sec^2\dfrac{x}{a}\cdot\tan\dfrac{x}{a}-\csc^2\dfrac{x}{a}\cdot\cot\dfrac{x}{a}\right)$.

5. (1) $4e^{4x}$；　(2) $-e^{-x}\cdot e^{e^{-x}}$；

(3) $\dfrac{1}{x^2e^{\frac{1}{x}}}$；　(4) $(2x+1)e^{x^2+x-2}\cdot\cos(e^{x^2+x-2})$；

(5) $-\frac{1}{x^2}\cdot\sec^2\frac{1}{x}\cdot e^{\tan\frac{1}{x}}$；　　(6) ex^{e-1}；

(7) $\frac{1}{\sqrt{4-x^2}}$；　　(8) $\frac{2}{1+x^2}$；

(9) $\frac{x\arccos x-\sqrt{1-x^2}}{(1-x^2)^{\frac{3}{2}}}$；　　(10) $\frac{1}{2(1+x)\sqrt{x}}e^{\arctan\sqrt{x}}$.

6. (1) $y'=\frac{y-2x}{2y-x}$；　　(2) $y'=\frac{y}{y-1}$.

7. $\frac{x_1}{a^2}x+\frac{y_1}{b^2}y=1$.

8. (1) $y'=\frac{1-x-x^2}{\sqrt{1-x}\sqrt{(1+x)^3}}$；

(2) $y'=\frac{x^2}{1-x}\cdot 3\sqrt{\frac{3-x}{(3+x)^2}}\left[\frac{2}{x}-\frac{1}{1-x}-\frac{1}{3(3-x)}-\frac{2}{3(3+x)}\right]$.

9. 略.

10. (1) $\frac{2(1-x^2)}{(1+x^2)^2}$；　　(2) $2x(3+2x^2)e^{x^2}$；

(3) $-\sin x\ln x+2\frac{\cos x}{x}-\frac{\sin x}{x^2}$；　　(4) $2\sec^2 x\tan x$.

习题 2-3

1. -2.

2. (1) $6x\mathrm{d}x$；　　(2) $-e^{-x}(\sin x+\cos x)\mathrm{d}x$；

(3) $\frac{1}{2}\sec^2\frac{x}{2}\mathrm{d}x$；　　(4) $\frac{2x}{(1-x^2)^2}\mathrm{d}x$；

(5) $\frac{2x}{\sqrt{x^2(1-x^2)}}\mathrm{d}x$；　　(6) $\sec x\mathrm{d}x$；

(7) $\frac{e^y}{1-xe^y}\mathrm{d}y$；　　(8) $-\frac{y}{x}\mathrm{d}x$.

3. $\mathrm{d}y\approx 0.0029$.

4. (1) $\Delta y=0$；$\mathrm{d}y=-1$；

(2) $\Delta y=0$；$\mathrm{d}y=0$；

(3) $\Delta y\approx-0.01$；$\mathrm{d}y=-0.01$.

5. $\mathrm{d}y=e^{\sin x}\cos x\mathrm{d}x$.

习题 2-4

1. (1) 1 775, $\frac{71}{36}$；　　(2) 1.583 3；　　(3) $\frac{3}{2}$, $\frac{5}{3}$.

2. (1) 77 500(元)；　　(2) 675；　　(3) 700.

3. $-2P\ln 2$.　　4. $-2P$.

5. -0.25.　　6. $\dfrac{P}{P-28}$.

总习题二

1. 3.　　2. 100!.　　3. 0.　　4. $y'=\dfrac{x+y}{x-y}$.

5. $\left.\dfrac{dy}{dx}\right|_{x=1}=2e^4$.　6. (1) $\dfrac{1}{\sqrt{x^2+a^2}}$;　(2) $-\dfrac{1}{x^2+1}$.

7. $y'=-\sqrt{\dfrac{x^2-x-12}{x^2+3x+2}}\cdot\dfrac{2x^2+14x+17}{(x^2-x-12)^2}$.

8. $3x-y+1=0$.　　9. $f'(t)=e^t(t+1)$.

10—12. 略.

第三章

习题 3-1

1—2. 略.

3. 提示:先在[1, 2]上应用罗尔定理,得到在区间(1, 2)内至少有一点 ξ_1,使得 $F'(\xi_1)=0$;再在[1, ξ_1]上应用罗尔定理.

4—5. 略.

6. 提示:设 $F(x)=f(x)-g(x)$, 证明当 $x>0$ 时,$F(x)>0$.

7. 略.

习题 3-2

1. (1) 2;　(2) 2;　(3) $\dfrac{\beta}{\alpha}$;　(4) $-\dfrac{1}{2}$;

(5) 1;　(6) 3;　(7) -1;　(8) $\dfrac{1}{2}$;

(9) 1;　(10) 1;　(11) 1;　(12) 0.

2. (1) 0;　(2) 0;　(3) 1.

习题 3-3

1. (1) 在$(-\infty,-1]$,$[3,+\infty)$上单调增加,在$[-1,3]$上单调减少;

(2) 在$[-1,1]$上单调增加,在$(-\infty,-1]$,$[1,+\infty)$上单调减少;

(3) 在$[0,1]$上单调增加,在$[1,2]$上单调减少;

(4) 在$\left[\dfrac{\pi}{3},\dfrac{5\pi}{3}\right]$上单调增加,在$\left[0,\dfrac{\pi}{3}\right]$,$\left[\dfrac{5\pi}{3},2\pi\right]$上单调减少;

(5) 在$[0,+\infty)$上单调增加,在$(-1,0]$上单调减少;

(6) 在$(-\infty,0]$上单调增加,在$[0,+\infty)$上单调减少.

2—3. 略.

4. (1) 极小值 $y\left(\frac{12}{5}\right)=-\frac{1}{24}$;

(2) 极大值 $y(0)=a^{\frac{4}{3}}$,极小值 $y(\pm a)=0$;

(3) 极大值 $y\left(\frac{3}{4}\right)=\frac{5}{4}$;

(4) 极大值 $y\left(\frac{\pi}{4}\right)=\sqrt{2}$;

(5) 极大值 $y(\pm 1)=e^{-1}$,极小值 $y(0)=0$;

(6)无极值.

5. 略.

6. $a=\frac{2}{3}$,极大值 $f\left(\frac{\pi}{3}\right)=\frac{\sqrt{3}}{2}$.

7. (1) 最大值 $1+2\pi$,最小值 1; (2) 最大值 132,最小值 0;

(3) 最大值$\frac{1}{\sqrt{2}}e^{-\frac{1}{2}}$,最小值$-\frac{1}{\sqrt{2}}e^{-\frac{1}{2}}$.

习题 3-4

1. (1) 在$\left(-\infty,\frac{1}{2}\right]$上是凸的,在$\left[\frac{1}{2},+\infty\right)$上是凹的,拐点$\left(\frac{1}{2},\frac{13}{2}\right)$;

(2) 在$(-\infty,0)$上是凸的,在$(0,+\infty)$上是凹的,无拐点;

(3) 在$(-\infty,-1]$和$[1,+\infty)$上是凸的,在$[-1,1]$上是凹的,拐点$(-1,\ln 2)$和$(1,\ln 2)$;

(4) 在$[-1,0)$上是凸的,在$(-\infty,-1]$和$(0,+\infty)$上是凹的,拐点$(-1,0)$.

2. $a=6$. 3. $a=-\frac{3}{2},b=\frac{9}{2}$. 4. 略.

习题 3-5

1. 长为 6 cm,宽为 3 cm,高为 4 cm.

2. $\left(2-\frac{2\sqrt{6}}{3}\right)\pi$. 3. $AD=15$ km. 4. $DE=\frac{1\,600}{7}$ m.

5. 产量为 400 时,平均成本最低为 10 元.

6. 该商店每年应订 5 次货时总费用最小.

7. (1) $R(x)=1\,000x-x^2$; (2) $L(x)=-x^2+980x-3\,000$;

(3) 490, 237 100; (4) 510.

8. (1) $Q'(6)=-24$.说明价格 $P=6$ 时,再上涨一个价格单位(或再下降一个价格单位),需求量将减少(或增加)24 个单位;

(2) $\eta(6)=-1.85$.说明价格 $P=6$ 时,再上涨(或下降)1%,需求量将减少

(或增加)1.85%；

(3) 当价格下降2%时，总收益将增加约1.69%；

(4) $P=5$.

总习题三

1—2. 略.

3. (1) $\frac{1}{6}$； (2) 0； (3) ∞； (4) $\frac{1}{3}$； (5) $\frac{\pi}{4}$.

4. $\frac{1}{16}$.

5. 在$(-\infty,-1]$，$[1,+\infty)$上单调增加，在$[-1,1]$上单调减少；

6. 极小值$-\pi$，极大值2π，最小值$-\pi$，最大值2π.

7. 略. 8. $\frac{R}{\sqrt{3}}$.

9. $a=-3, b=0, c=1$. 10. 略.

第四章

习题 4-1

1. 略.

2. (1) $\int_0^1 \frac{\mathrm{d}x}{(1+x)^2}$； (2) $\frac{1}{\pi}\int_0^{\pi} \sin x\mathrm{d}x$.

3. 略.

4. (1) $\left[\frac{\sqrt{3}-1}{4}\pi, (\sqrt{3}-1)\pi\right]$； (2) $[12,24]$；

(3) $[3\mathrm{e}^{-4}, 3]$； (4) $\left[\frac{3\pi}{4}, \pi\right]$.

习题 4-2

1. (1) $\frac{2x}{\sqrt{1+x^4}}$； (2) $-2\ln 5$；

(3) $2x\mathrm{e}^{x^4}-\mathrm{e}^{x^2}$； (4) $2\sin^2 x+x\sin 2x$.

2. (1) $\frac{1}{3}$； (2) $\frac{1}{2}$；

(3) 0； (4) $2\ln 2$.

3. $f(x)=\mathrm{e}^x(2+x)$，$a=-1$. 4. $-\mathrm{e}^{y^2}\cos x^3$.

5. $x=1$时$f(x)$取到极大值；$x=-1$时$f(x)$取到极小值.

6. (1) 2； (2) $\frac{\pi}{3}$；

(3) $-\ln 2$；　　(4) $2\sqrt{2}-2$.

7. $\frac{13}{2}$.　　8. $\frac{65}{2}$.

9. $\frac{e}{2-e}$.　　10. $f(x)=1-2x$.

11. $y=\frac{x^3}{3}-5$.　　12. (1) 9 元；(2) 22 元.

13. $\frac{9}{2}$千元.　　14. 960 元.

习题 4-3

1. (1) $\ln|x|+\frac{2}{x}+C$；　　(2) $\frac{2}{5}x^{\frac{5}{2}}+\frac{4}{3}x^{\frac{3}{2}}+2x^{\frac{1}{2}}+C$；

(3) $\frac{x^3}{3}+\frac{2}{5}x^{\frac{5}{2}}+\frac{2}{3}x^{\frac{3}{2}}+x+C$；　　(4) $e^x+\frac{1}{2x^2}+C$；

(5) $\frac{3x^2}{2}+\arctan x+C$；　　(6) $\frac{2}{\ln 3-1}\left(\frac{3}{e}\right)^x+\frac{3}{\ln 2-1}\left(\frac{2}{e}\right)^x+C$；

(7) $-\tan x-\cot x+C$；　　(8) $\frac{x}{2}-\frac{1}{2}\sin x+C$；

(9) $\frac{1}{2}\tan x+\frac{1}{2}x+C$；　　(10) $\sin x-\cos x+C$.

2. (1) $\frac{17}{6}$；　　(2) $1-\frac{\pi}{4}$；

(3) $-\frac{7}{6}$；　　(4) $e-1$；

(5) 4；　　(6) $\frac{17}{6}$；

(7) -2；　　(8) $\frac{\sqrt{3}}{3}+\frac{\pi}{12}$；

(9) $\frac{\pi}{3}$；　　(10) $\frac{13}{2}+\ln\frac{5}{4}$.

3. (1) $\frac{1}{3}\tan 3x+C$；　　(2) $\frac{1}{6}(2x+1)^{\frac{3}{2}}+C$；

(3) $-\frac{1}{2}\ln(5+2\cos x)+C$；　　(4) $2e^{\sqrt{x}}+C$；

(5) $\frac{1}{3}\sqrt{(x^2+1)^3}-\sqrt{x^2+1}+C$；　　(6) $-\frac{3}{4}\sqrt[3]{\left(1+\frac{1}{x}\right)^4}+C$；

(7) $\arcsin x-2\sqrt{1-x^2}+C$；　　(8) $\frac{2}{3}(x+2)^{\frac{3}{2}}-12(x+2)^{\frac{1}{2}}+C$；

(9) $-\sqrt{1+2\cos x}+C$；　　(10) $\frac{2}{3}(1+\ln x)^{\frac{3}{2}}+C$；

(11) $\arctan e^x + C$； (12) $\dfrac{1}{\arccos x} + C$；

(13) $\ln|x\ln x| + C$；

(14) $\dfrac{1}{97(1-x)^{97}} - \dfrac{1}{49(1-x)^{98}} + \dfrac{1}{99(1-x)^{99}} + C$；

(15) $\ln|x-\cos x| + C$； (16) $\dfrac{x-\ln(2+e^x)}{2} + C$；

(17) $-\dfrac{1}{2}\cos(x^2+2) - \tan x + x + C$；

(18) $\arcsin(\ln x) + C$；

(19) $x - \arctan x + \dfrac{1}{2}(\arctan x)^2 + C$；

(20) $-\dfrac{1}{4}\ln(1+2\cos^2 x) + C$；

(21) $\dfrac{1}{2}e^{x^2-4x+3} + C$； (22) $\dfrac{1}{2}\sqrt{(1+x^3)^3} - \dfrac{2}{3}\sqrt{1+x^3} + C$；

(23) $\dfrac{1}{4}\ln\dfrac{2+\sin x}{2-\sin x} + C$； (24) $-\dfrac{1}{x\sin x} + C$；

(25) $\dfrac{1}{2}(\ln\tan x)^2 + C$； (26) $-\dfrac{1}{3}(\cos x - \sin x)^3 + C$；

(27) $\dfrac{2}{3}\left[\ln(x+\sqrt{1+x^2})\right]^{\frac{3}{2}} + C$； (28) $\dfrac{1}{4}\arctan\dfrac{1+x^2}{2} + C$；

(29) $\dfrac{x^3}{3} + 3x + \dfrac{3\sqrt{3}}{2}\ln\left|\dfrac{x-\sqrt{3}}{x+\sqrt{3}}\right| + C$；

(30) $\dfrac{1}{2}\ln(x^2+2x+5) + \arctan\dfrac{x+1}{2} + C$.

4. (1) $\dfrac{1}{3}$； (2) $3\ln 3$；

(3) $-\dfrac{1}{8}(\ln 2)^2$； (4) $\dfrac{8}{3}$；

(5) $\dfrac{\pi}{6}$； (6) $2\left(1-\sqrt{1-\dfrac{1}{e}}\right)$；

(7) $\dfrac{4}{3}$； (8) $\dfrac{1}{2}$；

(9) 0； (10) 2；

(11) $\dfrac{\pi}{32}$； (12) $\dfrac{1}{3}$；

(13) $\dfrac{\pi}{4}$； (14) $2\sqrt{2}$；

(15) $2\sqrt{2}$；　(16) $\ln\frac{4}{3}$；

(17) $\frac{\pi}{4}$；　(18) $\frac{\pi^2}{4}$；

(19) $2(2-\sqrt{2})$；　(20) $\frac{1}{\sqrt{2}}\arctan\frac{1}{\sqrt{2}}$.

5. (1) 0；　(2) $\frac{16}{3}$；　(3) 1.

6. (1) $\cos x^2$；　(2) $f(x)$.

7. 4.　8. 12.　9. $f(x)=1+\ln x$.

10. (1) 令 $t=1-x$；

(2) $\int_0^{\pi}\cos^8 x\mathrm{d}x=\int_0^{\frac{\pi}{2}}\cos^8 x\mathrm{d}x+\int_{\frac{\pi}{2}}^{\pi}\cos^8 x\mathrm{d}x$,在$\int_{\frac{\pi}{2}}^{\pi}\cos^8 x\mathrm{d}x$中,令 $t=\pi-x$；

(3) 令 $t=\pi-x$.

11. (1) $x\ln(x+1)-x+\ln(x+1)+C$；

(2) $\frac{1}{9}\sin 3x-\frac{1}{3}\cos 3x+C$；　(3) $-x^2\cos x+2x\sin x+2\cos x+C$；

(4) $-\frac{\ln x}{x}-\frac{1}{x}+C$；　(5) $\frac{x^2}{4}-\frac{x}{4}\sin 2x-\frac{1}{8}\cos 2x+C$；

(6) $\frac{1}{2}(x^2-1)\mathrm{e}^{x^2}+C$；　(7) $\frac{x^3}{3}\arctan x-\frac{x^2}{6}+\frac{1}{6}\ln(1+x^2)+C$；

(8) $-\frac{1}{4}x\cos 2x+\frac{1}{8}\sin 2x+C$.

12. (1) 1；　(2) $\frac{\sqrt{3}}{3}\pi-\ln 2$；

(3) $\frac{1}{2}(\mathrm{e}^{\frac{\pi}{2}}+1)$；　(4) $\frac{\ln 2}{3}$；

(5) 2π；　(6) 2；

(7) $\pi-1$；　(8) $-\frac{\pi}{4}$；

(9) $\frac{1}{2}(\mathrm{e}\sin 1-\mathrm{e}\cos 1+1)$；　(10) 4π.

13. $1+\frac{\pi}{4}$.　14. 1.

15. 提示:对左式分部积分.　16. 提示:对左式分部积分.

习题 4-4

1. (1) $\frac{1}{2}$；　(2) $\frac{1}{4}$；

(3) $\frac{\pi}{4}+\frac{\ln 2}{2}$；　　(4) 1；

(5) 发散；　　(6) $\frac{\pi}{2}$.

(7) $\frac{\pi^3}{12}$；　　(8) 发散.

2. (1) $\frac{9}{2}$；　　(2) $\frac{3}{2}-\ln 2$；

(3) 8；　　(4) $4-3\ln 3$；

(5) $\frac{32}{3}$；　　(6) 8；

(7) 1；　　(8) $2\sqrt{2}$.

3. $\frac{e}{2}-1$.　　4. 500.　　5. $\frac{1\,999}{3}$.

6. (1) $L(x)=2+(x^2-x-5)e^{-x}$；　(2) $x=4, 2+7e^{-4}$.

7. $\frac{5}{3}$.

8. (1) $P_0=3$；　　(2) $CS=\frac{81}{4}, PS=9$.

总习题四

1. (1) 1；　　(2) 2；

(3) 0；　　(4) $\frac{\pi}{4}$.

2. 3.　　3. $\sin^2(x-y)$.　　4. $\sqrt[3]{\frac{3}{4}}$.

5. $F(x)=\begin{cases}0, & x<0,\\ x-\sin x, & 0\leqslant x\leqslant\frac{\pi}{2},\\ \frac{\pi}{2}-1, & x>\frac{\pi}{2}.\end{cases}$

6. (1) 0；　(2) $f(x)\cdot\frac{x\int_0^x f(t)\,dt-\int_0^x tf(t)\,dt}{\left[\int_0^x f(t)\,dt\right]^2}$；　(3) 略.

7. $f(x)=-x^3+3x$.　　8. 约 500.　　9. $-\frac{\ln 2}{2}$.

10. $\frac{\ln^2 2}{2}$.　　11. $\frac{\cos 1-1}{2}$.　　12. $\frac{7}{6}$.

13. $1-\frac{\pi}{4}$.　　14. 略.　　15. (1) 略；(2) 5.

16. 略.　　17. 3.　　18. 略.

19. $a=\frac{1}{\sqrt{2}}$,最小值为$\frac{2-\sqrt{2}}{6}$.　　20. $\frac{5}{2}$.

第五章

习题 5-1

1. $(x,0,0),(0,y,0),(0,0,z)$; $(x,y,0)$, $(0,y,z)$, $(x,0,z)$.
2. 第一卦限;第四卦限;第八卦限;第七卦限.
3. $(x_0,y_0,0)$; $(0,y_0,z_0)$; $(x_0,0,z_0)$.
4. $x^2+y^2+z^2=9$.
5. (1) $f(x,y)=\frac{1}{2}(x^2+y^2)+e^{\frac{1}{4}(x^2-y^2)}$;

   (2) $f(x,y)=\frac{x^2(1-y)}{1+y}$.
6. (1) $D=\{(x,y)\mid x^2+y^2<4,x>0\}$;
   (2) $D=\{(x,y)\mid 2k\pi\leqslant x^2+y^2\leqslant 2(k+1)\pi,k=0,1,2,\cdots\}$;
   (3) $D=\{(x,y)\mid x+y>0,x-y>0\}$;
   (4) $D=\{(x,y)\mid y-1\leqslant x^2\leqslant y+1\}$;
   (5) $D=\{(x,y)\mid x^2+y^2\neq 16\}$;
   (6) $D=\{(x,y)\mid x^2+y^2<9\}$.

习题 5-2

1. (1) 6;　　(2) 1;
   (3) 0;　　(4) ∞;
   (5) $-\frac{1}{2}$;　　(6) 1.
2. 不连续.

习题 5-3

1. (1) $z'_x(1,1)=5,z'_y(1,1)=6$;　　(2) $z'_x(1,0)=2e,z'_y(0,1)=2e$;
   (3) $z'_x(-1,0)=-1,z'_y(1,0)=0$;(4) $z'_x(-1,1)=-\frac{1}{2},z'_y(1,-1)=\frac{1}{2}$.
2. (1) $\frac{\partial z}{\partial x}=\frac{1}{2}\sqrt{\frac{y}{x}}$, $\frac{\partial z}{\partial y}=\frac{1}{2}\sqrt{\frac{x}{y}}$;

   (2) $\frac{\partial z}{\partial x}=2x-\cos x\sin y,\frac{\partial z}{\partial y}=2y-\sin x\cos y$;

   (3) $\frac{\partial z}{\partial x}=y(1+x)^{y-1},\frac{\partial z}{\partial y}=(1+x)^y\ln(1+x)$;

(4) $\frac{\partial z}{\partial x}=y\cos(xy)+y\sin(xy)$, $\frac{\partial z}{\partial y}=x\cos(xy)+x\sin(xy)$.

3. (1) $\frac{\partial^2 z}{\partial x^2}=2$, $\frac{\partial^2 z}{\partial y^2}=2$, $\frac{\partial^2 z}{\partial x\partial y}=\frac{\partial^2 z}{\partial y\partial x}=0$;

(2) $\frac{\partial^2 z}{\partial x^2}=2y(1+2x^2y)e^{x^2y}$, $\frac{\partial^2 z}{\partial y^2}=x^4e^{x^2y}$, $\frac{\partial^2 z}{\partial x\partial y}=\frac{\partial^2 z}{\partial y\partial x}=2x(1+x^2y)e^{x^2y}$;

(3) $\frac{\partial^2 z}{\partial x^2}=y(y-1)x^{y-2}$, $\frac{\partial^2 z}{\partial y^2}=(\ln x)^2x^y$, $\frac{\partial^2 z}{\partial x\partial y}=\frac{\partial^2 z}{\partial y\partial x}=(1+y\ln x)x^{y-1}$;

(4) $\frac{\partial^2 z}{\partial x^2}=\frac{4y^2(y^2-3x^2)}{(x^2+y^2)^3}$, $\frac{\partial^2 z}{\partial y^2}=-\frac{4x^2(x^2-3y^2)}{(x^2+y^2)^3}$, $\frac{\partial^2 z}{\partial x\partial y}=\frac{\partial^2 z}{\partial y\partial x}=\frac{8xy(x^2-y^2)}{(x^2+y^2)^3}$.

4. $\Delta z=-0.83$, $dz=-0.80$.　　5. $dz=(4+e)dx+edy$.

6. (1) $dz=\frac{dx+dy}{2\sqrt{x+y}}$;

(2) $dz=(2x-\cos x\sin y)dx+(2y-\sin x\cos y)dy$;

(3) $dz=y(1+x)^{y-1}dx+(1+x)^y\ln(1+x)dy$;

(4) $dz=e^x[\sin(x+y)+\cos(x+y)]dx+\cos(x+y)dy$.

7. (1) 0.94; (2) 2.95.　　8—9. 略.

习题 5-4

1. (1) $\frac{dz}{dx}=e^x[\sin(e^x+x^2)+(e^x+2x)\cos(e^x+x^2)]$;

(2) $\frac{dz}{dx}=\frac{1+\ln x}{\sqrt{1-x^2\ln^2 x}}$.

2. (1) $\frac{\partial z}{\partial x}=\sin 2x+2(x+y)\cos 2x$, $\frac{\partial z}{\partial y}=\sin 2x$;

(2) $\frac{\partial z}{\partial x}=\frac{2x}{x^2+y^2}+y$, $\frac{\partial z}{\partial y}=\frac{2y}{x^2+y^2}+x$;

(3) $\frac{\partial z}{\partial x}=y\left(1-\frac{y}{x}\right)e^{\frac{y}{x}}+\frac{y}{x}\left(y-\frac{1}{x}\right)e^{xy}$, $\frac{\partial z}{\partial y}=(x+y)e^{\frac{y}{x}}+\left(y+\frac{1}{x}\right)e^{xy}$;

(4) $\frac{\partial z}{\partial x}=[2xy(e^x+y)+x^2y^2]e^x+y(e^x+y)^2+2xy^2(e^x+y)$,

$\frac{\partial z}{\partial y}=2xy(e^x+y)+x^2y^2+x(e^x+y)^2+2x^2y(e^x+y)$.

3. (1) $\frac{\partial z}{\partial x}=e^{x^2+y}[2x\cos(x-y^2)-\sin(x-y^2)]$,

$\frac{\partial z}{\partial y}=e^{x^2+y}[\cos(x-y^2)+2y\sin(x-y^2)]$;

(2) $\frac{\partial z}{\partial x}=2x^2y(x^2+y^2)^{xy-1}+y(x^2+y^2)^{xy}\ln(x^2+y^2)$,

$$\frac{\partial z}{\partial y}=2xy^2(x^2+y^2)^{xy-1}+x(x^2+y^2)^{xy}\ln(x^2+y^2).$$

4. (1) $\frac{\cos x-1-y}{x+2y}$; (2) $\frac{x^2-y}{x-y^2}$;

(3) $\frac{y[\sin(xy)-e^x]}{e^x-x\sin(xy)}$; (4) $\frac{2x-x^2-y^2}{x^2+y^2-2y}$.

5. (1) $\frac{\partial z}{\partial x}=\frac{ze^{xz}-y}{2z-xe^{xz}},\frac{\partial z}{\partial y}=\frac{-x}{2z-xe^{xz}}$;

(2) $\frac{\partial z}{\partial x}=\frac{3z-3x^2}{\cos z-3x},\frac{\partial z}{\partial y}=\frac{-3y^2}{\cos z-3x}$;

(3) $\frac{\partial z}{\partial x}=\frac{z(\ln y-\ln z)}{z-x},\frac{\partial z}{\partial y}=\frac{zx}{y(z-x)}$;

(4) $\frac{\partial z}{\partial x}=\frac{1-(1+x)e^{x+y-z}}{2z-e^{x+y-z}},\frac{\partial z}{\partial y}=\frac{1-xe^{x+y-z}}{2z-e^{x+y-z}}$.

6—7. 略.

习题 5-5

1. (1) 极小值为 $f(1,1)=2,f(-1,-1)=2$,无极大值;

(2) 极大值为 $f(0,-1)=15$,极小值 $f(2,2)=-16$;

(3) 极大值为 $f(3,2)=36$,无极小值;

(4) 极小值为 $f(-2,0)=-\frac{2}{e}$,无极大值.

2. $f(1,1)=1$. 3. $f(2,2)=5$.

4. 最大值 $e^{\frac{1}{4}}$ 和最小值 $e^{-\frac{1}{4}}$. 5. $\frac{1}{2}$.

习题 5-6

1. (1) $\iint\limits_D(x+y)^2\mathrm{d}x\mathrm{d}y\leqslant\iint\limits_D(x+y)^3\mathrm{d}x\mathrm{d}y$;

(2) $\iint\limits_D(x^2+y^2)\mathrm{d}x\mathrm{d}y>\iint\limits_D(x+y)\mathrm{d}x\mathrm{d}y$.

2. (1) $\left[0,\frac{1}{4}\pi^2\right]$; (2) $[4\pi,5\pi]$.

3. (1) $\frac{8}{3}$; (2) $\frac{10}{3}$;

(3) e^6-9e^2-4; (4) $-\frac{24}{5}$;

(5) $\frac{\pi-2}{4}$; (6) $\frac{1}{2}e^2-e+\frac{1}{2}$;

(7) $\frac{1}{4}(e-1)(e^4-1)$.

4. $\frac{1}{6}$.

习题 5-7

1. 减少 0.05 m. 2. 2,4.

3. 长和宽为 $\sqrt[3]{2V}$,高为 $\frac{1}{2}\sqrt[3]{2V}$. 4. $\left(\frac{8}{5},\frac{3}{5}\right)$.

5. $\frac{2}{3}\pi$.

6. 关于 K 的边际产量为 50,关于 L 的边际产量为 $\frac{800}{3}$.

7. (1) $C_x=6-2x, C_y=16-8y$; (2) $C_x=2, C_y=8$;
   (3) $L_x=2x+14, L_y=8y+14$.

8. $x=6.4$, $y=2.6$, $L=22.8$.

9. $x=\frac{3\alpha-2\beta}{2\alpha^2-\beta^2}, y=\frac{4\alpha-3\beta}{2(2\alpha^2-\beta^2)}$.

10. $K=10, L=60$.

总习题五

1. $\{(x,y)\mid 4x-y^2\geqslant 0, 0<x^2+y^2<1\}$.

2. 0.

3. $z_x=2x\left[\arctan(uv)+\frac{uv}{1+u^2v^2}\right]+\frac{u^2e^y}{1+u^2v^2}, z_y=\frac{u^2xe^y}{1+u^2v^2}$.

4. $\frac{dz}{dx}=e^{\sin^2x+x^2}(2\sin x\cos x+4x^3)$.

5. $\frac{\partial z}{\partial x}=\frac{z}{x+z}$, $\frac{\partial z}{\partial y}=\frac{z^2}{y(x+z)}$.

6. 极小值 $f\left(-1,\frac{1}{2}\right)=-\frac{e}{2}$, 极大值 $f\left(\frac{1}{2},\frac{1}{2}\right)=\frac{1}{4}$.

7. $\frac{6}{55}$. 8. $\frac{\sqrt{2}}{2}$.

9. $\frac{7\sqrt{2}}{8}$. 10. $P=8$.

第六章

习题 6-1

1. (1) 是; (2) 否. 2. (1) $C=-18$; (2) $C_1=-2$, $C_2=1$;

习题 6-2

1. (1) $1+y^2=\frac{C}{1-x^2}$;　(2) $\arctan y=\arctan x+C$;

(3) $\tan y=C\cot x$;　(4) $y=e^{Cx}$.

2. (1) $y=2\ln\frac{1+e^x}{1+e}+1$;　(2) $y=\frac{\arctan^2 x}{2}$.

3. (1) $y=\frac{(x-1)e^x+C}{x}$;　(2) $y=(C-2\cos x)\cos x$;

(3) $y=\frac{C-\cos x}{x}$;　(4) $x=y[C+(y-1)e^y]$.

4. (1) $\sin y=\left(1+\frac{\sqrt{2}}{2}\right)e^{-x}+x-1$;　(2) $e^y=\frac{1}{2x+1}+2x$.

5. $y=xe^{Cx+1}$.　6. $y=Ce^x-x-1$.

习题 6-3

1. (1) $y=C_1x+C_2-2\cos x-x\sin x$;

(2) $y=x\arctan x-\frac{1}{2}\ln(1+x^2)+C_1x+C_2$;

(3) $y=C_1e^x+C_2-\frac{1}{2}x^2-x$;　(4) $y=C_1\ln|x|+C_2$;

(5) $y+C_1\ln|y-C_1|=x+C_2$;　(6) $y=C_1(x-e^{-x})+C_2$.

2. (1) $y=(x-2)e^x+x+2$;　(2) $y=\sqrt{2x-x^2}$.

习题 6-4

1. (1) $y=C_1+C_2e^{5x}$;　(2) $y=(C_1+C_2x)e^{2x}$;

(3) $y=(C_1+C_2x)e^{-2x}$;　(4) $y=C_1e^{-2x}+C_2e^{-3x}$.

2. (1) $y=e^{-x}(\cos 3x+\sin 3x)$;　(2) $y=\frac{e^t-e^{-3t}}{4}$.

习题 6-5

1. (1) $\Delta y_x=(n+1)x(x-1)\cdots(x-n+1)$;

(2) $\Delta y_x=3^x(3-1)+3^{-x}\left(\frac{1}{3}-1\right)$;

(3) $\Delta y_x=\frac{e^x}{x}\left(\frac{xe}{x+1}-1\right)$;

(4) $\Delta y_x=\ln x+(x+1)\ln\frac{x+1}{x}$.

2. (1) $y_x=2^xC-2$;　(2) $y_x=5^xC-\frac{4x+1}{8}$;

(3) $y_x=\frac{3+3^x}{4}$;　(4) $y_x=C_1(\sqrt{2})^x+C_2(-\sqrt{2})^x, x\in\mathbf{N}$;

(5) $y_x=-3(2^x)+2(3^x)$；

(6) $y_x=(-1)^x(C_1+C_2x),x\in\mathbf{N}$；

(7) $a_n=C_1+C_2 2^n$.

总习题六

1. (1) $\ln|y+\sqrt{1+y^2}|=\arcsin x+C$；

(2) $ye^y=Cxe^x$；

(3) $y=\lg(10^x+C)$；

(4) $\cot\frac{y}{x}+\ln(Cx)=0$；

(5) $y=(1+x^2)(\arctan x+C)$；

(6) $y=Ce^{2x}-e^x$；

(7) $y=(x+1)^2$.

2. (1) $y=(x-2)e^x+C_1x+C_2$；

(2) $y=C_1e^{-2x}+C_2+\frac{x(x+1)}{4}$；

(3) $x+\ln|\sec 2y+\tan 2y|=0$.

3. (1) $y=e^{-x}(C_1+C_2x)$；

(2) $y=C_1e^x+C_2e^{6x}$；

(3) $y=e^x(C_1\cos 2x+C_2\sin 2x)$；

(4) $y=C_1\cos x+C_2\sin x$.

4. 2.

5. (1) $y_x-C_1 \mid C_2 4^x$；

(2) $y_n=\sqrt{2}^n\left(C_1\cos\frac{3n\pi}{4}+C_2\sin\frac{3n\pi}{4}\right)$；

(3) $y_x=C\left(-\frac{1}{2}\right)^x+x+1,x\in\mathbf{N}$；

(4) $y_x=C_1 3^x+C_2 4^x$；

(5) $y_x=C_1r_1^x+C_2r_2^x,r_{1,2}=\frac{1\pm\sqrt{5}}{2},x\in\mathbf{N}$；

(6) $y_n=-\frac{(-3)^n+1}{2}$.

6. 提示：$y_{n+1}=y_n-p,y_0=25\ 000,y_{12}=0\Rightarrow p=2\ 221.22$.

7. 提示：$W'=0.05W-30$.

8. 提示：$W_{n+1}=1.05W_n-30$.

参考文献

[1] 李文林:《数学史教程》,高等教育出版社,2002 年.
[2] 王建吾:《数学思维方法引论》,安徽教育出版社,1985 年.
[3] 同济大学数学系:《高等数学》(第六版上册),高等教育出版社,2007 年.
[4] 钟宜:《经济数学基础》,北京师范大学出版社,2007 年.
[5] 龚德恩,范培华:《经济应用数学基础(一)·微积分》,高等教育出版社,2008 年.